人猿同祖ナリ・坪井正五郎の真実

―コロボックル論とは何であったか―

三上徹也

六一書房

左上：８歳の時　　中上：11 歳の時（父と共に）　　右上：５歳の時
左中：27 歳の時（ロンドンにて）　　中中：３歳の時（乳母と共に）　　右中：20 歳の時
左下：30 歳の時　　中下：34 歳の時　　右下：26 歳の時

坪井理学博士の肖像

（1913 年『人類学雑誌』第 28 巻 11 号）

目次

第五章　日本石器時代に「ない」とされた二つへの挑戦――　248

はじめに　―本稿の目的に替えて―

「奇怪人種」「実在せる人種にあらずと云ふの外なかるべし」[1]や、「其口調が円く艶やかにて、聞き易く覚へ易きが故に、奇躰にも世間に廣く知らるるに至りしが」[2]、または「想像人種」「実ニ無稽ノ憶説」[3]。「欧州の妖怪談」「一寸法師の話し」[4]これらは、これから述べる「コロボックル」に対して、確かに存在した多くの学者の見方である。

あげ句、

本邦古代の人種論の如きは、研究を要すべきこと多ければ、奇怪なるコロボックル説の如きは、成るべく早く之を排除し、更に力を他の研究に盡さざるべからず[5]

あるいは

氏の逝去と倶にコロボックル説は殆んど廃滅に帰するの観あり[6]

あるいは

ココボックル説は坪井なきあと、自然に消滅し[7]

と、坪井正五郎の死をもって「コロボックル説」は収束した、消え去ったともいわれている。

日本人類学・考古学界史上、最初の最も大きな論争として、このコロボックル論争（あるいは人種民族論争といわれる）が位置づけられる。しかし所詮、コロボックル説はそんな程度のものでしかなかったのか。〝日本人類学の父〟といわれる坪井正五郎の説とは、その程度のものでしか、本当になかったのか。

その点について、坪井の高弟・八木奘三郎（一八六六―一九四二）が「坪井博士とコロボックル論」（『人類学雑誌』

第三一巻第三号）で、坪井亡き後、興味深い発言を残している。

今二氏（二氏とは白井光太郎と坪井正五郎 ― 筆者註）の論戦を対照するに先つて坪井氏が何故クロボックル説を執りしや、即ち其動機は何に基きしやとの点を一考す可し。（八〇頁）

そして、「コロボックル説」は徳川時代からあるものの、まだ学者が研究したものでなく、北海道を実際に調査したわけでもなく、また他人の説を軽々に引用した訳ではあるまいに、どうしてなのかの疑問をもって、

此信念の生ぜしは必ずや他に原因ある可し、而も氏は終身其理由を明記せざりし。（八〇頁）

と言い、また

氏は後是等の事情を明言せずして逝かれしは恐らく理学者の立場よりして其発表を憚かりしならん。（八二頁）

という。この言動は実に意味深長である。「是等の事情」とは、多くの反対説ありながらなおコロボックルに終身固執し、主張した事情を指すが、それを発表できなかった「理学者」故の「立場」とは、当時にして言えない極めて重大な信念があった。坪井自身かたくなに「終身其理由を明記せざり」と、この点を明らかにしなかった。高弟にさえ話さなかった信念とは。その点にこそ大きな意味を含むものと考えなくてはならない。

そもそもコロボックルとは、アイヌによってアイヌ以前の人種としてその口碑に伝わる人種で、坪井の説明に従うと次のようである。

コロコニ即ち蕗、ボック即ち下、グル即ち人と云ふ三つの言葉より成れる名稱。[8]

すなわち、「蕗の下の人」を意味するアイヌ語である。ほかにも、コロポクウンクル、トイチセコッコロカモイなど一二程の呼び方があるそうだが、

其中で「コロボックル」と申すのが最も呼び易いと思ひますから、私は之を撰ぶ事と致します。

とされ、実は「コロボックル」の用語自体、今でも結構、日常生活の中にも散見できる。[9]

近代考古学の幕開けといわれる大森貝塚の発見と調査は、ちょうど明治開化期に重なった。多くの土器や石器に加えて、招かれざる食人の痕跡がある人骨までも見つかった。日本最初の住民はどのような人種であったのか。いやがおうにも、列島最初の住人への関心が高まった。やがて坪井は日本人類学を創り上げ、最初に挑んだ研究こそがそれだった。しかし、明治の国づくりは「万世一系」の天皇を頂点として、古事記・日本書紀に記された神話が正しい歴史としての地歩を固めた。「天孫降臨」とは、いかにもお伽話じみた虚言であるが、神たる天皇のもとに、いきなり優秀な天孫民族・日本民族が誕生したと、当時多くの庶民は疑わなかった。

そのため、薄汚い土器や、原始的な石器などを使い、まして食人の風習のあるような野蛮な人種は、到底日本人とは関係ないとする考えが、ごく当たり前の認識だったとして、何ら不思議はなかった。

勢いコロボックル論争、言葉を変えて人種民族論争とは、日本人種以前にどのような人種が暮らしていたか、がその議論のテーマであった。〝誰が〟とは、具体的にはコロボックルかアイヌかの二つである。しかし、考えてみれば、このどちらも日本（大和）民族によって駆逐された先住民族であるという前提である。はじめから日本民族から切りはなされ、先住民の問題とされていたため、生産的な論争ではなかった、といわれて今に至る。

もとより坪井自身も、石器や土器、そして竪穴住居などはコロボックルの残した物で、

日本人の祖先ならざる者の手に成つたものであると云ふ事は疑ふ可からざる事でござります。[10]

と言う場面も確かにあった。

日本における近代科学のあり方が、本文でも触れるように「国家ニ須要ナル学術技芸」となるための、国家の至上命令の下に協力する学問を前提としていたためのなか、この先住民の存在が、国家的な体制に影響のない範囲での論争という見方も大方一致するところである。形の上での大論争も、

コップの中の嵐[11]

とは実にこの状況を言い現しており、今におけるこの論争の評価である。

坪井がコロボックルという何か得体の知れないものに首を突っ込んだ

あるいは、

坪井の現代的評価は必ずしも高いとはいえない[12]という評価も実際にある。坪井のコロボックル論により、遺物研究の見方を深めるといったような、坪井に対してはむしろ論争の副産物としての評価を高くするような現状でもありはしないか。

果たしてコロボックル論とは、その程度でしかないような内容であったのか。近年、坪井の研究に対する評価は、日本近代史や社会学、政治学の世界で見直される機運を活発としている。坪井の人種観や日本人種の考え方は、帝国版図拡大に伴う国策を正当化に導く理論を示し、そもそも西欧中心主義的近代化の中における日本人に、合理的な解釈を与える重要な意義を持つといわれ、その研究が進展している。

ひるがえって、肝心の考古学の分野における坪井正五郎研究は、冒頭の象徴的な一文に対する否定も肯定もしないまま、極端な表現をするならば坪井の死後、無関心に近くを装って恐らくほとんど皆無に近いほど無かった、と残念ながら言えてしまうのではあるまいか。

さて、坪井が亡くなった一九一三（大正二）年を、遡ること四年。一九〇九（明治四二）年に、二度までも坪井は信州諏訪の地を訪れた。諏訪湖底曽根遺跡である。なぜ二度も訪れたかについては、本文で触れるためここでは述べないが、学史上著名な曽根論争が起こり、坪井の来諏によって、この地に考古学が強く根付く契機となった。その曽根遺跡の発見が一九〇八（明治四一）年で、それからちょうど一〇〇年目を迎えるその時に、著者は多くの仲間と共に曽根遺跡研究会を立ち上げて、曽根遺跡の確認できる全資料と研究の歴史を振り返り、一冊の研究書として刊行できた[13]。この時、坪井が非常に熱心に諏訪を訪れた背景には、単に遺跡への関心だけではなく、それ以上の何かがあるのでは無いかという疑問が、コロボックル説と強く重なるように思われた。こうした問題意識を抱きつつ、やがて〝日本人類学の父〟の姿が、少なくとも冒頭に象徴されるようなものではない、と思うに至った。

坪井は『人類学会報告』創刊号に寄せた論文「太古の土器を比べて貝塚と横穴の関係を述ぶ」で、遺跡や遺物を調べる目的を次のように書いている。

　我日本の土地には元何者が住んで居たか我々は何所から来たか如何して此土地を支配して今日の開化の有様に進んだかと言ふ事を調べて居る（一四頁）

と。坪井はこの目的にどれほど近づくことができたのか。

一九一三（大正二）年五月二六日。坪井が没したその日から、すでに一〇〇年が経過している。これを契機に改めて、活字に残されざる坪井の語りに迫ってみたいと思うのである。

註

（1）河野常吉　一九〇八「コロボックル説の誤謬を論ず」『歴史地理』第一二巻第五・六号、五号　四三頁
（2）神保小虎　一九〇八「コロボックル問題とアイヌ語の研究」『東京人類学会雑誌』第二七〇号、四五六頁
（3）白井光太郎　一八八九「日本上古風俗図考第二」『東京人類学会雑誌』第四三号、五〇七頁
（4）エヌヂマンロー　一九〇八「「コロボックル」に就て」『東京人類学会雑誌』第二六八号、三五六頁
　なお、この論文は「マンロー君の口述せられたるものを水上久太郎氏が訳述されたるものなり」と、日本文で掲載される。
（5）河野常吉　一九〇八「コロボックル説の誤謬を論ず」『歴史地理』第一二巻第六号、二七頁
（6）八木奘三郎　一九一六「坪井博士とコロボックル論」『人類学雑誌』第三一巻第三号、七九頁
（7）吉岡郁夫　一九八七『日本人種論争の幕開け』共立出版、一三頁

（8）坪井正五郎　一八九五「コロボックル風俗考（第一回）」『風俗画報』（一九七一『日本考古学選集二　坪井正五郎集　上』築地書館再録、五〇頁）
（9）佐藤さとるの物語風の絵本『コロボックル物語』が、シリーズとなって刊行されるなど、現在の市民生活の中にも浸透している。
（10）坪井正五郎　一八九三「日本全国に散在する古物遺跡を基礎としてコロボックル人種の風俗を追想す」『史学雑誌』第四〇号、二頁
（11）アイヌ説もコロボックル説も日本民族とは無関係で、神話的日本歴史とは全くかかわりないところでの学術論争、すなわち石器時代人＝先住民（異民族）説という、いわばコップの中の嵐に過ぎなかった点に特徴がある
と、この人種民族論争を戸沢充則が評価する（一九七八「日本考古学史とその背景」『日本考古学を学ぶ（一）』有斐閣、五三頁）。
（12）本村充保　一九九六「アイヌ・コロボックル論争に見る坪井人類学」『考古学史研究』第六号、一九頁
（13）曽根遺跡研究会　二〇〇九『諏訪湖底曽根遺跡研究一〇〇年の記録』長野日報社

第一章　日本人類学の立ち上げ

坪井正五郎が、それまで日本には存在しなかった人類学を立ち上げるに至る状況を知ることは、ごく単純な興味を超えて重要である。本人の恵まれた才能や熱い情熱はもとよりあろうが、周囲の環境が揃わねば実現できまい。またこの時期盛んに入った近代科学、とりわけエドワード・シルヴェスター・モース（Edward Sylvester Morse（1838—1925）以下本文ではモースと使う）からの影響を巡る解釈は、坪井の理念的立場を知る上で実に重要な意義を持つ。

第一節　人類学を志す

一　生い立ち

1　一五歳の時の出来事

モースはこの時、浅草井生村桜を会場とした江木学校講談会で四回続きで講演を行った。

人猿同祖論を通俗に説かれた事で有ります。人類の研究に対しても進化論を応用すべきもので有るとの事は此講談に由つて多くの人に知られたので有ります。

これは坪井が、一九〇四（明治三七）年一〇月発行の『東京人類学会雑誌』第二二三号に「東京人類学会満二十年記念講演」のタイトルで書いた中の一文である。

この時とは、二六年前の一八七八（明治一一）年一〇月から一一月にかけてのことだが、確かにモースよって紹介された進化論に、深い意義を感じた坪井の姿が明らかである。ただし、この時坪井自身がこの話を実際に聞いていたかは、この文だけでは定かではない。もし聞いていたとしたならば、東京大学予備門二年生の一五歳、誠に多感な時であり、その影響が決して小さくなかったことを予測する。

では、後に〝日本人類学の父〟と呼ばれる坪井が、いつごろから人類学に関心を抱くことになったのか、この疑問を追いながら、まずはその生い立ちを確認してゆく。

2　生い立ちのあらまし

坪井の多くの年譜[1]は、一八六三（文久三）年一月五日生まれ。正月五日故に〝正五郎〟と名付けられたと紹介する。ただしこれは旧暦である。新政府は一八七二（明治五）年一二月九日に改暦布告、翌月実施となって以後、新暦使用となっている。この新暦に倣うと誕生の日は、一八六三年二月二二日ということになる。

江戸両国矢の倉（現・墨田区）に生まれた。祖父は蘭学者・信道、母はその子・牧（万喜とも書かれる）で、後に幕府奥医師となる父・信良は越中国（富山県）高岡の医師佐藤養順の次男で、信道の蘭学塾に通った際に結婚して養子となった。目前に迫った、維新による江戸幕府の終焉を差し引いたとしても、時代の中枢に置かれた家柄であったことは間違いない。二歳の時生母を亡くし、後に信良は幕府医師・荒井精兵衛の娘・よのと再婚するも子はできず、故に兄弟は無く、以後は義母に養われた[2]。

一八六八（明治元）年、一家で静岡に移転して再び東京に戻ったのは一〇歳の、一八七三（明治六）年の時だった。一一歳で湯島小学校、一二歳で神田淡路町共立学校、一三歳で英語学校にとそれぞれ入学して、一四歳で東京大学予備門に入った。

ここからは良く知られている。一八八一（明治一四）年東京大学理学部生物学科に入学し、一八八四（明治一七）年友人・白井光太郎（のち植物病理学）らと人類学会を創設した。一八八六（明治一九）年の大学院入学は、特別に許可された人類学専攻の最初の学生だった。一八八九（明治二二）〜一八九二（明治二五）年にイギリスへ留学。帰国後には直ちに理学部教授の席が待っていた。それからわずか正味二〇年、これが坪井に与えられた、実に短い日本人類学創立の時間であった。齢五〇、これからであった一九一三（大正二）年、あまりに早い死がロシアの都市ペテルスブルクに待っていた。

なお、迎えた妻女についても肝心である。妻・直子、その家系も坪井家にとって応分で、さらに坪井の前途に示唆的である。直子の父・箕作秋坪は、緒方洪庵の元に学んだ洋学・漢学の大家であり、東京帝国大学の前身、蕃書調所の教授手伝いを経て、維新後には慶応義塾と並び称される洋学塾「三叉学舎」を開設したほどの人物だった。直子は長女で、長男は夭逝するも、二男・大麓は父の実家菊池家の養嗣子となって名を継いで、後に東京帝国大学・京都帝国大学で総長を務めた、菊池大麓その人である。そして三男・佳吉、四男・元八もそれぞれ動物学者、歴史学者として東京大学に席を置いた。坪井をめぐる境遇は、こうして大変わかりやすく、後の理解に欠かせない背景である。

坪井の生きた時代は、月並みであるが激動の時代であった。二世紀半以上にもわたる江戸幕藩体制、鎌倉幕府から数えるなら七世紀近くにもなる武家政権が終わりを迎えた時である。この武家社会の中、ともすると国民の意識から薄らいだといわれる天皇が、再び国家の中心へと変貌してゆく。

国家変貌の中身はどうで、どれほどのエネルギーが費やされたか。明治新政府にとって、内に外に憂いがあった。二六〇余もの小国に分断された永い幕藩体制の中、武士から庶民に至るまでのことごとくは、藩や藩主に生命を賭けて帰属した。〝日本人〟などという意識の持たれにくい状況で、まずその藩意識の解体に迫られた。藩を日本国に、藩主を天皇にとの、つまりは日本人意識の変革に、天皇中心国家への強い帰属の教化を求めた。結果、

天皇は神であり、日本に住む人民すべてはその赤子（臣民）である
なる神話の創設を効果的とし、強力な実践に明治憲法も制定された。わかりやすく司馬遼太郎の表現を借りる。例えば

元禄期の赤穂浪士には浅野侯への忠義はあっても、国家意識などはなかったのである。

ところが、

維新によって日本人ははじめて近代的な「国家」というものをもった。天皇はその日本的本質から変形されて、あたかもドイツの皇帝であるかのような法制上の性格をもたされた。たれもが、「国民」になった。不慣れながら「国民」になった日本人たちは、日本史上最初の体験者としてその新鮮さに昂揚した。このいたいたしいばかりの昂揚がわからなければ、この段階の歴史はわからない。[3]

内的にはその様な時代であった。

外の現実も迫りきた。欧米列強による植民地の拡大に、極東の日本も脅威の渦にさらされた。西洋文明を前にした、有色意識も加わっての劣等意識は当然あった。その挽回に、西欧学術への依存もまた当然で、その中から日本に科学的学問が根付いていった。列強が植民地を拡大する中、比例して出会う多くの人種・民族への関心を生み、知識の集積を必然とした。そうした中で成長を遂げた人類学も、この時日本にやってきた。

これが、明治という時代で、坪井の置かれた状況である。人類学を志す、その過程について、やや詳しく振り返る。

3　幼少の頃

坪井が五歳の時、一家で静岡へ転居した。近くに御菜園という植物園があり、行くのを楽しみに興味を覚えた、と書いてある。

八歳の頃には書・漢籍を学んだといい、雅号を「小梧」と持っていた。草花、そして小石集めに熱中し、すでに小冊子なども作っていた。蒐集気質と整理や記録、ひいては科学の心得を、すでにこの時萌芽していた。

一一歳で小学校に入学した時には、書画も好み『幼学必携』などの小冊子はじめ、父の医学雑誌編集を見ながら、何々雑誌などと題する見聞録様まで作っていた。さらにこの後に繋がる話として紹介するが、この頃より官費生に憧れたという。

中絶せり

一二歳、共立学校入学の頃には勉強に忙しくなり、小冊子の編集はの状況となる。しかし、

博物学的小標本

集めや、貰うようになった小遣いは、古銭（いわゆる変わり銭）に費やされるなど、一層の幅広い蒐集活動に拍車がかかった。

一三歳で英語学校に入学すると、そこでは『いろは字引』の不便さを感じ、独自の辞書『分類学林』を一五ヶ月かけて完成させた。何事にもの懲りようだ。また、例えば白墨を色々な形に削り上げる細工物の嗜好を発揮したのがこの頃で、手先の器用さも際立った。

振り返ると幼少時、植物・石など、自然界の不思議に深い興味を覚えた上で、蒐集整理、さらに

私は父を見習ってか幼少の時から筆を持つことが好きで有りまして(4)

と、学問研究を進める多岐の素地の、多くの萌芽が現れていた。

4　大学予備門への入学

一四歳の時、大学予備門に入学するが、そもそも予備門とは何であったか。東京大学（当時、法学・文学・理学部の三学部）への入学者が、文字どおりその前に学ぶ学校である。正確には東京大学予備門といった。なぜ予備教育が必要だったか。初期の東京大学教官は「大臣よりも高い」といわれた俸給で雇われた、欧米の深い知識を持ったいわゆるお雇い外国人であった。したがってカリキュラムはもとより、教科書・授業・ノート・答案はすべて外国語であったため、専門教育を受けるためにまず、英語やドイツ語等の高い語学能力が不可欠だった。つまり大学予備門は、語学を徹底的に身につけるためのものだった。

その大学予備門は、東京開成学校普通科（予科）と官立東京英語学校を合併して一八七七（明治一〇）年に創設された。当初は東京大学の法・文・理学部の予科であったが、一八八二（明治一五）年に医学部の予科を併合した。一八八六年（明治一九年）には、帝国大学令・中学校令に伴って、東京大学予備門は第一学区（関東地方およびその周辺地域）で工科大学予科を併合して第一高等中学校となり、その後一八九四（明治二七）年九月一一日、高等学校令により第一高等学校に改称された。ナンバースクールの先駆けである。

さて予備門当時、坪井は

特に深い興味を感じて居たのは古物や風俗の研究とか考証とか云ふ事でした。古物の事を考へれば勢之を遺した人の事をも考へる様に成り、風俗の事を考へれば自ら之を為す人の事をも考へる様に成る。兼ねて有して居た博物学的嗜好に是等が混ざり込んで心の中に人類研究の念がボーッと浮かんで来ました。(5)

予備門二年生の頃である。この頃、冒頭で触れた江木学校講談会にて、モースによるダーウィンの進化論の講話があった。

坪井にとっても重要な意味を持つ講演会であったので、江木学校を説明しておく。主催者・江木高遠は、一八四九

（嘉永二）年福山藩（現・福山市）に生まれた。一八六八（明治元）年秋に長崎に出てフルベッキに学び、翌年上京し開成学校に入学した。一八七〇（明治三）と一八七四（明治七）年の二度の渡米を経てコロンビア大学で法学と政治学を修め帰国した。一八七七（明治一〇）年、東京英語学校教諭を務めた後、その後身の東京大学予備門の教諭に就いた。その後一八七九（明治一二）年に元老院大書記官、外務省書記官となり、翌年にワシントン公使館員に赴任するも、同年ピストル自殺で三一歳という短い生涯を閉じていた。江木学校講談会の正式な旗揚げは江木の帰国直後、予備門教諭の傍らの一八七八（明治一一）年九月二一日のことだった。[6] 定例会が月二回、毎回四～五人を講師に、多いときには六〇〇～八〇〇名も詰め掛けたという。そして

江木学校講談会のなかでもとくに評判になったのが、モースの進化論四講だった

一八七八（明治一一）年一〇月二七・二八・三一日・一一月二日の四回で、

広告によると、「動物変遷論」あるいは、「人種原始論」（ひとのはじめのろん）と呼ばれたらしい[7]（第1図）。この時の通訳に、江木と菊池があたり、冒頭の坪井の一文はまさにこの時のことをいっていた。[8]

この時、坪井は予備門二年で、英語教師・江木と面識があったことは間違いない。そして確かに、坪井はモースの講演を聞いていた。

当時予備門の教師で有つた故江木高遠氏管理の江木学校講談会と云ふものが有りまして、心掛けさへ有れば月に二三回は耳新しい事を聞く事が出来たのです。私が貝塚調査報告や、人類進化論を聞き得たのは全く是等の会の賜物で（中略）教場に於て出会ふ事さへも無かつたモール（スが抜けている―筆者註）氏だの佐々木忠二郎氏（今の農科大学教授）だのから学んだと云ふ事は私の身に取つて強き奨励と成つたので有ります。[9]

「人類進化論を聞き得たのは全く是等の会の賜物」との表現には、坪井のこの時の感激が十二分にこめられている。進化論の意義は誠に大きく、未知の世界に惹かれていった。

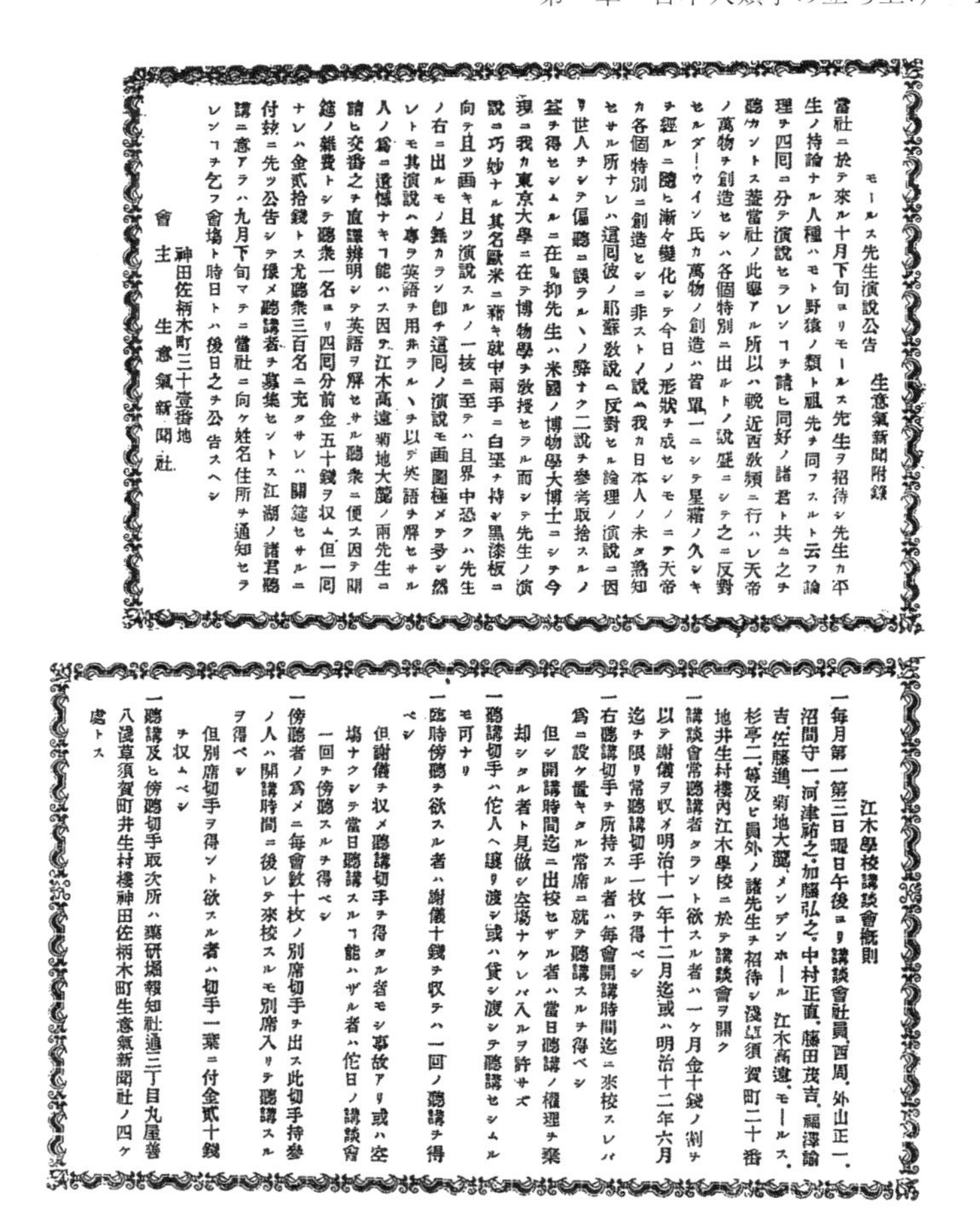

生意氣新聞附錄

モールス先生演説公告

當社ニ於テ來ル十月下旬ヨリモールス先生ヲ招待シ先生カ平生ノ持論ナル人種ハモト野猿ノ類ト祖先ヲ同フスルト云フ論理ヲ四回ニ分テ演説セラレンヿヲ請ヒ同好ノ諸君ト共ニ之ヲ聽カントス蓋當社ノ此擧アル所以ハ晩近西教頻ニ行ハレ天帝ノ萬物ヲ創造セシハ各個特別ニ出ルトノ説歴ニシテ之ニ反對セルダーウイン氏カ萬物ノ創造ハ皆單一ニシテ星霜ノ久シキヲ經ルニ隨ヒ漸々變化シテ今日ノ形狀ヲ成セシモノニテ天帝カ各個特別ニ創造セシニ非ストノ説ハ我カ日本人ノ未タ熟知セサル所ナレハ這同彼ノ耶蘇教説ニ反對セル論理ノ演説ニ因リ世人ヲシテ偏聽ニ誤ラルヽノ弊ナク二説ヲ參考取捨スルノ益ヲ得セシムルニ在リ抑先生ハ米國ノ博物學大博士ニシテ今現ニ我カ東京大學ニ在テ博物學ヲ敎授セラル而シテ先生ノ演説ニ巧妙ナル其名歐米ニ藉キ就中兩手ニ白堊ヲ持ヽ黑漆板ニ向テ且ツ画キ且ツ演説スルノ一技ニ至テハ且界中恐クハ先生ノ右ニ出ルモノ無カラン卽チ這同ノ演説モ画圖極メテ多シ然レトモ其演説ハ專ラ英語ヲ用井ラルヽヲ以テ英語ヲ解セサル人ノ爲ニ遺憾ナキヿ能ハス因テ江木高遠菊地大麓ノ兩先生ニ請ヒ交番之ヲ直譯辨明シテ英語ヲ解セサル聽衆ニ便ス因テ開筵ノ雜費トシテ聽衆一名ヨリ四同分前金五十錢ヲ収ム但一同ナレハ金貮拾錢トス尤聽衆三百名ニ充タサレハ開筵セサルニ付玆ニ先ツ公告シテ豫メ聽講者ヲ募集セントス江湖ノ諸君聽講ニ意アラハ九月下旬マテニ當社ニ向ケ姓名住所ヲ通知セラレンヿヲ乞フ會場ト時日トハ後日之ヲ公告スヘシ

神田佐柄木町三十壹番地
會主　生意氣新聞社

江木學校講談會概則

一每月第一第三日曜日午後ヨリ講談會社員西周、外山正一、沼間守一、河津祐之、加藤弘之、中村正直、藤田茂吉、福澤諭吉、佐藤進、菊地大麓、メンデンホール　江木高遠、モールス、杉亭二、等及ヒ員外ノ諸先生ヲ招待シ淺草須賀町二十番地井生村樓內江木學校ニ於テ講談會ヲ開ク

一講談會常聽講者タラント欲スル者ハ一ケ月金十錢ノ割ヲ以テ謝儀ヲ収メ明治十一年十二月迄或ハ明治十二年六月迄ヲ限リ常聽講切手一枚ヲ得ベシ

一右聽講切手ヲ所持スル者ハ毎會開講時間迄ニ來校スレハ爲ニ設ケ置キタル常席ニ就テ聽講スルヲ得ベシ

　但シ開講時間迄ニ出校セザル者ハ當日聽講ノ權理ヲ棄却シタル者ト見做シ空塲ナケレハ入ルヲ許サズ

一聽講切手ハ佗人ヘ讓リ渡シ或ハ貸シ渡シテ聽講セシムルモ可ナリ

一臨時傍聽ヲ欲スル者ハ謝儀十錢ヲ収テハ一回ノ聽講ヲ得ベシ

　但謝儀ヲ収メ聽講切手ヲ得タル者モシ事故アリ或ハ空塲ナクシテ當日聽講スルヿ能ハザル者ハ佗日ノ講談會一回ヲ傍聽スルヲ得ベシ

一傍聽者ノ爲メニ毎會數十枚ノ別席切手ヲ出ス此切手持參ノ人ハ開講時間ニ後レテ來校スルモ別席入リテ聽講スルヲ得ベシ

　但別席切手ヲ得ント欲スル者ハ切手一葉ニ付金貮十錢ヲ収ムベシ

一聽講及ヒ傍聽切手取次所ハ藥研堀報知社通三丁目丸屋善八淺草須賀町井生村樓神田佐柄木町生意氣新聞社ノ四ケ處トス

上段：配布されたチラシ　下段：江木学校講談会概則

第１図　モースの進化論四講を報じる『生意気新聞』の付録

5　理学部進学

一八七七（明治一〇）年、東京大学理学部には、化学・物理学・工学・生物学・数学・地質及採鉱学の各科があり、二学年進級時にその各学科を選択することになっていた。ちなみにこの年の生物学科の生徒を紹介しておく[10]。

第一回生　佐々木忠二郎（のち忠次郎）

　　　　　松浦佐用彦（一八七八（明治一一）年流行病で急死。モースが最も嘱望した生徒であったという）

第二回生　飯島魁（いさお）・岩川友太郎。なお一八八二（明治一五）年から生物学科生は四年次で動物学と植物学の専門に分かれた。そしてこの年は、坪井に強い影響を与えた人物として後に詳しく触れる、箕作佳吉が教授となった年でもあった。

一八八一（明治一四）年、坪井理学部入学の年である。しかし、考古学・人類学にあまりに熱中してしまったため、

　　生課を怠れり。試験不合格

理学部での一年を留年した。

　この年の七月、佐々木（一年留年のため）・飯島・岩川の三名が最初の生物学科卒業生となり、一八八二（明治一五）年、石川千代松が動物学第二回卒業生となり、一八八五（明治一八）年箕作元八が卒業し、そして一八八六（明治一九）年に、坪井・池田作次郎の卒業となる。そうそうたる顔ぶれである。

　坪井が生物学科を専攻したのはなぜだったのか。予備門から本科への移行には、学部だけを決めればよかった。理学部志望の理由を、

　　私の父は全く放任主義で「自分で判断して修め度い学科を修めて成れる者に成れ」と云ふ様な次第で有りましたから、差し向き理学方面に対しての傾きを有して居たので、先き先きの遠い考へも有りませんでしたが理学部を望んたので有ります。

理学部への傾きを、

私の父は医者で有りまして静岡の病院に関係して居ましたので、私は幼い時から人体解剖の事とか動植物や金石に関した事とかを耳にし、又折々は解剖室を窺いて見たり、御薬園即ち植物園へ遊びに行つたり、蛙を捕へたり、石を拾つたりして居た所から何時と無しにさう云ふ事に趣味を有するに至つたものと見えるのです。斯う云ふ訳ですから理学と云つても心は博物掛かった方にのみ有つたのです[11]。

とも言っている。また生物学科専攻に際しては、

父には専門の選択に付きては一言もせず、全く余自身の意に任じたるなり。

との状況に中で、

余が幼児の博物学的頃向とモールス氏佐々木氏の動物学者なりとの事実とが余を此の学科に導きしにもや有らん。

そして

此年（明治一四年―筆者註）荒井郁之助氏より陸奥及後志の古物を預かり親しく之を手にし、益々考古の念を強めたり　考古の念強まるに随ひ人種の異同、人類の発達を探らんとする意も愈々深く成れり[12]。

と話している。モースやその進化論の影響、そして古物への関心の強さが、やがて人類学へと誘ったとその過程を知る。

この時の熱心な行動は、次の記述にも端的である。坪井はとにかく

図書閲覧室に入り、人類に関する和洋の書を繙（ひもと）くを平日の業とし、休日には主として遺跡探りの遠足を事とせり。余は人類学と称する学問の存在を知りて之を心掛けしにはあらざれども、余の志し所自ら此学問の趣旨に適ひ居りしなり。余は先輩及び友人より古物遺跡に関する談話を聞き事屢々（しばしば）なりしが、常に考古学或いは進化論の一部として聞きしなり。

あまりに熱中が過ぎてしまった。「正課を怠れり。試験不合格」。よっての理学部留年だった(13)。

6　人類学を志す

予備門を終る頃からして私の人類学的傾向は著しく成つてきまして(14)

大学在学中に、

博物学的趣味と雑書から得た知識とが結び着いて、太古人類の事を調べて見度い、風俗変遷の事を調べて見度い、人種の事を調べて見度い、一言にして言へば人類の理学的調査がして見度いと云ふ考へが強く成つて(15)

と、人類学研究への傾きを強くしてゆく。四年生では、生物学科の中の動物学を専攻する。この時の心境である。

動物学に志したのも性に適したと自信する人類学が修め度いからの事、生物学生徒とは世を忍ぶ仮りの名、身は動植物学の教室に在つても魂は兎角、諸人種古器物抔の方へ飛んで行く(16)。

その意気込みを充分に知る。

いよいよ人類学への志を固めたのは、理学部動物学科卒業時である。

余は籍を動物学に置きしも、有体に云へば心は人類学中に彷ひ居りしなり動物学を卒業したる者大学院に入らん事を願はば其専攻学科として同じく動物学を選ぶ可きは固よりなるに余は人類学研究の為め大学院入学許可を得たる(17)

ことになってゆく。

当時は人類学なる学科などなく、もとより教える人もいなかった。坪井にとってこの逆境がむしろ力となった。

人類学研究と云ふ事は今の大学の学科中に無い、世間にも未ださう云ふ事で一家を成して居る人も無い、併し夫れは今無いと云ふ丈の事で、詰まりは為る人を欠いて居るに過ぎないので有るから、熱心に仕遂げたならば必しも夫れで身を立て、夫れて親の心を安んずると云ふ事が出来ぬとも限るまい。（中略）一層決心が固く成つたのであります。(18)

と。ただし、不安がないはずはなかった。正直な気持ちも吐露している。大学院進学のための出願願書に、「人類学研究の為」などと書こうと思ってはみたものの「過ちては大「失策」を来たす事に成る」。迷ったあげ句、動物学主任・箕作教授に相談した。

人類学研究の為大学院入学を願ひ度と思つて居ますが、そんな事を遣つた所で他日大学なり何所なりで就職の途が見付かりませうか

と何気なく意見を求めた所、

誠に慙愧の至り「さう云ふ先きの事は誰に聞いたとて解かるものでは無い、必要の学科なら何所かで置きもしやうし、役に立つ人なら何所かで用ゐもしやう、又身を立てて途も自ら生じて来るでせう。あなたは誰かどうか仕て呉れるならと云ふ様な依頼心を持つて居るのですか。」

との反問を受けた。

「お言葉は好く了解致しました、最早迷ひません、初志を貫く事を心掛けます」と云つて直に人類学云々の願書を出しました(19)

そして

天下晴れて人類学と握手(20)

との表現には、自ら振り返って万感の気持ちが現れる。〝日本人類学の父・坪井正五郎〟誕生のその時である。いわば誕生の恩人とでもいえるような、箕作については後述する。

余は人類学研究の為大学院入学許可を得たるのみならず給費をも受くる身と成れり。人類学の三字は此時始め

て大学の公文に載りしなり。

加えて、給費をもらえるという待遇も同時に得た。よほど喜んだ坪井であった。

官費生とならんとの幼時の希望も、人類学を専修し度しとの年来の希望も、此時一時に達するを得たるなり[21]

この時のことを、弟子たる鳥居龍蔵も記している。

坪井氏の大学に於ける人類学はもとより氏の自力によって造り出されたものであることは明らかであるが、それに就て多大なる保護者のあったことは注意を要す。その保護者は令夫人の兄上たる菊池学長、箕作教授の両氏の指導助力のあったことと、当時の大学総長渡辺洪基氏の助力保護のあったことであります。（中略）殊に坪井氏にとって好都合であったのは（中略）渡辺氏は坪井氏の先代に教へを受け恩義あることを感じ、その結果は坪井氏の学問とその人物に向って注意せられ、他の反対あるに拘わらず人類学なる学問を大学に入れ、それの教授として坪井氏を見出し、氏をして官費留学せしむるまでに至ったのであります。かつや坪井氏の帰朝せられましても早速教授に任命し、着々斯学を安心して専攻講義をなさしむる事とせられました[22]。

坪井の父・信良は越前藩主松平春嶽の侍医を務めたが、時の大学総長・渡辺洪基との関係も深かった。渡辺は越前の出で、正五郎の父・信良の教えを受けて、その恩義を感じていたのであった[23]。

恵まれた運命の糸といえようか。確かに幸運とみなした人もいた。人類学会を共に立ち上げた坪井の朋友・白井光太郎（一八六三―一九三二）は、やがて人類学・考古学から離れて植物学に職を得るが、晩年の述懐が興味深い。

元来考古癖があつて、それを専攻し度いのは山々であつたが、それでは中々思ふ様に衣食し難いので、パンを獲る術として

植物学を選んだ、と言ったという[24]。そのことを、『人類学雑誌』上に、最初に活字で坪井や白井の名前を知った頃を回想した鳥居も触れている。

私は最初人類学の雑誌を手にした時に、白井光太郎さんの方が坪井さんよりは寧ろ専門家のやう。と感じて、白井に

斯学を研究するについてご指導を乞う。

と手紙を書いた。その返事。

自分は斯う云ふ事（人類学－筆者註）をやり出したけれども、坪井正五郎と云ふ人がよい、家柄でもあるし、又大学に於ても先輩などの聯絡もある人で、到底自分のやうな人間には斯う云ふ専門はやつて行けないから、坪井さんの方に手紙を出したら宜かろう。(25)

白井の坪井に対する眼差しが気にかかる。

ともかくこうして、一八八六（明治一九）年七月、坪井二三歳の時、一一歳の頃に憧れた官費生も実現させた。そしてこの年三月、大学理学部は帝国大学理科大学と改称されていた。時の総長が渡辺洪基で、早々その夏、総長の誘いで日本初の古墳の学術調査を行なった。

帝国大学総長渡辺洪基氏足利に趣かれし時是等の器物を見尚ほ同種の古墳有る事を聞き其研究の学術上要用なるを感じ夏期休暇中再行さるるに際し余を伴ひ余をして此事に従はしめらる。(26)

栃木県足利古墳の調査であった。

この調査および報告の極めて精緻な内容は、その後の古墳調査の範となる。この報告書の中で最も注目すべき、一文を引用しておく。

土器を造り玉類を磨く等の業は固より貴人の為す可き事に非ず　土石を運び墳墓を築くは又工人の為す可き業に非ず　之のみを以ても此時代の人民中に貴族と製造者と力業者と有りしを知る可く多くの労力を費して墳墓を造りたるを見れば葬られたる者と労働者との間貴賤の別大なりしを想ふ可きなり。

古墳や遺物の背後にあった人々の姿、あるいは当時の社会・階級の関係を追及するという、歴史を鋭く見つめる坪井の深い見方をそこにみる。

最後に一つ、エピソード。大学卒業の時のこと。

卒業後私は或る地方から教員にと招かれたのだという。どなたからのまた、どこへの誘いなのかは分からない。もしその誘いを受けていたならば……。しかし、

断つて大学院入学を願ひ出ました(27)

と結果した。ちょっとした、歴史の転換点であったといえる。

このとき人類学会を立ち上げて、すでに二年が経とうとしていた。

二　人類学会を立ち上げる

1　設立への道

一四歳で東京大学予備門に入学した時の、坪井の回想を見る。

此頃随筆類を読む事を好めり。是れ渡瀬庄三郎氏瀬脇壽雄氏等と交はりて其嗜好に化せられしものと考ふ。（中略）時代を異にし、地方を異にしたる諸事実を比較するの面白みを感じるようになったとまず二人を挙げる。その次に、

前記二氏の他白井光太郎、福家（ふけ）梅太郎の両氏は意の合ひたる友なりき。(28)

影響を与えた筆頭に、『人類学会報告』創刊号にコロボックルを紹介した渡瀬庄三郎、次が「前記二氏の他」とされた白井である事は、やがて起こるコロボックル論争を見る上で、興味深い記述と読める。坪井と白井の間の史観の基本的な違いを認める筆者は、後にコロボックルを取り上げた渡瀬と、コロボックルに反駁した白井が、実は以前から

微妙な人間関係として認められそうな表現を、そこに感じるからである。その基本的な違いについては後述する。

さてこの年一八七七（明治一〇）年の事として、坪井は

　大学教師モールス氏大森にて貝塚を発見したりとの事を伝聞せり。

と書いている[29]。大森貝塚の発見が一八七七（明治一〇年）六月一九日、発掘調査が同年九月一六日（参加者・松村任三、松浦佐用彦、佐々木忠二郎）と一八日か一九日（参加者・マレー、通訳、人夫二名）の二回である。その最初の公表が一〇月六日の『トーキョー・タイムズ』[30]で、「プレ・アイヌ」との考えも登場している。翌日には『民間雑誌』、さらに八日には『東京日日新聞』にも報道された。

ほどなく、一〇月九日に行われた第三回目こそが本格的調査であったといわれる（参加者・矢田部、外山、パーソン（以上東大教授）、マレー文部学監、ル・ジャンドル政府外交顧問、佐々木、松浦、福与一、人夫六名）。直後の一〇月一三日には、横浜グランドホテルで開かれた日本アジア協会例会で、モースは大森での成果を「日本における古代民族の形成」と題して講演した。さらに二日後の一五日には、東大での連続三回の進化論講義の第二回目の日で、大森貝塚の話であった。

坪井は大森調査に係わることなく、あるいはモース講演の聴講の機会にも限られてはいたが、新聞などから間接的とはいえリアルタイムに大森の情報を得る機会があった。そして、モースとともに大森貝塚は、坪井に極めて大きな刺戟となった。

こうした状況を背景としつつ、大学予備門当時には、

　人の話しを聞いた丈では満足が出来ない。人の説を読んだ丈では満足が出来ない。自ら遺跡探査も試み、自ら風俗調査も企て、自分執筆の雑誌に説を載せ、自分等の設立した会で考へを述べ抔し初めました。

とまでになっていた。なお、ここで登場する「雑誌」と「自分等の設立した会」の意義は大きい。坪井は「自分執筆の雑誌」

として予備門入学時より、『校内新報』『毎日新聞』『月曜雑誌』等、いくつかを作っていた。やがて統廃合の結果が『小悟雑誌』で、

其系統が今日の東京人類学会雑誌へ連なつて居るので有ります

と、幼い頃から趣味に始めた本作りが、やがて世界に発信する本格的な学術雑誌へと繋がった。「自分等の設立した会」は、一八七九（明治一二）年、井上円了、渡辺環の三人で設立した、「夜話会」だった。この会で

屢ば人類研究に縁の有る事を演説して居りました。[31]

と、これまた坪井にとっては好機となった。

ちょうどその頃、一八七九（明治一二）年一一月八日

大学内の邦語演説会に於て佐々木忠次郎氏の常陸陸平貝塚談を聴き、大に真味を覚えたり。[32]

あるいは

殆ど毎日演説会の催しが有った訳です。

と言うように、多くの刺激的な集りがあり、互いの切磋の様子がうかがえる。ただし

他の会は皆どうしたか其後の音沙汰を聴きません。[33]

と、興亡を慌ただしくた。しかし自らの会は他とは違った。坪井のエネルギッシュな行動力の所以である。この坪井の力こそ人類学会の設立・継続に不可欠だった。

こうした土壌を契機として、一八八四（明治一七）年一〇月一二日「じんるいがくのとも」第一回の寄り合いが行われ、その報告集、後の『人類学会雑誌』の直接の前身たる、『よりあひのかきとめ』が刊行される（第2図）。勅使河原彰によると、当時平仮名が大流行していたそうです[34]すべて平仮名、今では極めて読みにくい。一一月一六日の第四回には会の名称が「じんるいがくくゎい」と変更されるが、この時漢字で「人類学会」を用いることが確認される。

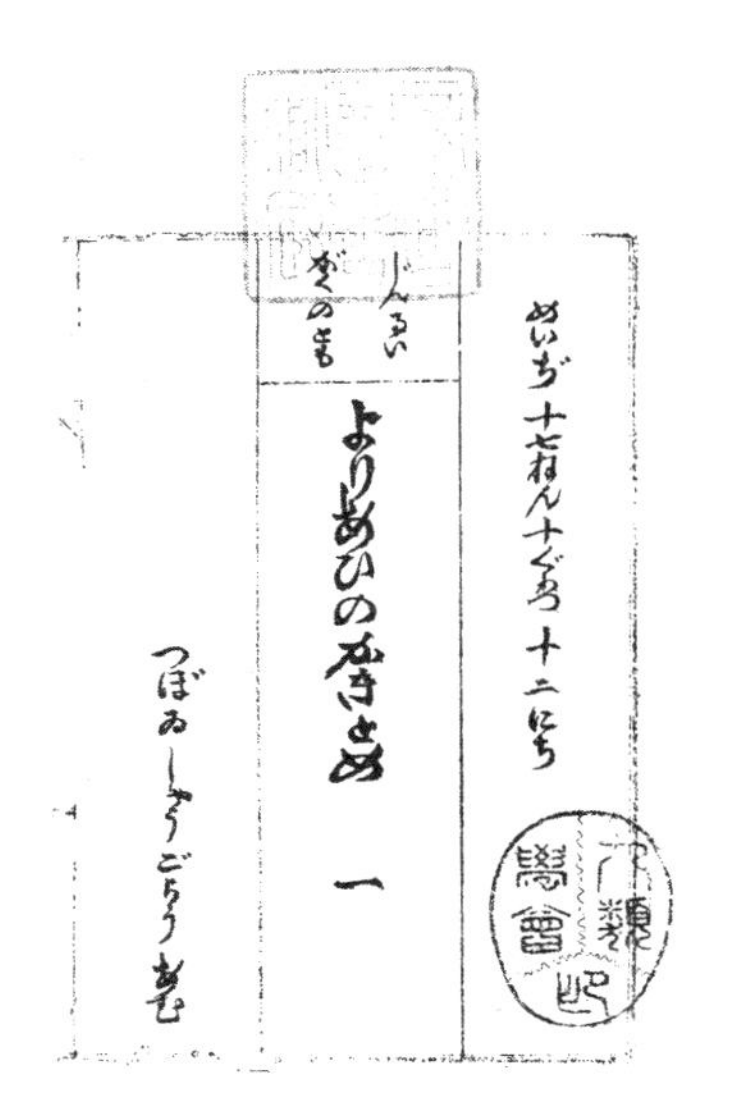

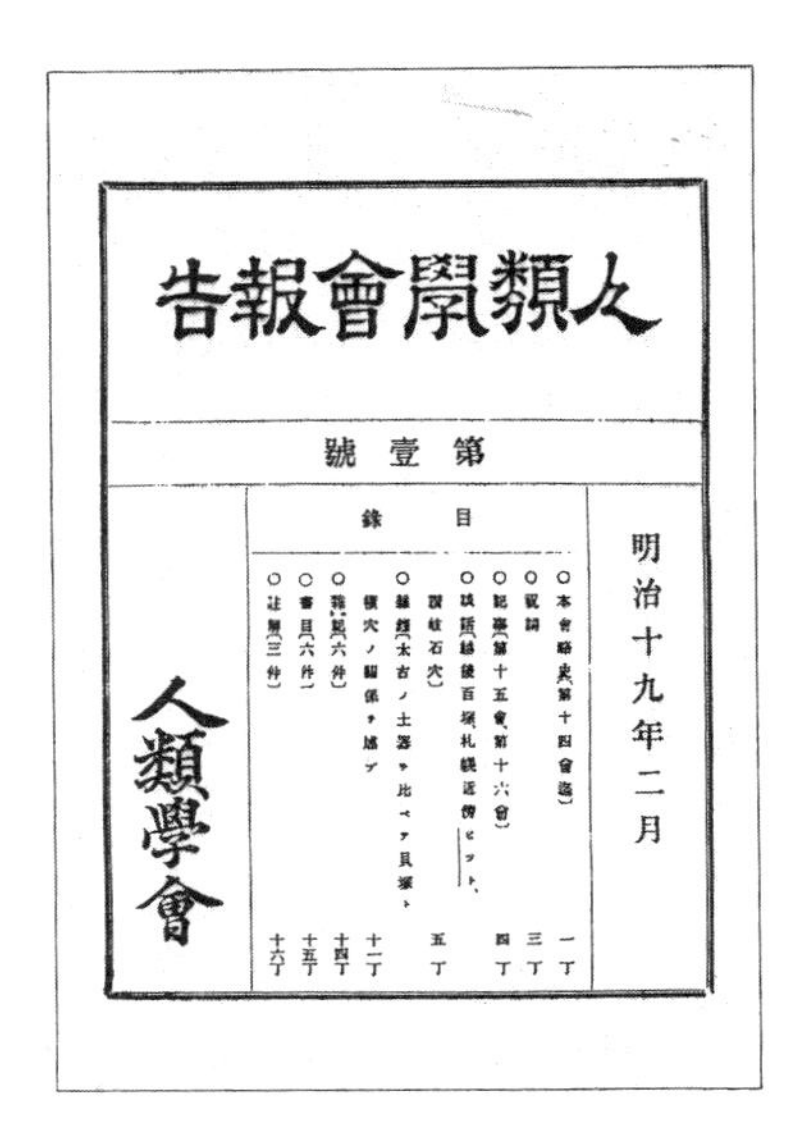

『よりあひのかきとめ』の、当時はすべて平仮名であった。後 1940 年東京人類学会は、『人類学叢刊　甲』第 1 冊として復刻した。表紙右下にある、「人類学会印」のエピソードを紹介しておく。「会の印をこしらへる時にも矢張り坪井君の工夫で出来ました。即ち頭骨を上から見た形の中へ、人類、学会、印の五字を入れたものであります」（丘淺 1934）。

第２図　『よりあひのかきとめ』（左）と『人類学会報告』創刊号（右）の表紙

ただし、紙面には相変わらず平仮名が継続されて、これは第七回目まで変わらぬ事を確認できる(35)。かく経過を経て「人類学会」が設立された。日本には未設置だった「人類学」で、用語自体ももちろんなかった。坪井による命名を、自ら次のように説明している。

人類研究の学問、英語で云ふアンスロポロジーの日本名は其唱道者さへもまだ現はれなかつた時の事とて当時何とも一定して居なかつたので有りますが、私は人類学と云ふのを最も適当と考へ此会を人類学会と名づけました(36)

文字どおりの、日本人類学の生みの親である。この間の詳細を、以下のように『人類学会報告』第一号（第2図）に記録している。

一八八四（明治一七）年

三月一日　石川千代松(37)の紹介で、有坂季三・有坂鉊蔵・白井光太郎・坪井正五郎面会する。

一〇月一二日　第一回　「じんるいがくのとも」として最初の集り。白井光太郎・福家梅太郎・佐藤勇太郎・岡田信利・古武栄之進・宮澤作次郎・神保小虎・平山順・松原榮・坪井正五郎の計一〇名。

一〇月中　第二・三回　一二日の話が「中々話ガ盡キマセンカラ同月中尚二会開キマシタ」（なお『よりあひのかきとめ』によると第二回は一〇月一七日、第三回は一〇月二六日となっている）。

一一月一六日　第四回　会名を「人類学会」と定め、毎月第二日曜日、会費五銭と決める。この時の会員として、澤井廉・白井光太郎・福家梅太郎・佐藤勇太郎・有坂鉊蔵・岡田信利・菊池松太郎・宮澤作次郎・神保小虎・丘浅次郎・齋藤賢治・細木松之助・松原榮・坪井正五郎の計一四名。

一八八五（明治一八）年

四月一二日　第九回　これより以後毎月第三日曜日、遺跡等見学の遠足会の決定。

九月一三日　第一二回　「自ラ筆記シテ幹事ニ送リ幹事ハ之ヲ合綴シテ会員ノ便覧ニ供フルコトヲ定メマシタ」

つまり、会報の発行が決められた。

一二月一三日　第一五回　この回より詳細な報告が、会報に報じられる。この時、神田孝平入会。

そして一八八六年二月一〇日、『人類学会報告』が創刊された。こうして日本の人類学、考古学の本格的な研究が幕を開ける（第3図）。日本近代考古学の発祥は、大森貝塚の発見調査と刻まれている。もとより異論は無いが、日本考古学研究とはと、敢えて「研究」の二文字を冠して言うならば、研究の出発はまさにこの人類学会の発足を以て語るべきかと考えたい。

2　神田孝平を会長に

会報の創刊時、会長に神田孝平（一八三〇―一八九八）を立てたことは見逃し難い。神田は幕末・明治期の洋学者で、

第３図　東京人類学会草創期の人びと（1893年７月２日）

幕府の改正所に籍を置き、維新後は新政府に仕え、また明六社の創設に参画する一方で、考古学への関心も深めていた（第４図）。

問題は、なぜ会長が坪井自身ではなく神田であったか。その記録は見つからない。弱冠二三歳の若者には、流石にその重みを認識したと、それもあろうが、坪井の神田に対する学問的傾倒の強さを推測してみた。

神田の人類学会入会は一八八五（明治一八）年であるが、もちろん坪井とはそれ以前からの面識がある。理学部一年の一八八三（明治一六）年頃から、足しげく遺跡に通った坪井であり、その成果として多くの遺物も集まり始めた。

> 追々に増加して来た古物類は動物学教場の一部に置いて宜しいとの許しも得ました。

とする状況の中、

> 夫等を見せて貰ひ度とて神田孝平氏の来訪をも受けました[38]。

このときが最初であったと限りはしないが、少なくともこの頃からの親交を知る。

さて神田は、一八八四（明治一七）年一二月"NOTES ON ANCIENT STONE IMPLEMENTS, &, OF JAPAN"（『日本大古石器考』東京国文社）を刊行していた[39]。国内よりも欧米向けにと英文で、豊富な図版もつけられた。現在この本は、日本人の手による、はじめての本格的な考古学概説書と評される。その中に遺物の「今最モ収蔵ニ富メル」機関の一つとして、東京博物館に次いで「東京大学校」を挙げている。度々通った神田を思う。

注意を向けるべきは、この書の巻頭「緒言」にある。

　我邦ニ古物ノ存スル者種類少シトセス然ルニ今先石器ヨリ着手スル者ハ石器ヲ以テ最モ古クシテ最モ重要ナル者トスレバナリ顧フニ外国ノ廣キ其中ニハ我邦ノ石器ト全ク同種ナル者ヲ存スル者アラン或ハ大同小異ナル者アラン或ハ我邦ニノミアリテ外邦ニ無キ者アラン　博ク外邦諸学士ノ論説ヲ聞キ参互比較シテ考察スルコトヲ得ハ或ハ之ニ依テ我邦ノ載籍以前ニ遡リ其事蹟ヲ考定スルノ端緒ヲ得ルコトアラン　是則我最モ外邦諸博士ニ企望スル所ノ要旨ナリ外邦諸学士モシ此點ニ付キ所見アラハ幸ニ論説ヲ吝ムコト勿レ

と、実に驚くべき一文である。

　外国ノ廣キ其中ニハ我邦ノ石器ト全ク同種ナル者ヲ存スル者アラン

と、大陸との関係を示唆するように、実にグローバルな人類学的視点をもっていた。そもそもこの意味の深さはいうまでもない。外国と日本に共通する石器のある意味は、古き時代の交流、あるいは同一人種の存在すらも暗示をさせる。そして

　我邦ノ載籍以前ニ遡リ其事蹟ヲ考定スルノ端緒ヲ得ルコトアラン

との一文に、古典の限界とそれ以前の歴史の解明への考古視点の重要性

第４図　神田孝平（33歳頃）

が込められた、とはいえまいか。広大深遠な視点を持った神田に、深く共鳴した坪井を想像したい。

この著書中での、他に見るべきいくつかを紹介しておく。石器は今でいう、打製石器を「劈成類（へきせいるい）」（切り開く、あるいは裂き開く、の意）、磨製石器を「磨成類」と表現してその時代順序を説明すること。「劈成類」のなかには、石鏃・石鋒・天狗匙・分銅石のあることを紹介して、特に「分銅石」今でいう打製石斧を「耕作ニ用イタルナラン」とし、いわゆる「斧」との認識を持ってはなかった。そして、それを用いた人種に及ぶ。

之ヲ使用シタル人種ハ明カニ知ラスト雖恐クハ今ノ人種ノ前ニ住ミタリシト云フ古史ニ所謂土蜘蛛若クハ蝦夷ノ類ナルヘシ

明らかではない人種に対し、土蜘蛛や蝦夷など先住民を含み想定して、大きな関心を注いでいる。

会長を受けた神田はこの時、一八七一（明治四）年から務めた兵庫県令（現・兵庫県知事）を一八七六（明治九）年に退任し、以来、元老院議官に就いていた。

なお『人類学会報告』創刊の一八八六（明治一九）年、海外に発送する必要から、会の名称を「東京人類学会」と改めた。それに伴い、雑誌の名称も六月からは『東京人類学会報告』と改まる。さらに翌一八八七（明治二〇）年には『東京人類学会雑誌』と変わって一九一一（明治四四）年まで続き、その三月以降、現在に至る『人類学雑誌』と改称している。坪井自らの会長就任は、一八九六（明治二九）年のことである。

第二節　モースの、そして進化論の影響

進化論をはじめ、当時の学問、思想、人物など、坪井の人類学研究に影響を与えたいくつかについてここで触れたい。

一　モースに対する坪井の真意

1　坪井はナショナリストであったのか

モースに対する坪井の感情がいかにあったのかは、単に個人的な問題で片付けられない重要な意義を含んでいる。今、多くに持たれる認識は、実はモースに対し、坪井は必ずしも好感を抱いてなかったというものである。筆者は、それが間違いではないかと考える。

小熊英二は、坪井は強烈なナショナリストであると強調する。例えば、坪井は人類学会がドイツ人ベルッと無関係であることをことさら強調したこと、また

　私をモールス氏の弟子で日本人類学は同氏から起こったとするのは心外である。

との坪井の言動、あるいは

　モールス氏が集められた大森貝塚採集の土器石器骨格器等を標本板にしばりつけてあったものをことごとくもぎ取ったことがあるくらいです。

という鳥居の証言などを引き合いに、これらを

　欧米に対する強い対抗意識[40]

と理解した。そのことを坂野徹も

　欧米の研究者に対する屈折

と表現して同意する。[41]

確かにモースによる〝日本に食人の痕跡有り〟は多くの国民感情を刺激した。

実際さう云ふ事が有つたか無いかといふ事を自分達で調べて見たいといふやうな考えから貝塚などといふ事に

気が附きまして[42]

とは白井の言葉で、これが人類学会立ち上げへと、青年たちを駆り立てた要因の一つである事も間違いあるまい。

その上で白井が、『人類学会報告』創刊号の「祝詞」にしたためた一文は、確かに欧米への感情をよく示す。

我邦内地ニ遺存スル古跡遺物及人種論ノ如キ外国人ノ探求スル所トナリ我邦人ハ惟其探求ノ結果ヲ視聴スルニ止リ絶テ之カ是非ヲ論スルコト能ハザルヲ好マザル（中略）今ヤ海外各国ノ学士ニシテ我邦ニ駐在スルモノ甚多ク各相集テ学会ヲ設立シ我邦ノ事物ヲ探究スルコト甚盛ナリ今ニシテ人類学会ヲ興サズンバ遂ニ彼士輩ニ就テ自国ノ事ヲ問フニ至ラン豈痛歎ノ至ナラズヤ（四頁）

小熊の

欧米に対する強い対抗意識に燃えながら、しかしそれに対抗するには彼らの近代科学を一刻も早く吸収し、自国独自の学問・文明を築くしかない、という発展途上国の青年学徒の心理[43]

とは、この時の白井の気持ちを言い現わしているといえよう。

そもそも欧米近代科学の吸収の意義と、欧米に対する感情とを混然と評価してはならないが、白井の言には、その欧米の近代科学をも拒絶するような意味合いすらも含むようにも認められ、欧米人研究者への対抗心は明らかである。ここで冷静となるべきは、先の一文はあくまで白井の言、という点である。つまり、だからといって坪井もこの点に白井と全く同じであったか。急がずここでは一旦保留としておきたい。坪井の、先のモースへの反感とも取れる行為や言動が、白井と同じ、果たして「ナショナリスト故の坪井の言動」であったのだろうか。

2　モースと坪井

一九〇四（明治三七）年一〇月発行の『東京人類学会雑誌』第二二三号に、坪井は「東京人類学会満二十年記念講演」

と題して、会発足時の詳細な経過を述べている。

発足当時は

学会の発起者白井、佐藤、福家の三氏及び私の四人は決して古物遺跡に関して述べたり書いたり計りして居たのでは有りません、実地研究に付いても大に意を傾けて居たので有ります。

として

我々同志者が如何に熱心に遺跡実査に従事して居たかは此表の明かに示す所で有ります。即ち会が興つて後に実査を始めたのでは無く、実査を心掛けて居た人々が凝つて一団と成ったので有ります。（五～六頁）

と、同じ志を持つ者の集まりの延長に人類学会が発足したことを説明する。

その会の発足に、モースの関与は当然気になる。この点について説明している。

我国に於ける太古遺跡の学術的調査は誰に依つて始められたかと云へば

としてモースを挙げる。ただし、と続く。大学の内外でモースを手伝った人は少なくないが、

本会の設立に預かつた人は其中に一人も有りません。（中略）本会の発起人は一人としてモールス氏の教へを受け若しくは氏の調査実況を目撃した者が無く、氏を手伝つた人々からの導きさへも得た者が無いのであります。

（六～七頁）

また、

モールス氏は種々の点に於て人類研究上の智識を我邦人中に広く伝播されましたが、人類学其もの、唱導若しくは紹介と云ふ事は更に致されませんでした。モールス氏は人類学研究の下拵へ、或は人類学上の片寄つた問題の研究と云ふ事は致されましたが、其上に位し其全般を繋ぎ合はせる所の人類学に付いては何事をも云はれませんでした。我々はモールス氏の功を否認するものでは有りません。功の大なる事は十分に知つて居りますが、

我邦に於て人類学を興こしたのは同氏で有るとは云ひ兼ねます。同氏と我邦の人類学との間には直接の関係は有りません。モールス氏は我々に取つて間接の恩人で有ります。モールス氏は日本人類学に付いての間接の恩人で有ります。併し乍ら何所までも間接の恩人で有るとしか云へません。（八頁）

この一文は、とり方によってはモースへの反感とも受け取れて、先の小熊たちの根拠となった。

しかし、「間接」とつきながらも、「恩人」と坪井が思ったモースである。やや誤解されているのではないかと危惧するゆえんについて、まず触れておきたい。文中、「モールス氏は人類学研究の下拵へ、或は人類学上の片寄つた問題の研究」を補足するとこうなろう。「下拵え」とは、考古学という学問そのものの日本への導入である。誰も知らない学問であった。しかしモースやその直弟子達（ただし考古学に携わった弟子はいない）が、この学問を広げる努力はしなかった。「下拵え」の表現に間違いない。「片寄った問題」とは、考古学に片寄ってと読め、それを含んで総合的に人類世界を追求すべくの人類学構築に及ばぬ点を不満としたのではなかろうか（第三節　2箕作と坪井の学問的共通、第8図）。まさにこれこそが坪井の関心の先であり、人類学の存在理由もここにある。

詳しく見たい。モースには、大森での志を継ぐに期待をかけた三人がいた。松浦、佐々木、飯島である。中でももっとも熱心だったのが松浦であったが、病弱で足を悪くし、一八七八（明治一一）年大森貝塚の報告書を見ることなく、チフスのために亡くなった。(44) 松浦の一年下の佐々木は、一八八一（明治一四）年に駒場農学校の助教授となって昆虫学を教え、飯島は留学後に寄生虫学者になった。つまりモースの育てた三人は、考古学に携わることなく、それぞれの道に進んでしまった。

関俊彦は言う。

モースが将来にたくした三本の矢は、師を失うとそれぞれの的にむかい、せっかく芽ばえた近代的な考古学は日本の土になじまず、モースとともに消えてしまうと。[45] 考古学や人類学の芽は、確かにそこで寸断された。

世人は多く日本の人類学はモールス氏から起こったようにいう人がありますが、これはある意味から見るとさように考えられない事はないが、よく注意し実際に知って居るものから見ると、これは全く別な関係のないものです。[46]

と、鳥居も言い切っている。

モース標本の件も、誤解でないかと考える。鳥居の説明、

当時氏（坪井——筆者註）の考えではかくの如き標本は今日はこれ以上のものが多く出来たからもはや明治十一、二年ごろの標本を大切にして置く必要がないという事からです。

と聴くと、別段の悪意を感じない。そもそもその資料を捨ててしまったとしたら別であろうが、

他の標本箱にあります。[47]

とも付け加えている。[48] また鳥居の発言は、名著とされる寺田和夫による『日本の人類学』（一九七五、思索社）でも取りあげて、大いに影響したとも想像できる。しかしその後、寺田自身この発言を

これには鳥居の記憶違いがあるようで、標本板はその後も残っていたらしい（須田昭義談）。

と書き、先の指摘の通りとする。[49] 事実、大森貝塚の資料は、松村瞭が一九二六年当時、[50]

今人類学教室に大切に保存されている。[51]

と確認し、またその大多数が現存することを近藤義郎・佐原真も報告している。[52]

坪井の立場は、結果的にだけ見るならば、確かに人類学教室をあてがわれて幸運だった。しかしその立ち上げが、決して順風なものではなかったことは、先の白井の言動からもうかがえる。苦労の末開いた人類学。モースをはじめ先人たちは、何かをつなげてくれたのか。事実としては、鳥居の通りで、もし坪井がいなかったなら、モースの種も

ないものだった。

若しも氏の如き熱心な人がなかったならば、今日の斯学（人類学・考古学 ― 筆者註）の隆盛は見ることが出来なかったかと思わる。(53)

もとより「氏」とは坪井を指して、これも鳥居の言葉である。

この理解にたてば、坪井への認識は違ってこよう。坪井が一人核となり、人類学を立ち上げた自負である。先の一文は、モースへの反感ではなく、自負のこもった言葉とできよう。ゆえに日本人類学のスタートに、モースはあくまでも間接的の存在として、今、冷静に振り返って妥当とできる。

また、坪井のモースに対する感情が、決して排他的ではなかったことも加えておきたい。坪井は一九一一（明治四四）年七月五日～翌年三月二九日に帰国するまでの、約九ヶ月という長きにわたって、世界一周の旅に出た。この時の日記が『洋行日記』として残されて、その一部が川村伸秀によって紹介される。(54)中国からシンガポール、やがてエジプトからヨーロッパへ渡り、年が変わってロンドンからアメリカ・ニューヨークへと駆け抜けた。二月二六日にボストンに立った坪井は、モースの蒐集した日本陶器類のあるボストン美術館を訪ねた。この日記に

モールス氏の蒐集した日本陶器類は此所に陳列してある。同氏に会い度ものと思ひ玄関番に尋ねた所、午前中は来て居られたに惜しい事であつたと云ふ

として、次に会える日を尋ねると次の月曜日だといわれ、ならば居住地を直接訪ねようと博物館を去ったとある。二八日、モースの管理するセラムのピーボデー博物館でようやく会えた。直後、再びボストンに戻って昼食までもをともにして、坪井はケンブリッジのハーバード大学へ行き、モースは再びセラムに戻らねばならぬという状況の中で、話が弾んだ様子が記される。

同氏の元気は実に盛んなもので、真面目の話やらじゃうだんやら、ごたまぜのしゃべりつづけ。にげて行くと

いけないとて腕を捕へて放さず。宅へ来てクリスマスまで泊つて行けなどと大変な事を云ふ。

長く引用したが、坪井のモースに対する悪い感情は見当たらない。決して排他的な国粋学者（ナショナリスト）とは言い切れぬ坪井を見てとれる。この点は、後に坪井の思想に触れる上で重要である。

先の発言にみるような白井（第5図）とは、対照的な坪井を見た。その白井は、改めて西洋そのものに、いわば敵愾心すら持っていた。そのことをここで補足したいが、その前に、坪井の同期生として人類学会を立ち上げた重要な人物であるので、その概略だけは触れておきたい。白井は福井市生まれで、東京英語学校、東京大学予備門を経て、一八八六（明治一九）年、東京大学理学部植物学科を卒業した。ドイツに留学して植物病理学を研究し、一九〇七（明治四〇）年東京帝国大学農科大学教授となった。

さて、その白井の西洋嫌いは武田久吉[55]が述べ、そもそも論争時のペンネームを「神風山神」とするなどを含めて人類学会創立者の一人、丘淺次郎が興味深いエピソードを語っている。

同君はちよつと流儀が変つて居つて、自分で神風山人と名乗る位ですから、西洋風の学校の帽子などは被らない。歩く時は、正帽に紐をつけて首にブラ下げてゐる。

と、その強烈な印象をよく伝える[56]。寺田和夫[57]も国粋学的な考え方の持ち主であったと推測している。

こんなこともあった。坪井の真先の本格的な考古学的調査が、先にも触れた一八八六（明治一九）年、帝国大学総長・渡辺洪基の口利きによる、足利古墳の調査であった。その調査に当たって、坪井

第5図　白井光太郎

はわざわざ白井の家に出かけて調査の話を持ちかけた、そこでの白井の対応である。

宅の母などが古墳は御墓の方だから止せといふやうな事でありまして旁々で止めた訳であります。(58)

いかにも坪井と対照的と映る、白井の立場をよく示す。

坪井はその足利古墳の報告書の最後に、面白いことを書いている。

余が新堀の古墳に就て云はんとする事は概ね此所に盡きぬ　昔ローマ法王人體の解剖を厳禁せし事あり医術の進歩之が為に妨げられ下等動物の解剖も時人の忌む所と成りて動物学の発達も甚遅々たりしと云へり　古墳発掘の如き道徳上宗教上より見る時は或は大逆大悪の評を受る事ある可しと雖も之を為さざれは古今人體の異同開化の変遷を詳にする事能はざるを奈何せん。(59)

例え御墓であったとしても、学術上の調査の意義必要性を十分に説く姿には、白井の姿勢に対する批判も含む、とも読める。自らの科学的精神を表明し、少なくとも科学の力を凌ぐ程のナショナリストではなかったことをここで言いたい。白井との対照的な立場を鮮明とする。後に触れる両者の意見の対立も、ここら辺に帰結するのではなかろうか。

3　坪井に確かなモースの姿

大学予備門に入学した、一八七七（明治一〇）年一四歳の時、

此頃大学教師モールス氏大森にて貝塚を発見したりとの事を伝聞せり

一八七九（明治一二）年、夜話会を結成した頃

一一月八日大学内の邦語演説会に於て佐々木忠次郎氏の常陸陸平貝塚談を聴き、大に眞味を覚えたり。

と、その業績に感動を得た。友人の多くは文学部への入学を予期したが

余が幼児の博物学的傾向とモールス氏佐々木氏の動物学者なりとの事実とが余を此の学科に導きしにもあらん。(60)

と人類学を志し、理学部動物学専修の門をくぐった。坪井の人類学者としての礎に、モースは欠かせざる人物である。

鳥居は、坪井とモースが

出会わしたことすらなかった。[61]

というが、そうではない。坪井の福家梅太郎との最初の論文、「土器塚考」（一八八三『東洋学芸雑誌』第一九号）の中に、

舊大学教授モールス氏及ビ理学士佐々木忠二郎氏ニ鑑定ヲ乞ヒ。

とはっきりある（第6図）。そもそも鑑定を乞うた土器採集地の目黒土器塚調査のきっかけこそ、二人で聞いたモースの話であった。論文の一年前

明治十五年十一月の事でしたが、東京大学の一室に於て催された生物学会で、其頃再び漫遊に来られたモールス氏の演説が有ると云ふので、福家氏と私と連れ立つて傍聴に行きました。[62]

この時、少なくとも二度の対面は確実である。

確かに決して弟子ではなかった。しかし、繰り返しになるが坪井は正当にモースを評価し、学ぶべきを得ていたのである。

モールス氏は種々の点に於て人類研究上の智識を我邦人中に広く伝播されました。

とその功積を、しかと認識していたことを知っておきたい。モースからは、次に述べる進化論などの教えを受け、やがて坪井氏の大学に於ける人類学はもとより氏の自力によって造り出されたものである。[63]

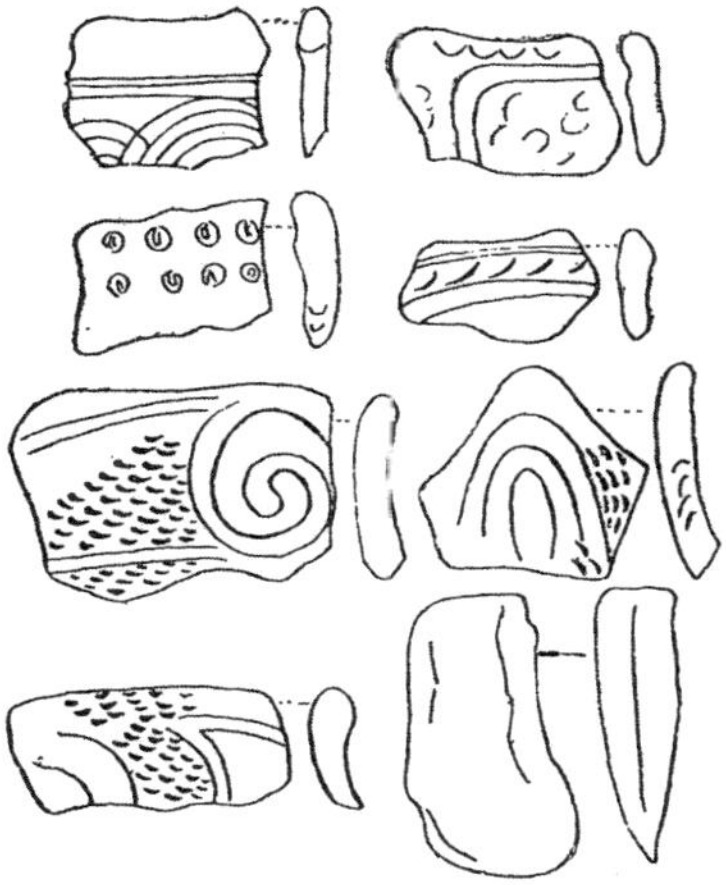

（右下の石斧以外は土器）

第６図　モースに見せた遺物の図

との道を開いた。

4　改めて近代日本考古学の始祖

繰り返しとなるが、近代日本考古学の幕開けを、現在一般的にはモースによる大森貝塚の調査におく。しかし、日本考古学の能動的な研究の開始としては、坪井による活動、具体的に言うなれば、人類学会の立ち上げが同等に注目されるべきと筆者は思う。後に詳しく触れる三宅米吉も、次のように述べている。

我が邦今日の史前考古学は初め外国人の先導によりて開けしも、少時にして邦人自身に之を為すに至り、帝国大学にては理科大学にて往往此の研究に従事せしが、近年に至り人類学の講座を置き、又明治十八年頃より東京人類学会起りて坪井正五郎君等専ら此の研究に従事したり。(64)

さて、古物研究と人類学の関係について

新設学会を考古学の会とせずに、人類学の会としたのは如何なる訳かとの坪井の考えを確認しておく。

我々が手にした所の材料の多くは如何にも考古学に於て扱ふやうなもので有りました。併しながら之が研究に付いて我々の懐いた希望は単に古物遺跡に基いて昔の有様を知ると云ふに止まらず、之を遺した種族の何者たるか、其現存種族との関係如何をも明らかに仕度いと云ふに在つたので、我々の仕事は古物遺跡を中心として人種の事を参考に供したのでは無く、人種を中心とした調べの手掛かりに古物遺跡を用ゐたので有ります。(中略)人類の本質現状由来を調べる所の人類学の部分として採集研究に従事したので有ります。(中略)何故此方面に(考古学―筆者註)傾きが多かつたかと云ふに其理由は誠に簡単で、比較的容易に手の付けられる事、破壊湮滅に先だつて成るべく速やかに調査する必要の有る事、運動娯楽をも兼ね行ひ得る事等が人々の心を此方面に引き付けたので有ります[65]。

人類学の中に含まれる形で、考古学の近代化が始まったことの意義は大きい。その遺物を使い遺した人種とは何者なのか、という確かな目的意識の元に、考古学研究が位置付いたからである。そして人種論そのものの言論に不自由があっても、遺物・遺構研究に規制はなく、おおらかだった。今いかに。日本近代考古学の、出発の精神を振り返る意義もまた小さからずと思うのである。

氏は実に日本人類学の開祖ファーザーであります[66]。

言うまでもなく坪井を指すが、〝日本人類学の父〟と充てた鳥居のこの言に、誰しも異論を挟む余地はあるまい。

二　進化論への強い傾倒

1　進化論の列島上陸

一八五九年一一月、『種の起源』（"The Origin of Species"）が出版された。生物学はもとより、思想上においても大改革の幕が切って落とされたのである[67]。

生物は進化する存在である、ことを著わしたチャールズ・ダーウィン（Charles Robert Darwin（1809 ― 1882））の著書である。それ以前からも進化の仕組みを予測したり、科学的な接近を試みた場合もあったようだが、日本はじめ世界の認知は、圧倒的にこのダーウィンの影響といって間違いなかろう。

その主張は、

生物が進化する存在であることを明らかにするとともに、その進化は自然淘汰（自然選択）や地理的隔離によるという学説を公にした。「生物は一般に子供を数多くつくるので、生きのびるため個体間に生存競争が起こり、環境によりよく適応した変異をもつ個体が生きのびて（適者生存）、より多くの子孫を残す。その繰り返しで、生

物は進化する」がまさに自然淘汰で、ダーウィン進化論（ダーウィニズム）の中心となる考え方である。(68)

との説明に端的である。

このダーウィン説の、日本上陸はいつだったのか。一八七四（明治七）年葵川信近『北郷談』、続いて一八七六（明治九）年九月『教育雑誌』一五号にある「ヘンネ氏著近世文明史抄」に初めて紹介されたといわれる。しかしそれはいずれも数行程度で、断片的かつ不正確、本格的には

　モースを待たなければならなかった(69)

ことを現実とした。モースの日本に果たした大きな意義の一つであるが、そもそもモースの来日にはダーウィン由来の研究にあり(70)、「進化論」も広まった。

日本での開陳の経過を振り返ってみる。モースが授業の中で進化論に初めて触れたのが、

　授業開始後まもない一八七七（明治一〇）年九月二四日の予備門向けの講義だった。

磯野直秀はその日の講演を聴いた人物を追求し、後に東京帝国大学教授を勤めた地球物理学者・田中館愛橘（たなかだてあいきつ）（一八五六─一九五二）を突き止めた。その『田中館愛橘日記』に、

　モース博士、進化論を講義。非常に説得力あり

とある。磯野は、普段は

　授業に出席

としか記さない田中館が感想をわざわざ加えたのは、「よほど印象的だったのだろう」と所感を加える。(71) 進化論を聞いた若者たちの雰囲気をよく伝える。恐らく坪井も、進化論に接した時にこんな衝撃を受けたのだろう。

次の講演が、進化論の特別講演として一〇月六・一五・二〇日に、東大法理文三学部の講堂で行われた三回連続の公開講演だった。新聞にも広告が掲載されたことにより、五〇〇～六〇〇名もの人数が集まった。

この公開講義で、一般の人々は初めて進化論なるものを耳にしたわけだが、通訳がつかなかったからか、東大の生徒が主体だったからか、まだこの段階では社会的に注目されるまでにはいたらなかった。進化論が人目を引くのは、それから一年後の明治十一年秋、江木学校講談会で進化論の連続四講を行ってからである。

モースの進化論四講については先にも触れたが、一八七八（明治一一）年一〇月二七・二八・三一日・一一月二日の計四回だった。この時、坪井も聴講していた。なお一八七九（明治一二）年七月五日はモースのお別れ講演会の日で、「人と猿」と題しての講話であった。[72]

さて一八七九年春、モースは石川などの要請を受け、東京大学で「動物変遷論」九講を講じている。このことも磯野に詳しいが、その時の筆記ノートが、『米国博士ヱドワルド、ヱス、モールス口述・理学士石川千代松筆記　動物進化論』と題して、一八八三（明治一六）年四月に出版された。日本語によって初めて進化論が紹介されたこの書物は、大いに歓迎されて好評だったといわれている。その九講の目次を紹介しておく。

第一回　事物ノ真理ヲ考究シ宗教ノ説ヲ準トス可カラズ、人為淘汰自然淘汰ノ証説
第二回　動物種類変化ノ原因、動植物種類ノ区別、形質遺伝ノ説、動物ノ数大変易ナキノ理、人類ニ於テノ変化
第三回　動物種類ニ多寡アル原由、動物ノ生存死亡及ビ命数生活力、虫魚類ノ保護色及ビ甲虫飛行力ノ有無
第四回　保護色ノ余論、有眼無眼魚ノ別、悪虫ノ数多寡アル原因
第五回　諸動物他ノ襲撃ヲ免ル、例、爬行動物卵種ノ類似、植物繁殖ニ虫類ノ関係、花葩雌雄蘂ノ交合及ビ蜂蝶ノ媒酌、鳥巣ノ製造
第六回　雌雄淘汰ノ説
第七回　動物種族ハ同一元祖ヨリ変遷進化ス、地質記録ノ不十分ナルコトヲ説ク、鳥ト爬行動物ト同元祖ノ証
第八回　動物諸族ノ本幹分岐、人種ノ祖先ハ猿ノ祖先ト同ジク一種ノ動物ヨリ進化セシ理、動物其族ヲ同スル者

一様ノ機器装置ヲ有ス、馬類ノ祖先及ビ変遷（傍線筆者）

第九回　人類及ビ猿猴種族ノ元祖、人ノ骨格ト猿猴ト類似点ノ多数、身体中無用物存在ノ原由、人ト猿ト脳蓋ノ大小広狭、人ト諸動物ト胎子ノ類似、人ト猿ト性質ノ類似、「リバルシヨン」ノ理、人種ノ変遷進化セシ地方時代ノ説

（「命数」は「寿命」、「悪虫」は「害虫」、「爬行動物」は「爬虫類」、「花葩（はなびら）」は「花」、「雌雄蘂（ずい）」は「めしべ・おしべ」、「媒酌」は「花粉媒介」、「本幹分岐」は「系統樹」、「機器装置」は「器官」、「リバルシヨン」は「先祖返り」のことをいう）。(73)

内容の要約は次の的確な説明を引用する。

ダーウィンの学説の中心は自由選択説で、その大意は、

①生物は多産であるが、少数しか生き残れないので生存競争が起こる。
②生物の個体ごとにある変異の中で環境に適したものが残る。
③この結果、種はより適応した個体の集りに変化してゆくというものである。

このようにして、生物は長い時間のなかで、もとの種との差異が増大し、複雑化・多様化してゆく。この進化には自然界は高度なものへ変化する種属がある反面で、競争に敗れて滅びる種属がある。

以上がダーウインに至る進化論のあらましであるが、つまるところ、それは進化論がもつ世界観でもあった。進化論と社会思想とが、互いに関係をもちながら展開してきたということである。その点からいうと、ダーウイン以前の進化論は科学の立場というより、社会思想の側から影響されることが強かった。(74)

一方で、ダーウィンの主張は

「神が生物を創造し、それぞれの種の形状は不変のまま現在にいたっている」と説くキリスト教の聖書の考えと真向から対立する。また、ダーウィン自身はまだ沈黙を守っていたものの、彼の理論からすれば人類も進化の子、

猿の仲間である事は自明であり、この点が人々をもっとも刺激した(75)。モースによって「人猿同祖論」なる全く耳新しい考え方が、日本列島に種と蒔かれた。

2　日本人の反応

進化論に、国民の反応はいかがだったか。欧米では、キリスト教側からの反発が強かったが、日本ではその基盤の薄さが幸いし、比較的穏やかだったようである。

聴衆は極めて興味を持ったらしく思われ、そして、米国でよくあったような、宗教的の偏見に衝突することなしに、ダーウィンの理論を説明するのは、誠に愉快だった。講演を終った瞬間に、素晴らしい、神経質な拍手が起こり、私は頬の熱するのを覚えた(76)。

一〇月六・一五・二〇日の三回連続公開講演の、初日講演後のモース自身の感慨である。

動物や植物は進化の産物、人間は猿の親戚筋という耳新しい話は、たちまち世間の評判になった。しかも、のちに詳しく述べるように、モースの講演はキリスト教攻撃がつきもので、それに脅威を感じた宣教師側も次々反撃を試み、その対立がますます評判を高めたようだ(77)。

の一文は、当然予測されるキリスト教側の攻撃と、しかしそれ以上にその対立が国民の大きな関心となった状況を現している。結果的にはモースが感じ取ったそのままに、好意的な関心を示した世人は少なくなかった。

欧米とは異なり、抵抗らしい抵抗もなく日本で進化論が受容されたのには、キリスト教以外の別の背景もどうやらあったようである。ヨーロッパやアメリカでは猿の生息をみないのだが、日本では身近な存在で、

日本人にとっては、人と猿が親戚筋といわれても、驚くより同感する方が先だったろう。

として

人猿同祖説への抵抗はなおさら少なかったにちがいない。との分析である。[78] 何とも奇妙な理屈であっても、妙に納得されてしまうこと自体が滑稽な、これも時代というものだろうか。

余談はさておき一方で、一八七七（明治一〇）年の事とする、石川の回想も知らねばならない。

我々は、マカーテーと云ふ先生に人身生理学と云ふ講義を聴いていた。其の講義の終わりに先生が我々に向つて、此頃英国でダーウヰンと云ふ人が居て、人間はサルから進化したと云ふ様な事を云つてゐるが、（中略）斯様な説を聴いても夫れを信じてはならぬし、又さやうな事の書いてある書物を見ても決して読んではならぬ。実に馬鹿な説であるからと云つて、我々を戒めて呉れた。[79]

国学者の中に、こうした意見があったとして当然だった。

進化論の坪井への影響や関わりについては後述するが、[80] モース同様、坪井に多大な影響与えたもう二人をみたい。

第三節　坪井正五郎に影響を与えた二人

一　箕作佳吉

1　人のあらまし

箕作佳吉（かきち）（第7図）は、すでに坪井の恩師としてまた、人類学の立ち上げを強く後押しした人として紹介した。箕作阮甫の三女つねを母とする、箕作秋坪の三男である。数学者・菊池大麓を兄に、歴史家・箕作元八を弟とした。一八七〇（明治三）年慶應義塾に入学、一八七二（明治五）年いわば東京大学の源流機関の一つ大学南校に学んだ後、一八七三（明治六）年に渡米。ハートフォード中学からレンサラー工科大学で土木工学を学び、後にエール大学、ジョンズ・ホプキンス大学に転じ動物学を学ぶ。その後英国に留学。一八八一（明治一四）年に帰国し、文部省御用掛の職に就いたが、翌年には東京大学理学部講師の肩書きを得た。日本人として最初の動物学の教授となり、一八八八年（明治二一）理学博士、その後東京帝国大学理科大学長を務めた。箕作の概略であり、玉木存が極めて詳しく描き出す。(81) 坪井との関係を探ってみる。

箕作は一八八二（明治一五）年三月講師に、一二月には教授となった。この年は、生物学科生が四年次に、動物学と植物学の専門に分かれることになった年でもあった。一八八二年の動物学の第二回卒業生が石川、一八八五（明治一八）年が箕作元八、そして、一八八六（明治一九）年に坪井・宮澤（池田）作次郎が続いて、彼等を送り出した箕作である。

第７図　箕作佳吉

このようなエピソードも紹介しておく。

モースの貝塚研究はこの二人に受け継がれるかとみえたが、両人とも以後は動物学に専心し、考古学面での跡継ぎは絶えた。(82) 両人とは、佐々木と飯島である。両名ともモースの大森貝塚の発掘に参加し一八七九（明治一二）年には、日本人の手でははじめての学術発掘調査を、茨城県陸平貝塚に成功していた。その佐々木は、生物学科の第一回卒業生として東京帝国大学農科大学教授となり、「本邦昆虫学の草分け」と後に言われた。飯島は箕作の後任として東京大学生物学科、動物学の第四代教授となった。

箕作と飯島は性格もおよそ正反対だったというが、まことに得がたいペアで、モースが種をまいた日本の動物学会を育てて世界に伍するレベルにしたのは、この二人であった。[83]といわれる関係だった。考古学では知られざる、飯島のその後の姿である。

そもそも箕作が、生物学を志す動機を知っておきたい。玉木は

箕作が動物学に入っていった契機の一つは、アメリカ留学の初期、スペンサーやダーウインの進化論に接したことだった。

として、その目指す先を

封建制度の秩序から開放された若い精神が、感動をもってその思想の中に、人間社会の進歩を読み取ったとしても不思議はない。かれは動物学を学ぶことで、人間存在の本質やその社会を知ろうとしたのだと思う。

と推察している。結果は

わが国の近代的動物学の基礎を築き、その学問の自立をはかった人。[84]

と評価がされる。さて箕作の志向は、むしろ人類学的にあった、といえないだろうか。

2　箕作と坪井の学問的共通

箕作が坪井に、いかなる影響を与えたか。まずは箕作自身の、進化論に対する思いを次の論文に確認しておく。「欧米ニ於ケル動物学現今ノ景況」（一八九九『動物学雑誌』一一巻一二三号）に、

創造説は眼中におく価値もない。生物の千状万態の種類は進化によっておこったこと、その進化論が起こって学術が進歩したことに疑いの余地はない。[85]

といい、

進化論は世界を一変するほどの学説であった。

と力をこめる。強烈な認識に、授業や啓蒙に一層の力が入っただろう。結果、今では

本来的な意味での進化論との取り組みは、箕作佳吉によってはじめてなされたといってよいだろう。(86)

といわれるほどだ。

坪井が、進化論の影響を受けたことは先にも触れたが、箕作との関係で一層の拍車のかかったことを想像できる。箕作の教授就任は、坪井が理学部一年を留年した、二回目の一年生の時であった。四年間を共にして、箕作流動物学の基本を徹底的に身につけた。この間に

私は生物学の中で更に動物学を撰び、其一般智識を得る事を謀る傍ら人類学専修の基礎を固める事を務めました。(87)

あるいは、

今にして之を思へば余が動物学を修めたるは動物学者たらんとして為したるにあらず、人類学者たるの準備として為したるが如き感あり（人類学を修めんには動物学的知識必要なり）。(88)

と、坪井の方向性が定まってゆく。

以下の三点は、坪井に共通する箕作の姿勢として特に注目しておきたい。第一に、学問観の共通である。箕作が深く人間社会に関心をもっていた事として

人間社会に関心を持ち、当初経済学を勉強するつもりでいたらしいが、浜尾新の回想によれば、彼は「人類社会は動物社会と同質であるという関係から、生物学を修めることが重要だといっていた」というのである。（中略）封建社会から抜け出てきたばかりの若い頭脳は、進化という新しい思想にふれて、たちまちそれに惹かれていったのではなかろうか。(89)

「人類社会は動物社会と同質」との認識は、坪井が人類学の基礎として動物学を学ぶ意義の認識と整合する。進化的

な考えが、人類の発生・拡散・発展の問題と不可分である事はいうまでもない。「たちまちそれに惹かれ」た箕作に、惹かれた坪井を想像できる。

第二に、学問普及のための努力、そして姿勢である。生物学という学問は、当時「マイナーな科学」だったはずである。玉木は

この学問が不要・不急といわれ、ごく最近まで富国強兵・経済復興・高度成長などなど、明治以来の近代社会の歴史のなかの要請に応ずるものではなかった。

と、岡田節人の指摘を引用しつつ[90]、

箕作は、国家的要請という意味ではそのマイナーな時代にあって、生物学の重要なことを機会ごとに強調している[91]。

と指摘する。このことはそのままに、坪井の起した人類学に当てはまる。人類学は社会的な認知を得て、人類学教室を存続することができるのか。成果の如何によっては、不必要だと抹殺されてしまわれかねない。存亡は坪井の肩にかかっていた。小熊による次の指摘が示唆的である。

彼は、アジアの途上国日本において、法学や医学など他の実学的な花形学問に対抗し、社会の理解と人材、そして予算を獲得しなければならない立場にあった。そのためには、いかに人類学が青少年にとって魅力あるものかだけでなく、国家の政治にも役立つものであることを強調する必要があった[92]。

したがって、坪井は多くの場で講演し、活字を通して意義を説いた。まさに「機会ごとに強調して」いた坪井の姿は、箕作のそれと重なっている。

第三が、学問における「理学」の重視である。「理学」とは、今流に言うと「自然の原理を追求する学問の基礎分野」と解釈出来るが、そもそもその時代背景を

西洋の学問、とりわけ科学の導入は、国家的要請によるところが大きかったが、それが、明治十年代に入ると、国の制度下のものとしてではなく、自主的で個別的な研究とその総合化が目指されるようになってきた。そのことは、とりもなおさず「理学」の重視の意識につながることであった(93)。肝心なことはその実践である。箕作はその理学を、最も敏感に時代の中に必須の理念と考えた。箕作が会長となった「東京生物学会」については後に触れるが、その刊行した『動物学雑誌』創刊号の冒頭の一文が「動物学雑誌ノ発兌」(94)で、学問における「理学」の重視を強く説く。

之ヲ学バンコト、因ヨリ一人ノ得テ能クスル所ニアラズ。故ニ区分専業ノ方ニ依リ、学者各々之ヲ分担スルト雖ドモ、其諸学科ノ間ニハ相互密接ナル関係ノ存スルアリ（二〇八頁）

との一文に、理学重視の意義が伝わる。

理学の範囲は広くして、その相互連携の必要性を説いている。なおこの点は箕作の兄・菊池にも共通して、一八八四（明治一七）年「理学之説」と『東洋学芸雑誌』三三号に寄せている。義兄二人の理念であった。

坪井の場合はどうであったか。人類学やその意義については折々触れ、もとより詳細な説明を加えてもいる。しかし、とどのつまりこういうのである。例えば、一八九五（明治二八）年、『東京人類学会雑誌』第一一七号の「人類学の定義に関する意見」のなかで、傾倒するタイラア（Tylor）による「人類学は人類の自然史なり」を

大抵是で盡きて居ります（八七頁）

と評価して、他の学者の定義を紹介したうえ、人類学とは

人類の自然史或は理学。

といってもよいが、

自然史と断るは余計な事。

として、つまりは、

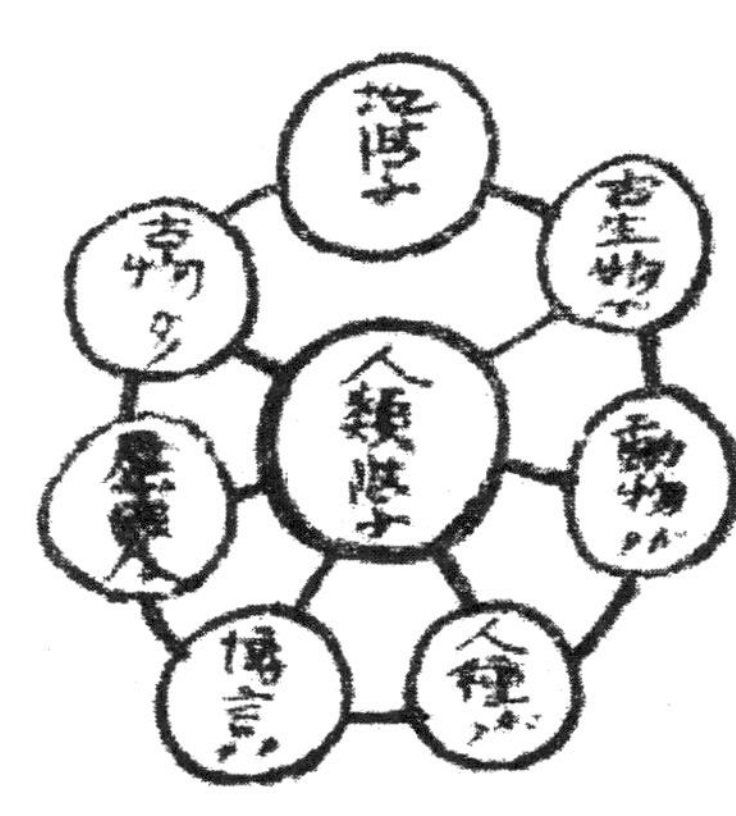

「人類学」が他学問と有機的に関係する、その総合体の中心に位置することを示す。これは人類学会設立以前の坪井自らの図である。古くからこうした考えを持っていた事も知る事が出来て興味深い。

第８図　「人類学」と他学問との関係

> 人類学は人類の理学なり。

とまとめる。そして理学そのものを

> 理学とは順序の整然たる精細の研究の謂ひ（八八頁）

と説明する。漠然とした表現であるが、人類学の目的を

> 進化的な考えが、人類の発生・拡散・発展

にまたがって解明するためには、この順序を整然として考えなくては成らないことは確かである。そのために、研究の広さが要求される。あらゆる事象、総ての知識を網羅しようとする、総合化の姿勢が必要となる。

> 区分専業ノ方ニ依リ、学者各々之ヲ分担スルト雖ドモ、其諸学科ノ間ニハ相互密接ナル関係ノ存スルアリ

との箕作の指摘の通り、

> 諸学科間の相互密接なる関係

のもと、「人類学」を位置づけた。総合的な学問体系を、人類学は持っていた（第８図）。

３　坪井の血筋

箕作との学問的な同一性・相似性について述べてきた。学部卒業の際、大学院では動物学専攻を修めるかに迷った坪井を先述した。結果的に箕作の一言に、人類学の意志を固めた、つまり将来を決した坪井であったことも述べてきた。この一事をしても坪井にとっての箕作の大きさを充分に知る。

その上で、相互の血縁的な関係も含めて補足する。箕作が会長となった、東京生物学会に関わった坪井であった。一八七七（明治一〇）年に遡る。モースの提唱で生まれた、生物学研究者の組織が、一八七八（明治一一）年一〇月二〇日、矢田部良吉[95]を会長として「東京大学生物学会」として立ち上がる。しかしモース帰国後、後任教授ホイットマンに関心はなく、有名無実となってしまった。

一八八一（明治一四）年、留学から帰国した箕作は、この事態を憂慮して、すぐさま再建に取り掛かり、翌八二年「東京生物学会」として箕作を会長に再発足した。一八八八（明治二一）年一一月には機関誌『動物学雑誌』も発刊された。この雑誌の刊行に、坪井がかかわった。その時の模様が、一九〇五（明治三八）年の『動物学雑誌』二〇〇号記念に詳しく書かれる。坪井が『人類学会報告』を創刊した一八八六（明治二〇）年の夏、箕作は元八・渡瀬・坪井を伴い、本所五百羅漢を見学に行き、その時、雑誌刊行の話となった、との逸話が残る[96]。元八は佳吉の弟、坪井、渡瀬を誘ったゆえは、その親近感と信頼感と想像できる。そして渡瀬と坪井の親密性も、この際改めて確認できる。その二月、一足先に『人類学会報告』を刊行し、実績の第一歩を坪井は進めた。箕作も一目、二目置く存在だったと想像できる。そして箕作の妹・直子との結婚が、その六年後。二人の親密性が、直子との距離も縮めることになったのではあるまいか。

学問における理学の重要性を認識した上で、進化論的視点に多大な注意を払いつつ、研究に邁進した坪井の一つの原点を、箕作との関係の中に見い出せる。

こんな話も残っている。一八八三（明治一六）年のことである。一二月二七日、白井が発見した草加近傍の貝塚に、白井と坪井で佐々木を案内した。

　其結果が面白かつたなど云ふので箕作（佳吉）教授も行かれる事に成り。

日を改めて、また二人で案内して出かけたという。なんとその日は大晦日であり

第９図　三宅米吉

随分熱心な事では有りませんか。(97)

と坪井が書いて残している。

箕作の人類学への関心を思う。ひょっとしたら、自らの思いを坪井に託すような箕作ではなかったか。

二　三宅米吉

１　革新的な歴史学者

坪井は、一八八九（明治二二）年イギリス留学に旅立った。その間『東京人類学会雑誌』の編纂を誰に頼むか。その代行幹事に、三宅米吉（第９図）が当たり、一八九一（明治二四）年の帰国までを全うした。お互い信頼を置いた仲である。

三宅は、紀伊国和歌山城下の出身である。一八六〇（万延元）年（―一九二九）の生まれであるから、坪井よりは三歳ほど年上となる。慶應義塾に学ぶが中退した後、新潟学校、千葉師範学校、東京師範学校の勤務を経て、一八八六（明治一九）年に大手教科書出版社・金港堂に入社した。同社の支援による欧米留学を経て、教科書や雑誌の編集に従事した後、一八九五（明治二八）年以降は高等師範学校、東京高等師範学校教授および帝国博物館、東京帝室博物館の職に就く。一九〇一（明治三四）年には考古学会を創設して会長となり、晩年は東京高等師範学校長、東京帝室博物館総長までも務めた。

簡単な三宅の経歴であるが、なし得た仕事や意義その精神は、一冊の書物になるほどの深さを含む。『開闢ノコトハ通常歴史ヨリ逐イダスベシ』（一九八一、民衆社）とは、三宅の学問を説いた森田俊夫の力作である。考古学の分野に限ってみても、『日本考古学選集』全二五巻シリーズのトップとして、三宅米吉が選ばれている（一九七四　築地書館解説：木代修一）。詳細はそれらを参考に、ここでは坪井に関わる範囲で三宅の学問観をまとめておく。

三宅の史学は、当時にしては極めて優れた科学性・科学的精神に根ざすと表現できる。歴史教育から神話を追放せよと論じ、一八八八（明治二一）年、那珂通世(98)らと共に「日本紀元の正否」をめぐる学術討論を主宰した。神話史観のおしつけを厳しく批判するなどは、三宅の象徴的な一端である。

歴史学の本質に迫った不朽の名著、『日本史学提要』については後に取りあげるとして、まずは三宅の学問的姿勢や史観に触れておく。

2　三宅の学問　―開闢の事は通常歴史より逐ひ出すべし―

一八八三（明治一六）年から八四年にかけて、『東京名渓会雑誌』第一一～一四号に掲載された「小学校歴史科ニ関スル一考察」に、その精神が凝縮される。

我国史中ノ尤モ古キモノハ古事記日本紀ニシテ此等ノ書皆天地開闢ヨリ天智帝前後ニ至ルマテノ事蹟ヲ載スト雖モ　其大半ハ実ニ存スル如ク亡スル如ク覚ムルガ如ク夢ミルガ如シ　此等ノ書ハ固ヨリ正実ニ当時現存セル古伝ヲ聚メタルモノナレハ　後世ノ吾等ニ取リテハ上古ノ有様ヲ想見スルニ甚有用ナルモノトコソ称ムヘケレ決シテ批難スヘキモノニアラスト雖モ　唯其記載スル所ノ事実ニ至テハ　其口ヨリ口ニ伝ハレル間ニ　或ハ遺失モシタラン　或ハ附会モシタラン　種々ノ変化ヲ受ケ来リシモノナルヘケレハ　之ヲ真ウケニ信ケ難キコト勿論ナリ　スヘテ開闢ノコト人類初世ノ事ハ何国ニユキテモ皆牽強付会ノ憶測ヲ下タシテ道理ニ合ハヌコトノミナリ

と本質を突いて切り出し、続ける。

所詮開闢ノ事ハ古伝ニヨリテモ知ルヘキニアラサレバ姑（しば）ラク之ヲ通常歴史ヨリ逐ヒ出シテ別ニ諸学ノ理論ニヨ

リ又地質天文等ノ実物研究ニヨリテ穿鑿スヘキノミ（二四～二五頁）

さらに続ける。

殊ニ小学校ニテハ猶更コレラノ事ハ省カレタシ　若シ神世ノ事蹟ニ係ルコトニシテ云ハサルヲ得サルモノアルトキハ　必ス先ツ旧記ニ曰ク　古書ニ云フナトノコトワリヲ冒頭ニ置クべシ　何トナレハ是等ノ事蹟ハ記紀ノ外ニハ毫モ拠ナク他ニ証モナキコトニシテ　大ニ他ノ歴史上ノ事蹟ト異ナル所アレハナリ（二六頁）

感受性・知識吸収の旺盛な幼い子には、特に正しい歴史をこそ教えるべきだと、前の一文ともども三宅の非常に強い思いを伝える。

記紀はそれとして尊重しても、文字記録のない時代の歴史・事実については、別に科学的に解明して語られるべきと、実に明瞭な立場を示す。「開闢ノコトハ通常歴史ヨリ逐ヒダスベシ」とは、歴史研究と歴史教育のうえでの先駆的な認識の表明によみとることができる[99]ことは間違いない。

教育にも確たる信念を抱く三宅は、教育界にも強い口調で発言してゆく。社会は、一八八〇（明治一三）年の「国防ヲ妨害」する教科書の使用禁止の通達、翌年の教科書「開申」届出制度、一八八三（明治一六）年の届出「認可」制度、一八八六（明治一九）年森有礼による学校制度改革とつづいていた。「小学校ノ学科及其程度」が公布され、教科書検定制度も定められ、教科書は国家主義の方向に向かっていた。このような最中、ロンドンに身を置く三宅であったが、[100]『小学歴史編纂法』をまとめて、一八八七（明治二〇）年一一月に刊行した。

この中での三宅の発言である。

史学は支那に於るが如く政府の奴隷たるものにあらず、政府人民を通じて即ち国なるものの記録なれば事の善悪に論なく其真正を失はざらんことを要す。善蹟を見ては誇るべし悪蹟を見ては改むべし。史学は所謂善悪邪

正を照らす鏡なり。（二八頁）

国家主義の下で、記紀神話をあたかも真正化して押し付ける、まさに「政府の奴隷」から解放しなくてはならない、といってのけてみせている。わかりやすくいうと、政府に都合のよい史観たる国体史観ということになる。その上で「言論の不自由」、「束縛」をはねのけて、「民間に在て下より事実を見る」という観点の必要を述べ、「政府人民を通じて即ち国なるものの記録」を「事の善悪に論なく其真正」を示す史学を説いて、その元にできる歴史書であらねばならぬと主張した。手っ取り早く言えば、「神話」と歴史との区別を求め、小学校教育から神代記、つまり「神話」の追放を主張した。その上での「史学は所謂善悪邪正を照らす鏡なり」、歴史とはかく有らねばならぬのであり、まさに史学の格言とすべき発言であるが、国家権力とは対極する。

3　「我ガ国ノ歴史ヲ世界ノ歴史ノ一部トシテ考究スル」ための行動

三宅は行動も起していた。三宅雪嶺の『日本人』、後藤象二郎による『政論』などや、『東京朝日新聞』『大阪毎日新聞』などの創刊は、一八八八（明治二一）年の大同団結運動の高揚による必然だった。同じ年の七月、教育・学術雑誌『文』も誕生の声を放った。一八七五（明治八）年設立の出版社金港堂の、「副社長編輯主宰」の肩書きをもつ三宅の出した雑誌である。その雑誌の意義は「国家権力からの教育の自由（権）の表明」[101]と評される。質実共に過激であった。

森や森のもとにいた伊沢修二による教育行政、とくに教育内容統制への批判が一貫していた。[102]といわれるように。さらに記紀の、史書としての信憑性、特に紀年問題として具体的に火をつけたのもここだった。三宅と「最も親しくしていた学友」[103]が、日本近代史学の祖といわれ、「東洋史学」の命名者・那珂通世（一八五一―一九〇八）であったという。記紀の年代観を根本的に疑う那珂の「日本上古年代考」を、雑誌『文』に載せた。この論文は「一一〇年以前」に漢文で発表されたが、[104]

「世人ノ注意ヲ引クコトナク」、学問上の問題にされないでうづもれていた。
ものて、

広く内外の歴史学者、人類学者、国文学者などによびかけ、一大学術討論を組織した。そのことが真に学問的な歴史学の建設と、民主主義的な国民教育の事業にかかわって重大であると考えたからである。那珂も直ちに同意した。[105]

当然国学者の猛反発の予測される中である。後に紀年論争を招くきっかけともなる、いわば、いわくをもった論文だったが、もとより躊躇は全くなかった。

三宅は、討論の意義や目的を明確化すべく『文』第一巻九号（一八八八年）に、「日本紀元ノ正否」を書いた。[106] 冒頭に、

我ガ国ニテ普通ニ用フル所ノ紀年ハ、全ク日本書紀ノ年立ニヨリ起算シタルモノナリ。然ルニ書記ノ年立ニ往々誤謬アリ、中ニハ故意ニ年代ヲ伸縮セル所モ多シト云フ説アリ

と提起し、

史学ノ研究ニハ此ノ紀年ノ正確

果シテ我ガ紀年ニ誤リアリヤ否ヤヲ確メ

我ガ国史ヲ攻究スル者ノ為指針ヲ定メ

こそが必要であるから、

ようと、歴史学者を叱咤する。そしてその討論の態度として

我ガ国ノ歴史ヲ世界ノ歴史ノ一部トシテ考究スル

の一文こそに、三宅の歴史観が凝縮されて、皇国の歴史観を払拭する。「我ガ国ノ歴史ヲ世界ノ歴史ノ一部」、とする明確な意識化は見逃せない。そして、

ケダシ我ガ国史ヲ攻究スルニ毫モ他国ノ歴史ト比較スルコトナク、又事ノ外国ニ関係アルモノヲ詳カニ穿サクスルコトナキ時ハ、紀年ノ正否ハサマデ要用（必要なこと ― 筆者註）ニモアラザルベシトイエドモ、既ニ我ガ国ノ歴史ヲ世界ノ歴史ノ一部分トシテ考究シ、古来外国トノ関係ヲ詳ニセントスルニ当リテハ、紀年ヲ正確ニスルコトモットモ有用ナリ

という。

歴史学上の意義は高い[107]ことは疑いない。

「奴隷」の歴史観である皇国史観から自らを解きはなつためには、日本をアジア・世界の「一部分」としてみることがどうしても必要であること、歴史研究も歴史教育もそれなしには前進しえないことをつかんでいた。[108]三宅であった。

古代史の年代が定まらぬ限り、どのように詳細な記録があろうとも、外国の歴史との対比研究は叶わない。我が国上古の年代をはっきり定める必要性は言うまでもない。ここが欠けては、世界の歴史の一部たり得ることは適わない。もとより三宅や那珂の崇高な史観に対し、「国体を無視」との攻撃は強かった。しかし。三宅の論文を解説した森田の適切な表現を引用したい。

いささかも激することなく、しかし「量見ノ狭キヲ惜シム」と反論（一八八八『文』第一巻一四号 ― 筆者註）するものであった。こうした「国体」論こそが自由な学問研究を抑圧するのだが、三宅はあくまで学問上の問題として、しかも『文』誌上での公開という方法を通して、それを国民・教育者の問題にしてゆく、という態度をとり、毅然として国体論者へ三宅は答える。

それに心をくだくのである。

一部ノ先生達ハ、年代ノ捜索ナドヲ好マレズ、古史ノ誤謬ヲ指摘スルヲ以テ、国体ヲ無視スルモノトシ、（中略）甚立腹セラルト云フ。余輩此ノ先生達ガ忠義愛国ノ精神ニ富メルヲ貴ブトイエド、其ノ量見ノ甚狭キヲ惜シムナリ。又其ノ忠義愛国ノ精神ヲ我レ独専用スルガ如キ挙動アルヲ惜シムナリ。我ヨリ外ニ忠臣愛国者ナシト思フハ誤レリ。我レト異ナル行為ヲナスモノハ、皆忠君愛国者ニアラズト思フハ誤レリ。我レト全ク反対ノ事ヲナス者トイエド、其ノ精神ニ於テハ至誠至忠ノモノアラン

さらに、史学・国史研究の本質を突いて説得する。

史学ハ学問中ノ学問ニシテ、過去ノ世態、過去ノ人情、過去ノ文学皆歴史ニアリ、史学ハ実ニ他ノ学問ノ基礎トシテ、人人ノ必修ムベキモノナリ。（中略）国民ヲシテ、国ヲ愛スルノ念ヲ起サシメントナラバ、其ノ国史ヲ愛読セシムベキ。国史ヲ愛スルモノハ必国ヲ愛スルモノナリ(109)

国史の科学的な研究の意義を説き、

歴史ヲ知ラザルモノハ国ヲ知ラズ、国ヲ知ラザルモノ、アニ国ヲ愛スルノ情アランヤ。愛国ノ精神ハ史学ノ研究ヨリ起コル

我ガ国ノ歴史ヲ世界ノ歴史ノ一部トシテ考究スル

と、堂々と言い切っている。三宅の心意気の高さである。同時になる姿勢こそ、真に人類学研究に求められる基であろう。

さて三宅は、スペンサーの思想をその根底に含み〝スペンサーの徒〟として ― 一方は政治家として、他方は歴史学者として ― 気骨ある思想態度を表明している(110)。

と評される。また「史学独立宣言」(111)との小澤栄一の言も、三宅史学に端的だろう。

以後紹介する三宅の史学・考古学の業績の中に、この精神を随所に示す。

その三宅を、坪井は人類学会に誘った。三宅の理解に、坪井の深層に迫る途がある。

4　三宅と坪井の出会い

三宅が書き残した、坪井との出会いは興味深い。

私が坪井先生に初て御目に懸つたのは明治十九年と存じます。其月日は覚へて居りませぬが、私が史学提要といふ本を書きまして十九年の一月に出版致しました、其の後初て坪井さんが私の宅へ御尋ね下さつた、其の時の事は能く覚へて居ませぬが、多分其時人類学会へ勧誘せられた事であらうと存じます、それから初めて御交際を得たのであります。(112)

三宅の人類学会入会は、面識のない坪井が礼を尽くす形で出向いたことの結果であった。鳥居はこの三宅の誘いを、

人類学雑誌に英文の目次がございます。之をどうしても書く人が無いといふので、坪井先生が三宅先生に頼んで行かれたのです。(113)

と、極めて現実的な問題として解説し、また別に

氏ははやくから英国流の人類学者の著書を読まれ、（中略）昔は立派な文化人類学者と申してよろしい人であります。(114)

とも説明している。英文目次の作成を、確かに必要としたかも知れないが、坪井自身でも不自由は無かったはずである。それ以上に英文の人類学書を読みこなした、人類学者としての慧眼を、三宅に見抜いた坪井であったと考えたい。(115)

そして『日本史学提要』刊行直後、とわざわざ書くことに、その時坪井とこの書をめぐる、白熱したやり取りも想像したい。いずれにしろ、その直後の誘いであることの事実の意味は極めて深い。以後の中ではっきりしてくる。

なお坪井の死に当たって書かれた、三宅による追悼文の最後の一文も意味深い。(116)

啻に人類学の為めのみならず、外の事にも大に努力せられたといふ事に深く敬服して居るのであります。

社交辞令を差し引いても、三宅は坪井に一目置いた。さてその「外の事」とは。真実を追究する史観や社会との関係、その構築といったことではないかと想像する。コロボックル論には、このような意味合いも含まれていたのではなかろうか。

註

(1) 最もまとまった年譜は、『日本考古学選集二・三　坪井正五郎集　上・下』(一九七一・七二　築地書館)。また自身で、以下の文献に詳しく書く。
坪井正五郎　一九〇六「名士の学生時代実話　坪井正五郎君」『中学世界』九—四
坪井正五郎　一九一二「名士の学生時代　大学在学中の事」『新公論』大正元年九月号
坪井正五郎　一九一三「坪井博士自叙伝」『中学世界』一六—八
坪井誠太郎　一九七一「父　坪井正五郎のこと—その一」『日本考古学選集二　坪井正五郎集　上　集報一』築地書館

(2) 厳密に言うと兄弟はいたが夭逝していた。子息・坪井誠太郎が記す。
正五郎には、三つ年上の姉と一つ年下の弟とがあったが、どちらも生後十か月ぐらいで夭逝した
(一九七一「父　坪井正五郎のこと—その一」『日本考古学選集二　坪井正五郎集　上　集報一』築地書館)

(3) 司馬遼太郎　一九七八『坂の上の雲』(八) 文春文庫、三一〇頁

(4) 坪井正五郎　一九〇六「名士の学生時代実話　坪井正五郎君」『中学世界』九—四、一五八頁

(5) 坪井正五郎　一九〇六「名士の学生時代実話　坪井正五郎君」『中学世界』九—四、一五九頁

(6)磯野直秀　一九八七『モースその日その日』有隣堂、二〇七～二一〇頁

(7)磯野直秀　一九八七『モースその日その日』有隣堂、二一二頁

(8)モースが、初めて進化論の講演を行った時の様子を紹介しておく。

授業開始後まもない明治一〇年九月二四日の予備門向けの講義だった。次の講演が、進化論の特別講演として一〇月六日・一五日・二〇日の東大法理文三学部の講堂で行われた三回連続の公開講演だった。これは新聞にも広告されて五〇〇～六〇〇名もが集まったようであるが、この時の事をこの公開講義で、一般の人々は初めて進化論なるものを耳にしたわけだが、通訳がつかなかったからか、東大の生徒が主体だったからか、まだこの段階では社会的に注目されるまでにはいたらなかった。進化論が人目を引くのは、それから一年後の明治十一年秋、江木学校講談会で進化論の連続四講を行ってからである（磯野直秀一九八七『モースその日その日』有隣堂、二〇七頁）。

(9)前掲（5）に同じ。

なお、一八七八（明治一一）年四～七月にかけて、井生村楼では少なくとも五回の講演会を開いており、六月三〇日にはモースによる考古学と大森貝塚の講演もあったという。ただし、この話しを坪井が聞いたかは分からない（磯野直秀一九八七『モースその日その日』有隣堂、二〇七頁）。

(10)玉木　存　一九九八『動物学者　箕作佳吉とその時代』三一書房、四八頁

(11)坪井正五郎　一九一二「名士の学生時代　大学在学中の事」『新公論』大正元年九月号、七四頁

(12)坪井正五郎　一九一三「坪井博士自叙伝」『中学世界』一六－八、一六四頁

ここに登場した荒井郁之助について、若干説明しておく。正五郎の義母・よのは荒井精兵衛の後妻との子で、先妻を三保子といった。この三保子との間の子が郁之助であった。したがって、正五郎の叔父にあたる。その郁之助は幕臣として函館で戦い、後に科学者になり、初代中央気象台長も務めた（原田朗一九九四『荒井郁之助』吉川弘文館）。

(13)坪井正五郎　一九一三「坪井博士自叙伝」『中学世界』一六－八、一六四頁

(14) 坪井正五郎　一九〇六「名士の学生時代実話　坪井正五郎君」『中学世界』九－四、一六〇頁
(15) 前掲（11）に同じ。
(16) 坪井正五郎　一九〇五「動物学雑誌発刊事情」『動物学雑誌』一七巻二〇〇号、七六頁
(17) 坪井正五郎　一九一三「坪井博士自叙伝」『中学世界』一六－八、一六五頁
(18) 坪井正五郎　一九一二「名士の学生時代　大学在学中の事」『新公論』大正元年九月号、七五頁
(19) 坪井正五郎　一九一二「名士の学生時代　大学在学中の事」『新公論』大正元年九月号、七七・七八頁
(20) 坪井正五郎　一九〇五「動物学雑誌発刊事情」『動物学雑誌』一七巻二〇〇号、七九頁
(21) 前掲（17）に同じ。
(22) 鳥居龍蔵　一九二七「日本人類学の発達」『科学画報』九巻六号（一九七五『鳥居龍蔵全集　第一巻』朝日新聞社再録、四六二頁）
(23) 寺田和夫　一九七五『日本の人類学』思索社、二八頁
(24) 武田久吉　一九三二「白井博士と樹木学」『ドルメン』昭和七年九月号
(25) 鳥居龍蔵　一九三六「学界生活五十年の回顧　二」『ミネルヴァ』一巻八号、二頁
(26) 坪井正五郎　一八八七「足利古墳発掘報告」『理学協会雑誌』五－四〇（一九七二『日本考古学選集三　坪井正五郎集下』築地書館再録）
(27) 坪井正五郎　一九一二「名士の学生時代　大学在学中の事」『新公論』大正元年九月号、七七頁
(28) 坪井正五郎　一九一三「坪井博士自叙伝」『中学世界』一六－八、一六三頁
(29) 前掲（13）に同じ。
(30) 磯野直秀　一九八七『モースその日その日』有隣堂、一一七頁
(31) 坪井正五郎　一九〇六「名士の学生時代実話　坪井正五郎君」『中学世界』九－四、一五八～一六〇頁
(32) 坪井正五郎　一九一三「坪井博士自叙伝」『中学世界』一六－八、一六四頁

(33) 前掲（14）に同じ。
(34) 勅使河原彰　一九九五「坪井正五郎と人類学会の誕生」『市民の考古学二　考古学者　その人と学問』名著出版
(35)『よりあひのかきとめ』は、一九四〇年に復刻という形で、東京人類学会から『人類学叢刊　甲　第一冊』として刊行されている。ここには第一回から、明治一八年二月八日の第七回までの記録が残る。
(36) 前掲（27）に同じ。
(37) 石川の妻の貞子は箕作麟祥の長女で、異父妹が坪井正五郎に嫁いだ直子であった。数学者・政治家の菊池大麓、動物学者・箕作佳吉、歴史学者・箕作元八、統計学者・呉文聰、医学者・呉秀三はいずれも麟祥の従弟にあたる。このように石川と坪井とは姻戚関係として繋がっていた。なお石川は、モースの講義（一八七九年）を筆記した進化論を、初めて体系的に紹介した『動物進化論』を出版し、また長男・欣一はジャーナリストとなり、父の恩師モースの『日本その日その日』を翻訳・出版したことで知られる。
(38) 坪井正五郎　一九一二「名士の学生時代　大学在学中の事」『新公論』大正元年九月号、七六頁
(39)『日本大古石器考』は、のち日本語版の本文のみが一八八六（明治一九）年に刊行された。
(40) 小熊英二　一九九五『単一民族神話の起源』新曜社、二九頁
(41) 坂野　徹　二〇〇五『帝国日本と人類学者』勁草書房、二四頁
(42) 白井光太郎　一九一三「故坪井会長を悼む」『人類学雑誌』第二八巻第一一号、六五九頁
(43) 小熊英二　一九九五『単一民族神話の起源』新曜社、二九・三〇頁
(44) 品川区立品川歴史館　二〇〇七『日本考古学は品川から始まった』一七頁
(45) 関　俊彦　一九八四「エドワード・S・モース論」『縄文文化の研究一〇　縄文時代研究史』雄山閣、三一頁
(46) 鳥居龍蔵　一九二七「日本人類学の発達」『科学画報』九巻六号（一九七五『鳥居龍蔵全集　第一巻』朝日新聞社再録、四六〇頁）
(47) 前掲（46）に同じ。

(48) 坪井は、一九一〇（明治四三）年の文学部の「考古学講義」で、学生に向かって

モースは専門の教育を受けた人ではない。本来画工だと紹介して居る

（山内清男一九七〇「鳥居博士と明治考古学秘史」『徳島県立鳥居記念博物館』）

と言ったと、山内清男が紹介している。それを、坪井のモースに対する感情的な見方として、評価を与える。しかし、山内の書いたこの論文は

官学の教授の恐ろしさ、又はその側近の輩の動きを身を以って観察して居る

という山内の視点で、師である鳥居龍蔵も東京帝国大学を追われたという立場・状況を描き出した、という事情を勘案して、差し引いて読む必要があろうと思う。事実山内は、先の一文に続けて、次のように書いている。

我が国の人類学は名門に出で、名門から細君を貰い、一連の名門によって保護された教授によって開かれたのである（中略）とでも皮肉を云いたい所である

と。そもそも山内自身は戦時中、当局に目を付けられるほどに社会主義に傾倒する中、幾多の弾圧を経験しており、反権威主義者としても知られている。権力に苦しみ闘ったという、自らの置かれた境遇を怨念的に表現したとも受け取れる。

坪井がそのような人物とは思われにくいことも、この後に触れる一連のエピソードの中に明らかとなる。

また、坪井のこの表現は事実であろうが、ニュアンスとして大学教育を受けない画工であっても、努力次第で一流の学問的成果を納めることが出来るのだ、と言わんとしたとも解釈できないことはない。事実、弟子たる大野雲外は画工であったが、大変かわいがって論文を書けるまでの学者に育てた。

そもそも、その「考古学講義」ノート自体の出処を、その論文で山内は明言してない。後、永峯光一が、稲生典太郎旧蔵の医学部学生某の聴講ノートであったことを明かしているが、話した状況・真意についての断定は難しい（永峯光一一九八四「坪井正五郎論」『縄文文化の研究一〇　縄文時代研究史』雄山閣）。

(49) 寺田和夫　一九七九「モースと日本の人類学」『人類学雑誌』第八七巻第三号、一七三頁

(50) 松村瞭は、モースの大森貝塚調査に従った松村任三の子で、一九〇〇（明治三三）年東大理学部選科に入学、坪井の指導の元、人類学を専攻し、一九二四（大正一三）年理学博士の学位を受け、鳥居に代わって人類学教室の主任となった。しかしこの交代は、鳥居自身「私の大学退職」（一九五三『ある老学徒の手記』朝日新聞社）と手記に残すほどの一つの事件ともいえる、官学から身を引き在野に下る引き金だった。

私は大正十三年四月某日に帝国大学に対し突然、辞表を提出した。その理由は松村瞭氏の論文審査とその他の件であると明記する。松村の論文審査に鳥居があたって指導もしたが、不備な内容になお一考をと促したところ、その返却を求められて応じた、まではよしとして、さてその後。論文は小金井良精博士に再提出され、鳥居にも審査員として同意せよとなってしまった。

ここにおいて私は頗る不快を感じたのである

と、鳥居の気持ちも良くわかる。

(51) 松村　瞭　一九二六「大森貝塚とモールス教授の研究」『人類学雑誌』第四一巻二号、七八頁
(52) 近藤義郎・佐原真　一九八三『大森貝塚』岩波書店、二一四頁
(53) 鳥居龍蔵　一九三六「日本考古学の発達」『武蔵野』二三巻一二号（一九七五『鳥居龍蔵全集　第一巻』朝日新聞社再録、四五八頁）
(54) 川村伸秀　二〇一三『坪井正五郎』弘文堂、三二一頁
(55) 武田久吉　一九三二「白井博士と不老長寿の薬」『ドルメン』昭和七年八月号に、

何事にも西洋嫌ひな先生（七四頁）

とある。なお余談であるが、これを書いた武田久吉（一八八三 ― 一九七二）は、イギリス外交官で、特にアイヌ研究を中心とする日本研究家としても知られるアーネスト・サトウと武田兼の次男である。植物学者であり、登山家でもある。
(56) 丘淺次郎　一九三四「人類学会設立時の思ひ出」『ドルメン』第三巻第一二号、一九頁

（57）寺田和夫　一九七五『日本の人類学』思索社
（58）白井光太郎　一九一三「故坪井会長を悼む」『人類学雑誌』第二八巻第一一号、六六〇頁
なお文中、御墓とは「みささぎ」に同じ。天皇・皇后などの皇族の墓所を指す。
（59）坪井正五郎　一八八七「足利古墳発掘報告」『理学協会雑誌』五巻四〇～四四号（一九七二『日本考古学選集三　坪井正五郎集　下』築地書館再録）
（60）前掲（32）に同じ。
（61）前掲（53）に同じ。
（62）坪井正五郎　一九〇四「東京人類学会満二〇年記念講演」『東京人類学会雑誌』第二二三号、七頁
なお、「土器塚考」（『東洋学芸雑誌』第一九号）は、後一九三六年『ミネルヴァ』第一巻第七号に再録される。大切な意義がもう一つあったと、その理由がある。それは大森貝塚の調査によって、貝塚のみが石器時代の遺跡として認識された当時、その他にも
同時代の遺跡がある事を指摘され、包含地遺跡研究の先駆を為した歴史的文献であるとすることだ。貝塚に対して、包含地遺跡は土器塚と呼称された。すでに文献の入手が困難あるため複刻した、と編者が結ぶ。編者・甲野勇、学史の重みを押さえていた。
（63）前掲（22）に同じ。
（64）三宅米吉　一八九七「本邦に於ける史前及び旧辞時代考古学の進歩」『考古学会雑誌』第一編第七号（一九七四『日本考古学選集一　三宅米吉集』築地書館再録、二七頁）
（65）坪井正五郎　一九〇四「東京人類学会満二十年記念講演」『東京人類学会雑誌』第二二三号、九頁
（66）鳥居龍蔵　一九二七「日本人類学の発達」『科学画報』九巻六号（一九七五『鳥居龍蔵全集　第一巻』朝日新聞社再録、四五九頁）

(67) 磯野直秀　一九八七『モースその日その日』有隣堂、二〇三頁
(68) 前掲（67）に同じ。
(69) 磯野直秀　一九八七『モースその日その日』有隣堂、二〇六頁
(70) モースの来日は、貝類研究が主な理由であった。
(71) 前掲（69）に同じ。
なお、田中館と坪井とは面識の仲であったことは確からしい。雑誌『ドルメン』の行なった「日本人類学会創期の回想（三）」のなかで、八木奘三郎が

坪井さんの時代の話ですが、其の頃田中館さんなどは人類学会は一体純粋なる自然研究でないからしてあんなものは文科へ持って行ったら宜しからうと云ふ事を云つたさうです（一九三九『ドルメン』第五巻第一号　岡書院、四一頁）

と述べる。そのようなやりとりを行う間柄であったか。
(72) 磯野直秀　一九八七『モースその日その日』有隣堂、二一四頁
(73) 磯野直秀　一九八七『モースその日その日』有隣堂、二二〇〜二二一頁
(74) 玉木　存　一九九八『動物学者　箕作佳吉とその時代』三一書房、六四頁
(75) 磯野直秀　一九八七『モースその日その日』有隣堂、二〇四頁
(76) Ｅ・Ｓ・モース（石川欣一訳）一九七〇『日本その日その日 二』東洋文庫一七二、平凡社、五八頁
(77) 磯野直秀　一九八七『モースその日その日』有隣堂、二一五頁
(78) 磯野直秀　一九八七『モースその日その日』有隣堂、二三九頁
(79) 磯野直秀　一九八七『モースその日その日』有隣堂、二〇五頁
(80) もう一つの大きな思想的潮流となった、ハーバード・スペンサーの社会ダーウィニズム（社会進化思想）について触れておきたい。これは、玉木存による『動物学者　箕作佳吉とその時代』（一九九八 三一書房）および磯野直秀『モースその日そ

の日』（一九八七 有隣堂）に簡明であると思われたため、抜粋して説明したい。なお以下引用には、前者を『動物学者』、後者を『その日その日』と略す。

先に、進化論の比較的スムーズな日本への受容を説明したが、しかし、むしろ玉木が指摘するように、

> 生物学としての進化論というよりも、社会思想の上からこれを受け入れようとする姿勢が強かった（『動物学者』三頁）

との見方を一般的とするかもしれない。その社会思想の面で大きく関わるのが、イギリスの哲学者H・スペンサー（Herbert Spencer（1820～1903））である。

> 人間社会の構造や機能や変遷を、生物になぞらえて解釈する考えを「社会有機体論」と唱え、それはすべてのものは同質（均一）のものから異質（不均一）なものへ、単純なものから総合的なものへ移行するとし、それを進歩の概念と規定した。そして、社会と生物界と類比する社会有機体説をたて、生存競争を人間社会の進歩の原理と考えたのである。スペンサーの説が出ると賛同してこれをとり入れた（社会ダーウィニズム）。進化論の主要な概念である適者生存（survival of fittest）という言葉は、一八六四年彼がつくったといわれている（『動物学者』六六頁）

こうした考えは、ダーウィンより早く、すでに一八五〇年代初頭以来、独自の社会進化思想として提唱していたようで、生存競争を人間社会の進歩の原動力とみなしていた。

> 彼は一八六〇年頃から宇宙の一切を進化の理論で説明しようとする「総合哲学体系」の完成を目指すのである。一九世紀は自然科学が万能とみなされ、科学が世界の全てを解きあかせると信じられた時代だった。そこでスペンサーの雄大な哲学はたちまち欧米で大流行し、「自然淘汰」「生存競争」「適者生存」（適者生存はスペンサーの造語）などの概念が普遍的絶対的真理として人間社会に持ち込まれ、社会ダーウィニズムが力をもったのである（『その日その日』二二六・二二七頁）

事実、

> このスペンサーはダーウィンより一足先に日本人に知られていた（『動物学者』二二七頁）

ようである。

明治九年にアメリカから帰国した外山正一は、在米時代スペンサーに傾倒し、東京開成学校、ついで東京大学教授として
スペンサー社会学そのものの講義を始めていた。外山は新詩体の創始者としても有名だが、その新詩体の一つに「アリス
トートル、ニウトンに　優すも劣らぬ脳力の　ダルウヰン氏の発明ぞ　これに劣らぬスペンセル　同じ道理を拡張し」と
詠んでいることはあまりにも名高い（『その日その日』二二七頁）

外山は後、東京大学総理（明治一九年）に、また帝国大学の総長（明治三〇年）となる人物である。そして、

スペンサーの流行ぶりは、明治十年代だけでその邦訳書が二〇点に達したことで明らかだろう

（『モースその日そ日』二二九頁）

その理由を、

彼の理論が自由民権運動側にも、その抑圧者側にも等しく有力な武器となったという奇妙な事情からだった

（『その日その日』二二九頁）

あげく、

ダーウィンの名声がスペンサーの権威づけに利用されたとみる方が当っていよう（中略）その最たるものは加藤弘之であ
る。（中略）ダーウィン進化論を大義名分に「優勝劣敗」、「弱肉強食」などの言葉（前者は加藤の造語らしい）をまきち
らして自由民権運動を激しく攻撃したが、その言うところは強引な「生存競争」論で、生物学的な意味での進化論とは程
遠い牽強付会の主張である（『その日その日』二二九・二三〇頁）

と、社会状況の中に還元された。

そもそも

「わが国のスペンサーの受容は、明治一〇年前後からとみられる。この問題については、山下重一氏の『スペンサーと日
本近代』が詳しい。（中略）山下氏は、スペンサーの思想には、それがもつ「政治権力を極小化し、個人の権利を最大限
に確保することを理想とする」点と、「社会は生存競争、適者生存のなかで漸次すすむ」とする点の二面性があって、前

者が自由民権運動の、後者がそれを批判する側のそれぞれの根拠となったとする見解をたてられる（『動物学者』七〇頁）

特に後者の代表・加藤弘之は、当初は天賦人権説を唱えていたが、明治一五年に従来の説の破棄を宣言した。

生物界自体にある生存競争は進化に不可欠の手段で、それは同種の個体間にあるだけでなく、種の間にも不断の闘争となって存在している。社会有機体も同じで、社会間の生存競争が社会の進化に役立つのであって、種族や民族の間の闘争がなかったら、大集団への結集や複合的集団の組織もなく、文明がもたらす高度の生活もないだろう（『動物学者』七一頁）

というのである。

これが日本に普及した背景を、次のように考察する。

欧米と違って進化論を拒む宗教の壁も日本にはなかったから、不動の真理と言う色彩は一段と強くなったようだ。また言霊の国だけあって、「優勝劣敗」とか「弱肉強食」など、耳になじむ言葉がつくられ、独り歩きしてしまったのも特色だろう。そしてアメリカなどと大きく違ったのは、社会ダーウィニズムが国家の強化に利用された点であった

（『動物学者』一三〇頁）

ここそ重要だろう。

人類学を立ち上げて、その社会的認知という重大使命を負った坪井であった。世情が列強の植民地支配に入りかねない東端の小国日本にあって、支配・被支配のめまぐるしく変わる日本国民の認識、感情の中で、人類学の使命も自ずとその重みをいやおうなくも増していく。そうした中で、後に触れるように坪井も、人類人種を適者生存・優勝劣敗の概念を表に出して語る場面も少なくなかった。つまり影響は間違いなかろう。

(81) 玉木　存　一九九八『動物学者　箕作佳吉とその時代』三一書房
(82) 磯野直秀　一九八七『モースその日その日』有隣堂、一七四頁
(83) 磯野直秀　一九八七『モースその日その日』有隣堂、一七六頁
(84) 玉木　存　一九九八『動物学者　箕作佳吉とその時代』三一書房、四頁

(85) 玉木　存　一九九八『動物学者　箕作佳吉とその時代』三一書房再録を引用した。一二四〜一二九頁
(86) 玉木　存　一九九八『動物学者　箕作佳吉とその時代』三一書房、一一二頁
(87) 前掲（27）に同じ。
(88) 坪井正五郎　一九一三「坪井博士自叙伝」『中学世界』一六—八、一六五・一六六頁
(89) 玉木　存　一九九八『動物学者　箕作佳吉とその時代』三一書房、二五一頁
(90) 岡田節人　一九九四『生命体の科学』人文書院、一三八頁
(91) 前掲（89）に同じ。
(92) 小熊英二　一九九五『単一民族神話の起源』新曜社、七五頁
(93) 玉木　存　一九九八『動物学者　箕作佳吉とその時代』三一書房、二〇七頁
(94) 玉木　存　一九九八『動物学者　箕作佳吉とその時代』三一書房 再録を引用した。二〇四頁
(95) 矢田部は、突然非職（いまでいう休職）を命じられ、二七年に免職される（磯野直秀一九八七『モースその日その日』有隣堂、一七一頁）。当時の大学の圧力の大きさを知る。
(96) 前掲（20）に同じ。
(97) 前掲（16）に同じ。
(98) 那珂通世（一八五一—一九〇八）。一八九六年に東京帝国大学文科大学の講師を兼ねる。その間にも日本・朝鮮・中国の歴史における実証的な研究を多く発表した。一九〇一（明治三四）年、文学博士の学位を受ける。一八九七年、「辛酉革命説」に基づいて日本の紀年問題を研究した「上世年紀考」（一八九七『史学雑誌』第八編第八〜一〇・一二号）がある。
(99) 森田俊男　一九八一『開闢ノコトハ通常歴史ヨリ逐イダスベシ』民衆社、三三頁
(100) 三宅は一八八六年七月、教育事業視察のため米国に出発した。翌八七年四月に英国に渡り、八八年一月欧州から帰国した。実はこの年、森有礼は三宅に留学を促していた。しかし後、取り消されたという。三宅が師範学校の卒業生でないことが判明

したからだという（森田俊男一九八一『開闢ノコトハ通常歴史ヨリ逐イダスベシ』民衆社、一三一頁）。

(101) 森田俊男　一九八一『開闢ノコトハ通常歴史ヨリ逐イダスベシ』民衆社、九六頁

(102) 森田俊男　一九八一『開闢ノコトハ通常歴史ヨリ逐イダスベシ』民衆社、九八頁

(103) 木代修一　一九七四「学史上に於ける三宅米吉の業績」『日本考古学選集一　三宅米吉集』築地書館、四頁

(104)『洋洋社談』（第三八号）への掲載であったことが、森田俊男一九八一『開闢ノコトハ通常歴史ヨリ逐イダスベシ』民衆社、一二四頁にある。

(105) 森田俊男　一九八一『開闢ノコトハ通常歴史ヨリ逐イダスベシ』民衆社、一二〇頁を参照した。なお、原著には、タイトルは全くなくて書き出されており、後に内容から付けられたと考えられる。勅使河原彰氏からご教示いただいた。

(106)『文』の以下の引用は、森田俊男一九八一『開闢ノコトハ通常歴史ヨリ逐イダスベシ』民衆社再録、一二〇頁からの引用である。

(107) 森田俊男　一九八一『開闢ノコトハ通常歴史ヨリ逐イダスベシ』民衆社、一二一頁

(108) 森田俊男　一九八一『開闢ノコトハ通常歴史ヨリ逐イダスベシ』民衆社、一二二頁

(109) 森田俊男　一九八一『開闢ノコトハ通常歴史ヨリ逐イダスベシ』民衆社、一二七・一二八頁

(110) 森田俊男　一九八一『開闢ノコトハ通常歴史ヨリ逐イダスベシ』民衆社、四頁

(111) 小澤栄一　一九六八『近代日本史学史の研究　明治編』吉川弘文館、三五四頁

(112) 三宅米吉　一九一三「故坪井会長を悼む」『人類学会雑誌』第二八巻第一一号

(113)「日本人類学会創期の回想　座談会」『ドルメン』再刊第一号（一九三八　岡書院）での鳥居の発言（一五頁）。

(114) 鳥居龍蔵　一九二七「日本人類学の発達」『科学画報』九巻六号（一九七五『鳥居龍蔵全集　第一巻』朝日新聞社再録、四六七頁）

(115) 三宅と坪井の出会いについて、鳥居は別の機会に言った次の内容を、山内清男が伝える（一九七〇「鳥居博士と明治考古学秘史」『鳥居記念博物館紀要』四号）。本稿の第三章で述べる「横穴論争」に当たり、石器と横穴を同時代とした三宅に対し

て、坪井がいわば「他流試合」に出向いた、というのである。山内が鳥居の言として引用した文献が分からなかったので、山内の引用をそのまま使う。

> 坪井博士は畳を叩いて三宅博士の弁明を聞かんと意気巻いた。けれども三宅博士は愛子を膝の上に乗せその頭を撫しつつただ微笑せられた

だけであったといい、鳥居は

> 私は興味をもって此の時の光景を想像することが出来る。妻恋坂の高楼から下町を見晴らしたところに後年学界の二大明星たる少壮学者が問答ぶりの対照は洵に好箇画題

といえようと。

この話、三宅が鳥居に話さぬ限り伝わることはないほどの場面であって、信憑性は分からぬが、しかし、血気盛んな坪井にとって、あって不思議はない光景でもあろう。

ここで肝心な点は、こうした話と共に、人類学会への誘いのあったことも否定できないということである。事実、後坪井の留学時のその間、坪井の責を継いだのは三宅であった。

(116) 前掲(112)に同じ。

第二章　コロボックル論争前夜

大森貝塚の発見・調査に、日本考古学の扉を開けたE・S・モースであった。そして、コロボックル論争あるいは人種民族論争と呼ばれる人類学・考古学界最初の大論争もまた、大森貝塚から始まった。

そのコロボックル論争は、人類学会設立の立役者、坪井正五郎と白井光太郎がまず火花を散らす。モースの果たした、考古学的・人類学的貢献、それを若い二人、加えてもう一人三宅米吉はどう捉えたか。論争前の様子からみる。

第一節　モースの大森貝塚調査と、導かれた人種観

一　大森貝塚の調査と報告書

1　調査と報告書の刊行

モースの来日や大森貝塚の調査については、多くの優れた先行研究がある。吉岡郁夫『日本人種論争の幕開け』（一九八七 共立出版）や、磯野直秀『モースその日その日』（一九八七 有隣社）、守屋毅編『モースと日本』（一九八八 小学館）などである。若干先とも重複するが、それらを参考に振り返ってみる。

モースの日本（横浜）上陸は、一八七七（明治一〇）年六月一七日で、大森貝塚の発見はそのわずか二日後、六月一九日だった。横浜から上京する汽車の中で即座に貝塚と直感した。そもそも来日の目的は腕足類研究のためであっ

た。東京帝国大学の席は、その三週間後に突然乞われた、いわば副産物であったという。ハーヴァード大学では、アメリカ動物学の祖といわれるルイ・アガシー教授に師事していたが、腕足類を凝軟体動物に分類したことに疑問を抱いた。一八五九（安政六年）年のダーウィンによる『種の起源』の刊行に触発されて、進化論の観点から四億年前から進化がないとされた腕足類（特にモースはシャミセンガイ）[1]に注目していた。日本はこの種の豊富な生息地であった。また、貝の研究に起因した貝塚調査も、ジェフイズ・ワイマン教授、Ｆ・Ｗ・パトナム教授とともに、メイン州、マサチューセッツ州をフィールドに行っていた。

さて、大森が気になりながら、三ヵ月後の九月一六日、松村任三・松浦佐用彦・佐々木忠次郎を伴って、ようやく現地を訪れた。本格的な発掘は一〇月九日からで、外山・矢田部・佐々木・松浦・福与[2]と人夫六人、マレー、ル・ジャンドル、パーソンズが駆けつけている。

後一一月一九日、佐々木も調査を行った。こうして一ヶ月以上に及んだ調査のようだが、残された記録以外にも行われたようで、実際には

> どのくらいの範囲を何日間掘ったかはわからない[3]

という状況も、当時にあっては致し方ない。

調査後、モースはただちに遺物の整理に取り掛かり、報告書の出版へと進めていった。

> 大学が地主に発掘の終了を通知した明治一一（一八七八）年三月一一日から、報告書の序文の日付、一八七九年七月一六日まで、一年四ヶ月ほど[4]

の期間であった。

モースは報告書の出版を、時の東京大学綜理（総長）加藤弘之に要請し、大学紀要として承諾された。“Memoirs of the Science Department, University of Tokio, Japan”の第１巻こそ“Shell Mounds of Omori”である。もとより全

第10図　1878（明治11）年40歳のモース（左）と『大森介墟古物編』

て英文で、ほぼ同時に矢田部良吉口述、寺内章明筆記による『大森介墟古物編』が、『理科会粋』第一帙上冊として刊行された（第10図）。出版の日付を欠くが、モースの序文に一八七九（明治一二）年七月一六日とあり、和文は矢田部の序文に同年一二月とある。発行もそれに近い時期と考えられる。

なおこの報告書は後一九六七（昭和四二）年、発掘九〇周年の記念の際に、東京都大森貝塚保存会（会長・西岡秀雄）から、英文和文ともに復刻された（中央公論美術出版）。さらに大森貝塚発掘一〇〇周年の一九七七（昭和五二）年、考古学研究会は機関誌『考古学研究』第二四巻第三・四号をこの特集にあて、近藤義郎・佐原真が再翻訳した。その後一九八三（昭和五八）年にはその翻訳に訂正を加え、関連資料八編を付け、岩波文庫の一冊として『大森貝塚』が刊行された。

その時の調査の成果は、そして人種問題を、モースはどのように考えたのか。この近藤・佐原によって訳された報告書を中心に見てみたい。

2　大森貝塚から得たモースの所見

調査成果の内容を整理して、モースの所見をまとめてみる。

①立地に現れた特徴　大森は江戸湾沿岸から半マイル近くも内陸にあり、その上江戸湾から五～七マイルも後退した位置にある貝塚であることに注意を注いだ。貝塚は岸近くに形成されるべきものであるため、貝塚形成後の土地の隆起を想定した。江戸の古地図にも、東京湾沿岸での地質学的に著しい変化を認めてい

た。年代観に関わって、非常に優れた視点であった。また貝塚自体を、海辺に住んだ野蛮人の「ゴミ捨て場」と解釈した。

②土器に関して　ヨーロッパ先史土器に「葉・花・鳥・獣その他の自然物を模倣する意図は、ひとつもみとめられない」というウィルスン博士の指摘を受けて、具象文の欠落が、「大森にも正しくあてはまる」と注意を向ける。ほかにもブラジル・プエルトリコ・アマゾン・ペルーなど、世界の先史土器との比較を試みる。それぞれ類似点、相違点を指摘して、結果的には所見の紹介にとどまるが、そこには人種的な共通性を見出そうとする姿勢がみえる。アイヌとの比較も忘れていない。紋様自体は良く似るが、類似性が起源を同じくする社会を示すとは限らない、との慎重な認識を示していた。(5)

技術的な側面では、ロクロの未使用を指摘して、土器の穿孔も見逃さず、ひび割れ補修のためではないかと推察するなど、考古学的な観察眼に目を見張る。

土器の量の多さにも注意を払い、土器作りの遺跡ではないかとその性格にまで迫ろうとした。ただし土器の未成品や、粘土の未発見も同時に認識していた。

③装身具の欠除　非常に装飾的な土器に比して、装身具の欠如に不審を抱いた。アイヌは、各種の玉や飾りを身に着ける。しかし大森をはじめ、蝦夷から九州の貝塚からは、まったく装身具が発見されない点が疑問である。その答えも導いた。磨製石器の未発見とあいまって、装身具は「磨製石器時代とむすびつくもの」という、時間差に還元して理解した。

④磨製石器の欠落　磨製石器に関して、それの無い事を「この貝塚の古さを証明している」、という。そもそも石器自体が少なく、「注目すべき」ことと考えた。

さて、磨製石斧の欠落を貝塚の古さとしたことは、年代論と関わって非常に重要な所見である。詳しくは後に触れるが、モースの原始世界の編年観を、ごく簡単に紹介しておく。「前世界」と表現して、四時期に区分していた。第一粗石世界、第二磨石世界、第三銅世界、第四鉄世界である。[6] 磨石の無いことで、モースは大森貝塚を第一粗石世界と推測した可能性を強くする。この点については、格段の注意を払いたい。

⑤骨器について　一〇例の骨器について、ニューイングランドと似るものと似ないものがある事に注意し、「大森出土品はアイヌのものと関連し、ニューイングランドの資料は、エスキモーやアリュートが使用する角器・骨器によく似ているため、相互の類似関係は、とうぜん順次つながっていくとも予想されるので、なおさら注意をひく」と、人種論に及びうる視点を示した。

⑥出土貝類の意義　現生の江戸湾貝類と比較し、結果、総じて大きな変化を認めた。特に貝塚時代に多くいたハイガイ・スガイなどは、すでにこの地域や近隣地域からも消滅していた。環境の大きな変化を視野に入れ、南への後退を推測した。同時に「時の経過」も変化の理由と考えて、具体的な時間の長さも示そうとした。二三〇年前に掘られた駿河台運河と、その際に築かれた堤の撤去によって露出した二三〇年前の貝殻の観察から、現生との間に、「識別できるような変化はおきていな」いと導いた。よって変化に当たっては、それ以上の時間の経過を必要とすると、大森貝塚の古さを計る目安とした。

⑦人骨から見た食人風習　世界の「同種の貝塚を調査した研究者の経験と一致する」と、一九例の人骨資料に、食人の風習を確認した。食人の証拠あるニューイングランドの貝塚同様、大森貝塚人にも認めることを躊躇無く結論している。

⑧扁平な脛骨の存在と意義　扁平脛骨（膝から足首の間を構成する骨）とは、その横断面の形が、現代人のように三角形ではなく、前後方向に長く幅がやや狭いという特徴をもつ。ワイマン教授が、先史時代全種族に共通の特徴として指摘していた。モースも、一点ではあるが確認した。わずか一点に慎重になりつつも、肥後の貝塚例を追加して「いちじるしく扁平」であると強調した。かつ「高等猿類」にも共通するとして、よって一緒にある遺物も「かなり古い

ことの一証明とみなしてよい」と結論している。

以上のようにモースの観察眼の深さや広さに、改めて敬意をもって注目できる。グローバルな視点から、人種、時代、習俗などの見地を開いた。特にモースがこの貝塚を「ひじょうに古い」と考えたこと、そして食人について細かく見たい。

3　食人の証

食人風習の存否問題こそ、人種論争の直接かつ最大の契機の間違いない一つであった。食人とした根拠を確認しておく。

埋葬されれば揃っているはずの人骨が、そうではなく、失われた部分を多くして、他の獣骨と同じようにバラバラに混在して出土したこと。その上、割られたり、ひっかいたり、切り込んだ傷の著しい骨が多かったこと。こうした痕跡は、髄を得、あるいは煮るために土器に入る大きさに砕き、あるいは筋肉の付着面から筋肉を取り外した痕跡と考えられた。そしてモースは、大森貝塚を発見した時から食人風習の存在を予測していた。貝塚調査の経験から、

ニューイングランドおよびフロリダの貝塚における食人風習の事実は、当然予期されたものであった（五一頁）

とはっきりしている。調査のメスが入る以前の一八八六（明治一〇）年九月一六日、新橋駅でモースがほかの外国人と会った際の、松村による記録がこのことを物語る。

先生の曰く、今カニバル　ヴィレージを訪ふて来たと(7)

すでに「カニバル　ヴィレージ」＝「食人の村」と表現していた。

そして実際の調査で

フロリダの貝塚にかんする報告で、ワイマン教授が推断したことに完全に一致している（四九頁）

と確認できた。食人の存在は、モースにとってもはや疑いの余地はなくなった。やがて大きな話題を巻き起こす。当然「誰が」を問題として、人種論争の口火となった。

4　食人について　―「誰が」「誰を」食したのか―

まずはモースの次の記述。

事は簡単である。アイヌが人喰い人種だったか、それとも日本人が人喰い人種だったのか。シーボルト氏は、貝塚はアイヌの所産と称している。日本人は、アイヌと激しく戦ったのだから、アイヌの強敵だった日本人が、ありとあらゆる汚名をアイヌに結びつけることに、また彼らに係るあらゆる罪状を報告することに躊躇しようとしなかった、とはまったく信じがたい。アイヌ民族は、さげすまれ、動物起源のものとみなされていた。したがってアイヌの生活のいまわしいことすべてが記録されていて当然ではないか。この重要な記録が欠けているため、シーボルト氏は、日本人が人喰い人種だったとの証明につとめる(8)

大変複雑な言い回しで、シーボルトの考えを引用するが、要するに。「日本人によるアイヌの食人」(9)、人喰い人種は日本人と、シーボルトはそのように考えていたと紹介している。確かに日本の古典による以上、敵対した人種を打ち破ったのは日本人、食べられた人種は扁平脛骨に現れた、つまり古い特徴を示す住民に比定して妥当である。

では、モースはどのように考えたのか。当初は日本人による食人を、ある程度視野に含んでいたのではなかろうか。ニューイングランドおよびフロリダの貝塚における食人風習の事実は、当然予期されたものであった。なぜなら北米インディアンの多くの種族は、人肉を食べたという記録があり、また南北両アメリカには、この風習をのこす種族が現存するからである。ところが、日本における食人風習の証拠は、別な意義を持っている。なぜならば、日本の歴史著述者による詳細かつ苦心の年代記は、かなりの正確さをもって一五〇〇年ないしそれ以上もさかのぼることができるが、こうした奇異な習慣の形跡などうかがえない。日本人が人喰い人種でなかっただけではない。彼らが、こうした習慣をもった種族に遭遇したという記載もない。このようないちじるしい習俗があれば、彼らの記録に何か言及されてしかるべきだ。初期の歴史著述家は、アイヌがひじょうに温厚かつおだやかな気質であって、彼らの間では人を殺す術が知られていないと述べている。たとえ高い文明の種族であろうと、食物がじゅうぶんに供給されなければ、必然的に人を食べるという極限状況においこまれる。しかし、大森貝塚時代の人々を、このようにショッキングな選択に追い込む必然性はなかった。これに関連して、緊急の状況においこまれ、人肉で命をつないだという記録が日本にあるかどうか判れば興味深い。カリフォルニア科学アカデミーの会報で、チャールス・ウォルコット・ブルックス氏は、漂流した日本の帆船の記事を多くあげている。これらの諸例では、生存者たちは日曝しや飢えで死んだ仲間の埋葬を準備している。（五一～五二頁）

関連した箇所の全文である。

文中の「別の意義」とは、つまり「習慣」ではない「別の意義」となる。アイヌは温厚で人を食べない。日本人が記録しようとすれば、躊躇の必要もなかった。だとすると、日本人による「緊急の状況」こそを想定したような書き振りである。引用したチャールス・ウォルコット・ブルックス氏の記述は、「埋葬」という事実のみで終わっていて、そこまでの過程に死後間もなくか、あるいは食人後か、というその間の記述が残念ながら欠落する。したがって、漂流した日本の帆船の記事の引用は、「準備」の後「埋葬」までの空白の時間の出来事として、緊急の場合でも食べることは無かった、ととれる一方、日本人の食人の可能性も含んでいるとも解せるのである。わざわざの引用には、後者の可能性も含んだモースを想像できる。

しかし結果的には、この日本列島には日本人やアイヌ登場以前に別の人種が住んで居たとする、プレ・アイヌ説を打ち出した。そうすることで確かに穏便な形で落ち着いた。日本人ではないという前提の提示が、日本人の国民感情に穏やかなるは間違いない。

5　モースの迷い

早くから食人風習の存在を、大森貝塚に予測したモースについて説明した。発掘調査の後、石川千代松の記録のように

　当時の人間が食人であつて、骨髄を取り出して食つたものであると[10]

隠さず発表する機会も度々だった。ただし、石器が少なく骨角器が多いことを理由にアイヌではない、と判断するなど、人種についての見通しについては、慎重な時間を必要とした。プレ・アイヌ説にまでは容易でなかった。

日本人の反応はいかがだったか。

　先生が昔日此島に棲んで居た人間が食人種であつたと云はれた事を調度良い材料として、如何にも先生が日本人の悪口でも云はれた様に云ひ触して、当時ダーウヰィン論杯（抔の誤り――筆者註）に無知の本邦人の歓心を買はんとしたのである[11]

というように、モースやそもそも欧米人学者、あるいは近代科学への悪口・陰口も決して少なくなかったことだろう。

白井もその頃のことを後に「モールス氏考古学演説備忘」[12]と回想して言う。

　大森介墟常陸陸平及肥後大野村等の介墟より人骨の破断せしものを得たり、是古へ同類相食せし證なり其骨は割烹に便なる為フリントを以て小断せしものなり。

そして、

　日本人の祖先は人肉を食ひし證ありとの説には驚嘆張目せし次第にて、果して吾人の祖先に此風習ありしや否やを審査せんとの憤発心を興起し

または

　日本人の祖先は太古は人を食つたといふやうな証拠がある（中略）それが日本の歴史にチョッと合はないやうでありまして[13]

と、つまり日本人祖先による食人と理解して、不快を示した。多くの国民も、同じように受け取ったとして不思議は無い。

　こうした状況を憂慮したモースであったか。三宅宗悦は次のように解説している。

　モース氏の石器時代に食人の風習ありと云ふ報告は容易に石器時代人を日本人以外のものにしてしまった。[14]

日本人の感情にも慮ったモースであったか。

ただし、モースの報告書では、この点を省略している。吉岡は言う。

『大森介墟編』では、日本の歴史には、食人の風習があった形跡はなく、彼らがそういう風俗をもった種族に出会ったという記録もない。また、アイヌも温厚な民族である、と言っているだけで、人種論については、まったく触れていない。だから、『大森介墟編』を読んだ人たちのなかには、誤解する人も少なくなかったであろう。[15]

モースは人種について触れてなかった。そのことは逆に、日本人による食人との理解を招きやすい状況を生んでしまった、ということか。

　人種の問題は、その年代と強く関わる。そこでモースの想定した大森貝塚の年代観を知りたいのだが、実はこの点の明言も避けている。国家起源が二五〇〇年前と考えられていた時代である。記紀には、当然アイヌ前の人種についての記載があってよかったはずだ。しかし食人の風習の記載が無いばかりか、そもそもそれ以前の人種の話も出てこない。その点についても含めて、モースはどのように考えていたのだろうか。この点に注意しつつ、モースの人種観を追ってみる。

二　モースの人種観

1　プレ・アイヌ説

プレ・アイヌ説は、どのように生まれてきたのか。日本人学者はもとより、この頃のお雇い学者たちも記紀古典を尊重していた。モースにとっても同じであった。神武東征によって追い出された人々について、次のように認識していた。

日本人種は西南より来りて漸次に土人を駆り退けたるものにて、その土人はすなわち今日の蝦夷人種なり。蝦夷人種はカムサツカ人類にて、東北より漸々西南に移り琉球辺へも来れりしと見えたり。日本人種の蝦夷人種を駆逐(おいのけ)せしは明伝(ただしきつたえ)ある事にて、紀元後九百年頃までも両人種の互いに奥州辺に戦争せし事青史(れきし)に掲げたり。故に日本は日本人種の西南より来らざりし始めは蝦夷人種ここに在りしものなり。さて蝦夷人種の来らざりし以前はいかなりしや知るべからず。西説にいわゆる人種の祖先とする猿のみこれに住みしも計るべからず[16]

そして

前世界人相食みし頃の人種が製品たる事更に疑いを容れざるなり。[17]

モースの見解を知る大変重要な発言である。

大森貝塚をはじめ、貝塚や土器を残した人種を、モースは「前世界人」と表現していた。「日本人が南からやって来て、北から来たアイヌと交代した」。それでは「日本列島最古の住民が誰だったのか」として、アイヌ以前の人種プレ・アイヌが誕生した。

モースの考えをまとめると、次のように図式化できよう。

前世界人＝プレ・アイヌ（土器の使用・広く存在）

アイヌ（東北から琉球にまで広がる）
←
日本人（アイヌは日本人に駆逐される）
←

『大森貝塚』の冒頭「序文」に、

山形県でも東京の貝塚でも、大森貝塚とひじょうによく似た形の土器片がみいだされると書いている。そして貝塚自体、蝦夷西岸小樽から南は肥後まで存在することも、そこにある。だから、前世界人は列島全体に及んでいた、と解釈できる。

ではプレ・アイヌはどこから来たのか。モース自身明記はしない。工藤雅樹は、大森貝塚と北米貝塚の類似および、一八七七（明治一〇）年一〇月八日『東京日日新聞』の次の記事から、アメリカンインディアンと同系と考えたらしい、と考察した[18]。

其器物類の形状ハ　さも米国土人の作為せる者に似たり　依て想像すれバ　日本太古の人民ハ即ち米国太古の人民と同人種にて「アイノー」人種が先づ之を駆り除け　其「アイノー」人種を今の日本人が駆除けて　此国に居住することとはなりしならんかとも云へり（第11図）。

肝心な、プレ・アイヌから人種交替ストーリーの背景についても触れておく。『大森介墟古物編』は、フロリダ貝塚を調査したワイマンを手本としていると、鳥居龍蔵をはじめ大方の見方は一致する。ワイマンは、セントジョーンズ川流域の貝塚を残した民族には三回の交替があった、と考えた。最初はカリブ（カリブはカリバニズム（食人）の訛り）、次に白人渡来時のいくつかの種族、最後が黒人奴隷とアメリカインディアンの混血であると。モースがプレアイヌ、アイヌ、日本人という人種交替を考えたのも、こうしたいわばアメリカ式交替の踏襲と推察して妥当であろう[19]。なお、

○開成學校に雇ひ大博士イー、エス、モールス氏（米國にて一二と爭ふ有名の探古學者）ハ曾て滊車にて大森を經過せし時倉卒の際にも一つの小芥丘をキット觀察して其只物に非ざるを豫て疑ひ居りしが疑念勃々胸懷を離れざればバ此頃ろ終に其穿鑿に着手して此小芥丘を發バきけれバ地下凡そ一間程の所に至て太古人民の品類甕瓶瓦凡食器等を夥しく掘出したり其器物類の形狀ハさも米國土人の作爲せる者に似たり依て想像すれバ日本太古の人民ハ則ち米國太古の人民と同人種にて「アイノー」人種が先づ之を驅り除け其「アイノー」人種を今の日本人が逐除けて此國に居住することヽなりしならんかとも云へり尙委細ハいづれモールス氏より世界の學者達へ報道する所あるべけれバ其報を得て後号に掲くべしと民間雜誌に見ゆ

「米国土人の作為せる者に似たり」とあるなど、モースの考えを伝える貴重な記事

第11図　1877（明治10）年10月8日『東京日日新聞』の大森貝塚発掘の記事

これに限らず人種交替による国造りや発展は、欧米の歴史の中にはしばしば見られた。アメリカでは白人がインディアンを追い出していたし、ヨーロッパではゲルマン民族が大移動を行った。だからであろう、記紀の内容もこうした点から、モースはじめ多くの欧米学者に抵抗無くして受け入れられた。モースに言わせれば、「かなりの正確さ」も持っていた。

さて、モースは注目すべきことを言っている。日本人を、

> 複合民族である事は疑いない

と。南から来た日本人は一体誰と複合したのか。有史の時代の中国の侵攻、朝鮮への侵略という流血の歴史を混血の原因とする、その最初の交わりは

> 彼ら（日本人―筆者註）が上陸した時、そこで毛深い民族をみいだし、居住をめぐって争ったことも確かである[20]

と認識している。つまり、その時からの複合の可能性を含ませる。アイヌあるいはプレ・アイヌも含めて血が混じわるとなると、彼らも日本人の祖先の一つとなること

は明らかである。一概に人種交替といえなくもなる。

モースの考えを眺めてきた。肝心なことは、後の坪井の考えとの共通点の少なからずを知ることである。

2　モースの考える年代観

大森貝塚の年代推定は深い意味を持つ。しかしモースは、そのことに関する具体的な記述をしていない。ただし、本文中には

for fifteen hundred years or more

とあり、直訳して「一五〇〇年或いはそれ以上の昔」、この数字がモースの考えとして、多くの研究に登場する。再び、近藤・佐原『大森貝塚』により、この点を見る。

モースは、

日本の歴史著述者による詳細かつ苦心の年代記は、かなりの正確さをもって一五〇〇年ないしそれ以上もさかのぼることができる（五一頁）

といい、あるいは

日本人ほど興味ある起源を持つ民族はない

との前置きに続けて、

二〇〇〇年近くまではほぼ完全にさかのぼる（一三六頁）

と記している。若干紛らわしい記述であるが、この数字が大森貝塚の年代として一人歩きした可能性は小さくない。しかし、よく読むとこの数字は、古典記述の範囲である、との理解こそを正しくする。確かに、古典はその年代範囲をカバーして記述していることは多くが認める[21]。つまりモースは記紀に対する、あるいは古くからそうした史書を持

った日本に対する敬意の意味をここにこめたのだろう。したがって、大森貝塚の年代には、また別の数字を考えていたと思われる。モースは、この列島におけるずっと古い人類の足跡を想定していた可能性はないだろうか。実は、大森貝塚を遺した人種＝プレ・アイヌを、一五〇〇年前と考えたら、むしろ種々の矛盾を生じてしまう。

記紀に従えば、神武天皇の東征が紀元前七世紀、第一二代景行天皇の皇子日本武尊（倭建命）の諸国平定がおよそ一～二世紀。モースのいう、紀元後四〇〇年ごろに大森貝塚が存在したらどうなるか。記紀では、遅くも二世紀には関東平野のアイヌ討伐は終わり、日本人の住む地であった。モースの大森年代＝プレ・アイヌ年代を一五〇〇年とすれば、征伐の対象はアイヌでなく、プレ・アイヌとなる。すれば、古典に記述があってしかるべきとなる。「食人の風習のある種族と戦った」とでも。二〇〇〇年前としても紀元前七世紀の神武東征の対象も、プレ・アイヌとする可能性を強くする。だから、アイヌ説を進めることを無難とする必要はここに生じる。

年代観は大変デリケートな問題を含んでいたが、思うに大森貝塚にあった食人人種を、アイヌでは無し、日本人では無し、とした場合にはもっと古い数字をはじいたほうが無難であることも間違いない。

ところがここに問題がある。肝心の国体は、日本人の登場以前のこの列島に、ましてや長期間にわたる他人種の存在を好まなかったことである。事実白井は、

今ヨリ千年前後迄ハ東京近郊ニモ土器石器ヲ使用セル人民ノ遺族アリ

と考えた[22]。いつから石器時代人民がいたとは書いていないが、日本民族以前に長い歴史を刻んだなどという認識はもっていなかったと想像できる。歴史解明の重大な足かせがここにある。この問題については第五章で詳しく触れる。

さてモースは、かなり古い時代を大森貝塚や、プレ・アイヌに想定したと推測する。「日本太古の民族の足跡」[23]で、大森貝塚がどのくらいの古さをもつか問題である。加工した金属を全く欠き、形の整った石器も磨製石器も見ず、みいだされた極僅かの石器もはなはだ粗製であること、これらすべての事実は、貝塚がひじょうに古いことを

示唆している

と記述する。では、「ひじょうに古い」とはどれくらいか。

先述のようにモースは「前世界」の四時期区分を想定しており、実はそこに実年代も当てはめていた。第一粗石世界（おおよそ一五〜三〇万年以前）、第二磨石世界（三万年以前）、第三銅（あかがね）世界、第四鉄世界(24)。

第一粗石世界を、

石鏃および斧鉞（まさかり）の如きもの皆粗石を以てこれを製せり

第二磨石世界は、

同じく石を以てこれを製すれども、これを礱磨（とぎみがき）し（中略）粗石世界のものに比ぶれば、ややその進歩と見るに足る

と説明する。そして大森貝塚の事を、

大森にて掘り出せし内土器によりて考うれば、その形と模様とやや進歩のものなれども、これを要するに第二世界には出ざるべし(25)

と言っている。土器はあるけれども、第二世界には出ないであろう、とは第一世界にとどまるとなる。石器を

日本各地では、各種の磨製石器があれほどたくさん発見されているのに、磨製石器はおろか、最も普通の形のものさえも大森貝塚にみられないことは、注目すべきであって、この貝塚の古さをさらに証明している(26)

という点も、磨製石器のある第二世界にはならないだろうと解釈できる。そもそもプレ・アイヌ＝前世界人とは、

人種の祖先とする猿

であるといい、列島に住んだ最初と言ったモースの一文も見逃せない。

以上モースの言葉をつないでゆくと、大森貝塚を「第一粗石世界の時代」と考えたと読み取れる。世界全体の歴史

を一律に、この四段階と実年代を当てはめようとしていたのかはわからない。しかし、万に近きの古さを考えていたとしても不思議はない、といえるのである。記録に登場するアイヌよりさらに古い人種、そのような意味がプレ・アイヌに込められていたとは考えられる。

ただしここには、厄介な問題もあったのだろう。プレ・アイヌを古くすると、つられてアイヌの列島での存在時期も古くなる。日本人種到来のはるか以前、そして現在も共存するアイヌと日本人と考えた時、日本人よりはるか長い歴史を持ったアイヌとなってしまうのである。こうした事態を、日本人のプライドが許すはずがない。具体的な数字を控えたのは、こうした事情によるものではなかろうか。後の坪井との関係で、あえて深い探りを入れてみた。

最後に、近藤・佐原によるモース観を紹介する。「不屈の科学的精神」と称し、その背景を

> 当時欧米において「神学」的偏見・攻撃と闘いの中にあって生まれたばかりの進化論によって武装されていた。

これがモースの魅力である。

> 大森貝塚の研究報告はまさに、観察と実験を土台とする科学的精神の発現そのもの緒遺物の解釈から描きだそうとした大森原始種族および貝類の進化についてくりかえしのべる情熱的な叙述は、よむ者を圧倒さえする。(27)

古今にわたる影響の強さをよく示す。

詳しくモースについて触れてきた。坪井は、先住民説はじめ、モースに相似的な論を展開してゆく。

三　坪井と白井のモースに対する認識の違い

坪井のモースに対する立場は、従来は欧米への激しい反発、ないし負の感情の象徴と説明された。そして、そのことを否定した。ここでは再度、モースに対する認識を、坪井と白井を対比する形で、結果的に全く異なる立場であっ

たことを確認する。坪井の姿勢と、コロボックル論への背景を鮮明に出来ると考えるからである。

1　坪井の認識

貝塚の研究は、人類学・地学共に大変興味深い問題を提供するとの内容の、坪井がまだ理学部学生・東京人類学会発足の年の一八八六（明治一九）年の論文、「東京近傍貝塚総論」(28)は、モースを賞賛する次の一文から始まっている。

我々ハ地学上、動物学上、人類学上、史学上殊ニ進化ノ理ヲ講ズル者ノ為ニ其研究ノ必要ナル貝塚ヲバ周囲ニ有シテ居リ乍ラ　モールス氏ノ来ラルル迄ハ精キ探索ヲ為サザリシ　我々ハ寶ノ山ニ入リ乍ラ前ノ大学教授エドワアド、エス、モールス先生ノ注意サルル迄ハ手ヲ空フシテ居リシナリ（傍線部は原文のまま。一一頁）

「寶ノ山」たる貝塚を、モールス先生が教えてくれた、と最大限の敬意を払う。「先生」なる敬称を付したことに、心底からの気持ちも伝わる。

さらに続ける。

モールス氏ハ介墟編ノミナラズ新聞ヤ雑誌ヘモ此貝塚ノ事ヲ出サレシガ明治十三年四月ノ　ネチュアーヘ出サレシ時ニハ彼ノ進化論ヲ以テ名ヲ天下ニ轟カシ学問ノ面目ヲ一変シタル故チャアレス、ダアウィン氏モ詞ヲ添ヘテ我邦人ガ熱心ニ貝塚穿鑿ノ補助ヲセシコトヲ記シテ之ハ日本ニ於テ学問ノ未来ノ進歩ニ付キ甚タ望アル前徴ナリト云ハレタリ（一一二頁）

「学問ノ面目ヲ一変」する時代が訪れたと、そこにはこの学問の前途への大きな希望や、自らの新たな決意を感じる。モースに対し、大きな感謝と敬意を払った坪井を知る一文である。後に触れる白井とは、見事に対照的なのである。

ここで日本人の感情を刺激した食人についての、坪井の考えをみておきたい。そのことを避けることは、決してなかった。先の「東京近傍貝塚総論」で、貝塚からその時代の食生活を知る事が出来ると紹介する中に、食人の風習の存在を世界の類例という形で紹介している。

一家中ニテサヘ一人ノ好ム物ヲ他ヨリ見テ怪ムコトアリ、又一国中ニテモ都会ト田舎ニテハ食物ノ異ナルコトアレバ　国異リ時異リ殊ニ開化ノ度ノ異ルトキハ　思ヒ掛ケザル物ヲ食トスルコト有リ、アウストラリア人ハ爬虫、昆虫ヲ食ヒ　パタゴニア人ハ捕フル所ノ動物ヲ殆ド皆食ヒ　テラデルフューゴ人ハ飢餓ニ迫レバ犬ヲ食ハンヨリハ寧ロ老女ヲ捕ヘテ上部ヲ女ノ食トシ下部ヲ男ノ食トシ胴ハ海中ニ捨ツルト云ヘリ　サモア人ノ戦時ノ食物ハ敵ノ手ノミ　故争テ人ヲ殺シ　ニウジイランド人ハ人ヲ食ヘバ其人ノ秀タル性質ヲ受ケ継グトノ妄信ヲ懐キ好デ之ヲ食ヒ　アウストラリヤニウカレドニヤ、フィジイ、ソロモン、アフリカノニヤムニヤム抔ノ住民モ人肉ヲ食フトノコトナリ、去ラバ人骨モ他ノ食物ノ不要物ト共シ掃キ溜メニ遺ルコトアル可シ　（一〇九頁）

それが特別な食習慣ではないかの如きに紹介した後、大森貝塚について触れている。

大森ニ住居セシ者ヲ食人種ナリト云フハ彼所ニ発見セル人骨他獣骨ノ如ク分離散乱シヲ臂骨脚骨等ハ中央ヨリ摧（くだ）キ筋肉ノ付着セル部ニ石斧ノ刃跟アルニ因ルナリ（一一〇頁）

大森貝塚の食人風習についても、極めて淡々と述べるに過ぎない。殊更特別なことではない、かの如くである。大衆向けにも、次のように説明している。

余は曾てコロボックルは人肉を食いひしならんとの事を云ひしが、此風習は必しも粗暴猛悪の民の間にのみ行はるゝには非ず、且つ人肉は決して彼等の平常の食料には非ざりし事、貝塚の実地調査に由りて知るを得べければ、此一事はコロボックルの日常の有様を考ふに付きて深き拠とは為すべからず[29]

と、決して蛮行などとはみなしていない。

先のシーボルトは、あたかも日本人に遠慮がちに、あるいは避けるかのような風だった。自身の調査した七ヶ所の貝塚には食人の痕跡が一つもなくて、その証拠としては不十分だと強調している。一方で、坪井は事実を冷静に直視していた。

２　白井の認識

白井が、欧米への感情をあらわにしたためた、『人類学会報告』第一号の「祝詞」の一文を先に紹介した。「貝塚ヲ貝塚村ニ探ルノ記」（一八八七『東京人類学会報告』第一三号）、の過激ぶりはこの比ではない。

余性頑愚慷慨ノ癖アリ凡ソ本邦ノ事物ニシテ外国人士ノ探究啓示ヲ経て始テ明ナルヲ得ル者アル毎ニ悲憤措ク能ハズ　是ニ於テ敢テ自ラ揣ラズ一意進デ其衝ニ当リ之ヲ救ハントス　然ルニ浅学寡聞且ツ一身ヲ以テ萬衝ニ当ラントス徒ニ憂憤苦慮スルノミニシテ寸功ヲ得難シ　噫呼天下英才ノ士何ゾ蹶越（起か―筆者註）シテ此大事ヲ勉メザルヤ　又何ソ奮然攘異（夷か―筆者註）ノ軍陣ヲ文壇上ニ張ラザルヤ　抑天下勉ムベキノ事甚多シ　理学ニ文学ニ工芸農事ニ医療兵学ニ関スル者アリ　何ゾ啻ニ人類学上ノ者ノミナランヤ　今文学ニ就テ之ヲ謂ヘハ　本邦人ニシテ外国人士ニ就テ本邦語学ヲ学習スル事ノ如キ是ナリ　豈ニ之ヲ一大国辱ト云ハザルベケンヤ　若シ古人ヲシテ之ヲ聞カシメバ切歯扼腕殆ンド狂スルニ至ラン　之果シテ其人ナキカ余実ニ日本文学ノ為ニ之ヲ慨セザルヲ得ズ　又貝塚発見ノ如キ一細事ナリト雖モ亦外邦人ノ先鞭スル所ト成ル　余当時之ヲ憤リ自ラ貝塚探究ニ従事シ外邦人ノ説ク所ヲ批擇（判か―筆者註）センコトヲ期セリ　爾後課業ノ余暇ヲ以テ同志者坪井福家ノ諸氏ト共ニ近郊ヲ巡回シ貝塚土器塚ヲ発見スル者少シトセズ（一四九～一五〇頁）

簡単に言おう。自らの頑愚（おろかで強情）慷慨（社会の不正などに憤慨すること）な性格は、外国人士の研究成果に我慢がならない。英才たちは何をやっているのだ。彼らの力に頼るなどは一大国辱で、排除すべきだ。先学は切歯扼腕（歯軋りするほどの怒り・くやしさ・無念さ）であるに違いない。貝塚についても外国人士の講釈などもってのほかで、対抗するために立ち上がった。ざっとこんな調子であろうか。

全くストレートに外国人士に対する感情を露にしている。欧米学術の甘受に、極端な嫌悪感を抱く白井の姿をこれほど現した表現はなく、逆にそのことを知るに分かりやすい。

こと人類学的分野においても、貝塚の発見や調査に、外国人が先鞭をつけたこと自体に「憤り」を感じるなどは度を越えて、それがモースを指すことは疑いない。そして、「外邦人ノ説ク所ヲ批擇センコトヲ期セリ」の一文には、殊更の注意を必要とする。外国人の説などには何が何でも否定し去る、の意気込みである。白ならば黒、黒ならば白とでもいいたげで、そこには科学的見解や議論を生む余地は微塵もない。単なる「反欧米感情」だけで、「反対」説を打ち立ててしまいそうな勢いである。ついでに言えば、先の坪井の論文のすぐ後である。穿った見方をするならば、モースに敬意を払う坪井に対する反感、とさえも受け取れる。

欧米に対する強い対抗意識に燃えながら、しかしそれに対抗するには彼らの近代科学を一刻も早く吸収し、自国独自の学問・文明を築くしかない、という発展途上国の青年学徒の心理[30]とは、この時の白井の気持ちを代弁しようが、確認すべきは、坪井にこれは当てはまらない。両者の立ち位置は、全く違っていたのである。一言で言うならば、坪井は欧米の近代科学を大いに歓迎し、一方白井は嫌悪を持った。表現を代えて言うならば、近代科学主義と国粋主義、このように対称的な両者として、捉えることが可能である。

とするならば、後述するコロボックル論争の口火は、白井の感情論から出発した、と見なせないかとも目論める。モースに反対、プレ・アイヌ説に反対、となればアイヌ説と限られる。坪井の説に反対というより、モースと同意見の坪井に反対、ということに置き換えることも出来るだろうか。先の白井の発言をそのままに読み取って解釈すると、こうした見方を可能と導く。

余談であるが、坪井は留学中の人類学会幹事を白井に頼むも、断られたという経緯があった[31]。案外白井には、個人的に複雑な感情があった故ではなかろうか。

四　コロボックル人種への関心

1　コロボックル人種の最初の認識

そもそもコロボックルなる人種は、伝承も含めいつ頃から認識されていたのか。工藤雅樹[32]や瀬川拓郎[33]の研究に詳しい。その研究に基づいてごく簡単にまとめておく。

北海道に渡った本州系日本人の言の聞き取りを記録した、イギリス東インド会社艦隊司令官、ジョン・セーリス（John Saris（1579? — 1643））による、一六一三（慶長一八）年の『日本渡航記』を最初とする。瀬川は、この資料から小人伝説の成立が中世にまで遡り、近世初期にはアイヌ社会に広まったと推察している。

一六六〇（万治三）年、暴風にあった伊勢国松坂の舟が、七カ月の漂流を経て千島列島中部の島に漂流し、翌寛文元年九月に江戸に戻った際の記録が、『勢州船北海漂流記』（筆者不明）。蝦夷人の話の中に、小人の住む島の話が登場する。

一七一〇（宝永七）年、松宮観山の『蝦夷談筆記（上）』には、道南での地名聞き取りの際、一〇〇人ほどの小人が「小人島」から渡ってきたことや、その目的が綴られる。

それから半世紀以上たった、一七八五（天明五）年から翌年にかけて蝦夷地を調査した最上徳内は、一八〇八（文化五）年、『渡島筆記（わたりしまひっき）』を刊行した。松前南部、津軽の鄙人（ひなびと）（田舎の人）の語りとして、コロボクングル（正式にはコロボックルウンクル）と登場し、その由来を

　　ふきの葉の下にその茎を持て居る人

と言う。彼らは小人で入れ墨のあること、声は聞いても姿は見ないこと、その女を窓越しに引き入れたが三日のうちに死んでしまったこと、アイヌに悪さをしたこと、戦う時には甲冑を着て、フキの下にかくれたこと、なども記録し

ている。また

土室の住人

と紹介され、その住居は

凡方二歩斗なる地を穿、今見たる所の深さは二、三尺許、四方土を封じ、埒（らち）（周囲に巡らした柵 ― 筆者註）の状となしたるあと所々にあり、（中略）其の宅趾の辺より小壺を掘出すことままあり

と説明する。その竪穴住居に加え、土器の使用も伝えている。

一七八九（寛政元）年、菅江真澄は『蝦夷喧辞弁（えみしのさえさ）』で、少児（ちいさご）のいわれを乎佐女（老女）に聞き取り、小さな舟に三尺ばかりの「おのこ」を乗せてやってきたことが書かれる。

一七九九（寛政一一）年、秦檍丸（はたのあおぎまろ）（村上島之丞の幼名で、筆名としても用いた）は、幕府の命で蝦夷地調査を行った。一八〇七（文化四）年『蝦夷島奇観』は、その成果である。コロボックル伝承が、コッチャカイモなる神のこととして、四尺ばかりの手の長い小さな神が北海道の各地におり、竪穴住居に住み漁猟に優れてこれをアイヌに与えもしたが、アイヌと直接的な接触を嫌い、北海道から去ったことなどを記している。また神の住んだ土中から、

陶器の欠けたる、又玉の類ひ、種々の宝を掘り出す

ことを紹介する。

一八〇四（文化元）年、近藤重蔵が『辺要分界図考（巻四）』にて、「其身甚短」い人々が皆竪穴住居に住み、蝦夷地が開けるにつれ漸々奥地に入り、遂に筏に乗って東洋のラッコ島（北千島のウルップ島）に渡っていったことを記している。

一八〇六（文化三）年、志鎌万輔（しかのまんすけ）は、コロボックルカモイと呼ばれる、手に入れ墨をした小さな神がいたことや、その入れ墨をアイヌが真似てはじめたこと、その神は後、北に移り住んだこと等を記した『東海参譚（とうかいさんたん）』を著した。

一八六一（文久元）年出版された、大内弘貞による『東蝦夷夜話』には、蝦夷島にはトイチセコツチヤカムイの裔で、鎌、鍋、瓷器をもつ穴居の矮人がいたという。この「こびと」は、「古人」または「胡人」のことかも知れぬとも記す。

そして松浦武四郎（一八一九―一八八八）へと繋がる。北海道・千島・樺太等を調査して、土器石器などの遺物や竪穴群などにも注意を払い、『樺太日記』・『後方羊蹄日誌』として記録に残した。松浦はコロボックル伝説を熟知したが、竪穴群を残したのはコロボックルではなく、アイヌの祖先だと考えていた。

こうした言い伝えの共通点を、瀬川は次のように整理した。

・小人は本島から一〇〇里も離れた「小人島」に住んでいる。
・その島にはワシが多くいる。
・小人は船で本島にやってくる。
・その目的は、土鍋製作用の土（粘土）の採集にある。
・アイヌが脅すと小人は身を隠す。

総じて小人伝説は、道東で成立した可能性の高いことを指摘する。その上で、伝説を産んだ集団や土地のモデルも穿鑿している。オオワシの捕獲や、小人を千島の集団とする伝承。北千島には土鍋用の粘土を島内で調達出来る場合もあったが、粘土のない島では、島外に採集に出かけることがあったという伝え。竪穴住居に関して、本島では一三世紀には平地式住居へと移行した一方で、北千島やサハリンでは近世まで竪穴住居が残り、その存在が知られること。以上などから、北千島の人々がそのモデルとなっていたのではないかと考えた。一五～一六世紀に北千島に進出したアイヌが、その奇妙な習俗を異人視したと、興味深い考察を巡らせている。

以上は、開化前の知識である。コロボックルは何処から来て何処に行ったか、そもそもいたのか。まずこれらの知識は、欧米のお雇い学者の目に留まる。コロボックルに関する記録が、欧米の学者達にどのように認識されたか、代表としてミルンとグリフィスに確認しておく。

2　ミルンのコロボックル説

イングランド人のジョン・ミルン（John Milne（1850 ― 1913））は、王立鉱山学校卒業後、鉱山技師として勤め、工業寮（東京大学工学部の前身）に地質鉱山学教師として招かれた。日本人の堀川利根を妻として、一八七六（明治九）～一八九五（明治二八）年にわたる一九年という長きを過ごし、多大な足跡を築いている。火山や地震研究の他、人種問題にも傾倒した。吉岡邦雄・長谷部学により『ミルンの日本人種論』（一九九三　雄山閣）とまとめられるほどの貢献である。この書には他の原書の幾つかも訳されて、その功績がよく分かる。

ミルンの代表的な論文が、『アジア協会雑誌』（「Transactions of the Asiatic Society of Japan」）に掲載された、"Notes on Stone Implements from Otaru and Hakodate,with a few general remarks on the prehistoric remains of Japan"vol Ⅷ.1880（「小樽および函館出土の石器についての覚書と、日本の先史遺跡に関する二、三の一般的考察」）や、"Notes on the Koro-pokguru or Pitdwellers of Yezo and the Kurile Islands"vol. X 1882（「コロポクグルすなわち蝦夷および千島列島の竪穴住民に関する考察」）などである。

ミルンは

これほど北海道を広い範囲にわたって踏査した研究者はなく（一〇一頁）

といわれるほどの行動力で、一八七八（明治一一）年には函館、引き続いて釧路・根室・千島と、夥しい竪穴の群に強烈な印象を受けつつ調査を続けた。九州から蝦夷までに発見される貝塚や遺物も、特に北方に多いという印象とともに、次のような意見をもった。

・カムチャッカ付近の島々やサハリンには北千島と似た習俗があり、南から北に従って竪穴の数は多く、保存状態も良い（一〇三～一〇四頁）。

・竪穴は千島からエゾ西部の札幌までは存在するが、以南にはない。北千島には竪穴に住む住民がいたことから竪穴住民はアイヌではなく、別の種族と考える根拠とした。後一八八二年の論文で、竪穴住民にコロポクグルを充てた（一〇五頁）。やがて北方不毛地帯への移動を想定し、エスキモーとの関係を推定した。また、アイヌと竪穴住民とは互いに接近して住み、同じ技術を持っていた事もありうるとした（一一一頁）。

・土器紋様の類似から、貝塚はアイヌが残したと考えた。やがてアイヌは日本人と接するようになり、良質の土器を安く手に入れるようになって土器つくりの技術を失った、ともした。貝塚の存在する位置が、かつてアイヌが住んだと歴史上知られる地方にあり、多くの地名に残っていることも根拠とした。

・現在アイヌがエゾに住む背景を、かつて日本全土に広がる彼らが、南から北上した日本人に追われたためと考えた。エゾに遺跡・遺物の多いことは、ここに長く住んでいたと理解した。

・記紀に登場する土蜘蛛は、アイヌではないかと考えた。

・扁平脛骨も、古いというよりむしろアイヌとの関係を考えた。

・食人風習について、多くの書物からアイヌが完全に征服されるまでの二〇～三〇年間、その祖先はひじょうに残酷な性格で、食人の可能性もあると考えた（一六七頁）。

結果、吉岡は下のようにまとめている。

アイヌ……貝塚、縄文土器、石器

コロポクグル……竪穴、オホーツク式土器、石器

住民の交代について

北海道……竪穴住民（コロポクグル）→アイヌ→日本人

内　地……アイヌ↓日本人

かつて、日本全土にアイヌが住み、北海道にはコロポクグルが住んでいた。やがて内地に日本人が侵入し、アイヌは追われて次第に北上し、挙げ句北海道の竪穴住民の領域に侵入したので、竪穴住民（コロボックル）はアイヌに追われて、おそらく千島を経てカムチャッカ方面へ移動した（一一一頁）。これがミルンの結論である。

坪井たちの活躍以前の、コロボックルを含めた代表的な人種に対する見解である。

3　グリフィスの考え

グリフィス（William Elliot Griffis（1843 ― 1928））は、フィラデルフィアに生まれ一八七〇（明治三）年福井藩に招かれて来日し、同年新政府に雇われて東京大学の前身である南校で化学を教えた。一八七六（明治九）年の "The Mikado, s Emprire"（皇国）は、上下二巻の大冊で、その第二章 "The Aborigines"（原人）の項に、日本人種に関わる重要な所見を述べる。[34]

なぜこの人を取り上げたかは、次に述べる三宅の『日本史学提要』に、多くのページを割くほどの影響を与えているからに他ならない。以下の要約はそれに基づく。

彼は日本への人類の定着に、二段階を想定した。まず日本人登場以前の人種の移動を、日本列島の地理的位置や海流の状況から推測した。北方から蛮人＝アイヌ（の祖先）が南下して遂に本邦を占める一方、四国九州は南方の南亜細亜（マレー群島方面）からの漂着者が雑居していた（二八頁）。次の段階に、攻撃者＝「神祖」が天より降りはじめた。攻撃者（日本人）はまず九州四国の「土蕃」（原住民）を征服し、本島に渡ってアイヌ（の祖先）も征服し、都を京都近傍に置いた。ただしアイヌはすぐに服従したわけではなく、数百年間の戦いの後にようやく制圧されたとした。

この征服の際に起こった「外血ノ混合」、すなわち日本人種混血説こそ、彼の考えの大きな特徴となっている。

　日本人の容貌に二種の別あるが如し

と違いを認め、その一を

　　南方即ち倭種

もう一を

　　北方即ち夷種（ただし今のアイヌとは異なるところが多い）

とした上、

　　古代本島を占めたりしアイノの今の日本人種過半の祖先たるは疑なかるべし（二九頁）

と述べ、日本人種形成にアイヌも重要な要素となったとする、独自な主張を展開した。なお容貌の違いに由来するこの二種は、上流社会に優勢なヤマト型と、農家や労働者に多い北方型（アイヌ型）とも分類されて、影響力を広げていった[35]。

　さて、アイヌを日本人の重要な構成要素とする背景には、

　　アイヌ語を日本語の祖語とする見解があった

からという[36]。また、アイヌにアメリカンインディアンとの近縁関係を想定するが、これはモースの見解と良く似ている。

　グリフィスの考えに刺激を受けた三宅であったが、アイヌを本島最初の住民とすること、日本人にアイヌの血が混じること、アイヌ語を日本語の祖語とすることには異議を挟んだ。

　こうした　欧米科学者の見解をながめつつ、いよいよ日本の青年たちが自らのルーツについて、議論を始めることになってゆく。

4　コロボックルが坪井たちの話題にのぼる

此集会では、「コロポツクル」や「アイヌ」の話だの、石器土器などの話で持ちきつていてとは、一八八四（明治一七）年頃の有坂鉊蔵の回顧である。(37) 坪井が理学部の学生当時、佐藤勇太郎、細木松之助、白井、神保小虎、福家梅太郎など考古学・人類学に熱中した仲間達は、綜理加藤弘之に懇願し、寄り合いのために、一ツ橋大学三学部の二階の一角にその一室を用意してもらった。この一文は、そこでの光景を表した。

一八八〇（明治一三）年札幌農学校に入学、卒業後東京大学理学部動物学科に入学し、動物学教室の第三代教授であった箕作佳吉と、後に第四代教授となる飯島魁の下に学んだ渡瀬荘三郎（一八六二―一九二九）である。坪井たちの先の話題の発端こそ、この渡瀬が作った。

一八八四（明治一七）年一〇月一七日の「じんるいがくのとも」第二回の寄り合いで、渡瀬が「さっぽろ　きんばう　ぴっと（Pit）の　こと」と発表した（『よりあひのかきとめ二』）。札幌附近の遺跡や人種論にも言及したその際に、コロボックルが登場した。後、一八八六（明治一九）年の『人類学会報告』第一号に、「札幌近傍ピット其他古跡ノ事」として報告されるその内容の骨格は、すでにこの時できていた。ここで渡瀬は、①札幌には竪穴があり、ここから土器や石器が出土すること。しかし北海道のアイヌはそれらを用いず、また使った伝承も無いので、これらはアイヌの伝承中にあるコロボックルのものではないか。②記紀では蝦夷の穴居を伝えるが、アイヌは穴居しないので、蝦夷はアイヌではなくコロボックルのことである。これを理由に、土器・石器を使用して竪穴に住んだ人種に、コロボックルとの意見を述べた。

モースによる大森貝塚の報告・発表の興奮を受け、がぜん議論も白熱していた。ただし当初坪井は、たとえば『人類学会報告』第一号の「太古の土器と比べて貝塚と横穴の関係を述ぶ」では、貝塚土器を

アイノが造つたのだらうともコロボックルが造つたのだらうとも言つて慥かは知れませんが我々の祖先ではな

く所謂蝦夷人の遺物だといふことは明です

と、まだコロボックルに特別の注意を払っていない。コロボックルの主張は、後の白井の論文以降である。

さて、論争の勃発までには以後一年の空白がある。この間に白井はコロボックル反対説の骨子を固め、そして坪井は自らの思考にもう一つの大きな刺激を受けた。もう一つとはモースの業績に加えての一つで、それこそが三宅の見解だった。

ミルンの説に強く影響されていると思われる渡瀬の説に白井が猛然と反論したのもうなずけるのであると、工藤は白井がコロボックル論争の口火を切ったその直接の原因を、渡瀬に求めた。(38) しかしそれが確かかどうかは分からない。坪井が論争に加わる前、むしろ三宅にむかったのではなかったか。

この間坪井も、三宅の一書に大いなる啓蒙と刺激を受けたと想像する。実はこの一年の空白期間こそ、三宅の『日本史学提要』の発行の時と重なっている。

白井にまた坪井に、一献を与えたこの三宅の一書の検討は不可欠である。

第二節　三宅米吉の『日本史学提要』の意義

一　驚愕の内容

1　国粋主義的人種観とは

三宅の論説に入る前に、当時の国粋主義的な人種観について、簡単に整理しておく必要がある。天皇の神聖性は神話に確かな根拠を置いて間違いなく、よって国民が天皇に忠節をつくすことは、当然の如くの義務とした。明治憲法体制もこのことを明記して、国民の一体性を促した。万世一系、当然日本人種は単一純血、を旨とした。

凡そ此国中の人種は、一人として神の御裔孫にあらざるはなく

との内藤恥叟（ないとうちそう）の一文は、このことを端的に象徴している。(39)

そして明治維新政府は、モースによる大森貝塚発掘の四年前の一八七三（明治六）年、記紀に基づく「神武天皇」即位の日を、「紀元節」として制定していた。天皇を中心とした日本国成立の紀元元年であるかのごとく、国民の多くは疑わなかった。

しかし明治の前半期といえども、記紀にみられるような、極めて寓話的な日本人種論への疑問や、限界性への認識はなかったのだろうか。科学の力がどこまで及び、許される可能性があったのか。

この点について、久米邦武（一八三九－一九三一）と鳥居龍蔵（一八七〇－一九五三）のやり取りが興味深いので紹介して、その状況を確認しておく。その前に、この二人を紹介する。久米は、久米邦武筆禍事件のその人である。記紀を神聖視することなく、実証主義の立場を貫く久米は、東京帝国大学の教授として在職中の一八九二（明治二五）年、神道は天を祭る古俗にすぎず、神道や国体を墨守していては文明開化に遅れる、との内容の論文「神道ハ祭天ノ古俗」を、雑誌『史海』第八号に転載し（初出は一八九一年『史学雑誌』二編二三号～二五号）、神道家の攻撃を受けて辞職した。

一方鳥居は徳島県に生まれ、小学校に入学するも学校嫌いで中退したが、独学で人類学を学んで坪井の目に止まり、上京して東京帝国大学の人類学教室と関係を持つ。坪井に続く第二代目の人類学教室主任となるが、やがて松村瞭との因縁の中で、一九二四（大正一三）年に辞職した。フィールドワークの広さはずば抜け、多くの業績を築き遺した。

さて久米は『日本古代史』(40)で、

是までの俗伝には日本は国土も人民も元はみな伊弉諾（いざなぎ）、伊弉冉（いざなみ）二尊より生まれ、其人種の繁栄したるものにして、他に比類なき国と誇りたれど、かかる談は今は科学の下に烟と消えたり

と、天晴れな書きっぷりで問題の核心に切り込んだ。
すかさず応えた鳥居である。

この言はいわゆる無駄口であって、むしろいわれぬ方が奥ゆかしい。日本民族が二尊から生まれたということは、もとより事実ではない。けれども、このことが別に科学上から価値のないのであろうか。「歴史」の立場から見れば、無論、価値がないのは明らかである。けれどももしそれ神話学、比較童話学、民族心理学、社会学、人種学、文学史、言語学、比較宗教学、民族史等の立場から見れば、少しも差しつかえのないことであって、むしろ大切なる材料である。久米氏よ、民族の歴史は、決して単に「事実」上のことのみでは解せられぬのであって、なお心理的状態なども加わらねばならぬのである(41)

だから、「心理的状態」とは抽象的な表現であるが、民族意識とでもいえるこれを汲んだ人類学・歴史学こそであらねばならぬ、と言いたげである。記紀の記述にそぐうような、あるいはそれに矛盾せぬ歴史の構築が、民族意識にそぐう形で進行すべきと換言できよう。若干の本音と建て前があったとしても、欧米学者さえもがそうであったように、古典の記述は基本的には正しいと、そのことを当然とする状況だった。

そうした中での、三宅の発言は異色と言える。

2　三宅の真髄

「古伝」による非科学的な歴史を克服すべく、考古学・人類学・地質学などの諸学の研究を踏まえ、
開闢のことは通常歴史より逐いだすべし
の心意気に燃える三宅がその精神で、一八八六（明治一九）年一月『日本史学提要』第一編（普及舎）を上梓した（第12図）。当時にあって全く異色といえる歴史書だった。まさに開闢の歴史が古典とは無縁に叙述され、人種問題にも堂々の科

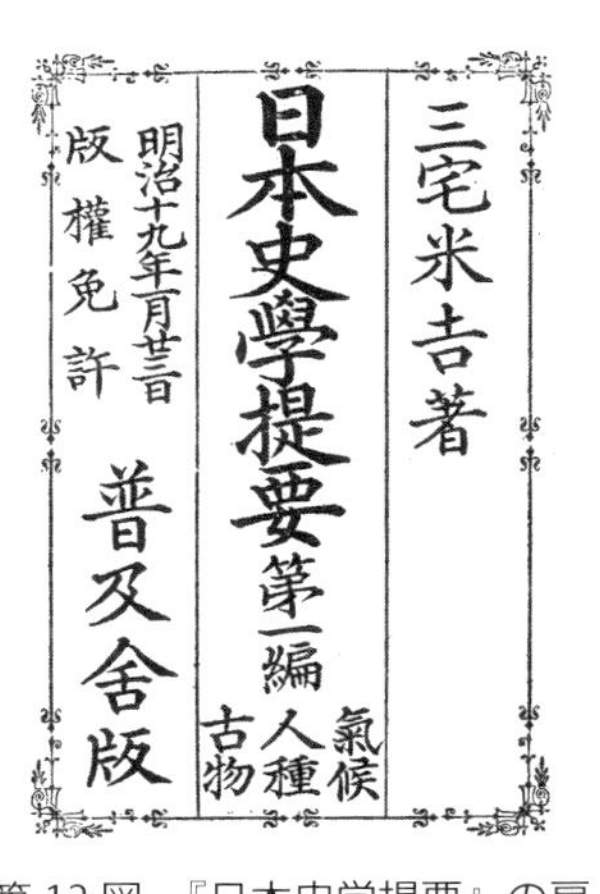

第12図　『日本史学提要』の扉

学論を展開している。

その「緒言」にいう。従来の史書を

唯社会の一部分即ち政府及び王室にのみ眼を着けて社会全体に頓着せざれば（一頁）

と切り捨てて、一九世紀の学問世界が大進歩した今、よって

古の如く唯に史乗（歴史書 ― 筆者註）に存する丈けの事実を知るのみにて満足せず、種々の方法によりて、過去に属する事蹟全体を盡（つく）して、以て人類開進の大道、社会変遷の法則を稽査（けいさ）（考え調べること ― 筆者註）発見せんことを務むるに至れり（三頁）。

そのための手段も強烈だ。

従来の我国史編纂法を全く廃棄して、更らに以上挙ぐる所の理によりて、専ら社会進歩の大眼目に注意し、これが材料たる諸事蹟を撰択し、事々其原因結果を尋ね、相互の関係を明かにし、以て我国社会変遷の大要を示さんとす（一二頁）

さらに

古記録は古しと云ふとも猶人智大に進みたる世に始まりたるものにて、太古未開の世を詳かにせざれば籍りて以て広く考究の用に供へ難く（中略）古記録は不充分にして（一八～一九頁）

と駄目押しし、太古の様子は遺跡遺物や海外の成果からこそ知りうるものと訴えた。

ただしその作業には困難を伴うとして、臨む姿勢にまで解説する。

先づこれが材料を蒐聚するに許多の時日を要するのみならず、之を蒐聚したる上、其真偽を判断して取捨せざ

> るべからず、万国の史乗に対照せざるべからず、諸学の理説を参考せざる可からず、先輩の説を批難せざるべからず、今日の僻論（へきろん）（筋の通らない論－筆者註）に反対せざるべからず（一二頁）

「せざるべからず」とはつまり「しなければならない」であり、従来の考え方に、覚悟を決めた批判的な姿勢を表明する。国体論者の烈火の怒りが目に浮かぶ。

こうしてできた一書である。「先輩の説を批難」、「僻論に反対」と過激といえる表現に、むしろ

> 学問にとって方法論の自覚と理論闘争のもつ重要性がはっきりと意識されているのである[42]

との評価に光る。

三宅は、「神代ノ末裔」観という非科学的な歴史観に立って神話と歴史とを結びつけることをはっきり批判した[43]ことと、

> 日本史を世界史の一部分として見る（五頁）

との精神に貫かれる、この二つの点も忘れてならない。この点を踏まえて、以下本論の内容に入ってゆきたい。

3　列島への伝播のルート

『日本史学提要』は全二五編の予定で始まったという。ただし、刊行は最初の一冊だけで終わってしまった。いわばシリーズの第一編たる本書では、日本の位置・気候・動植物および「我国人の起源を説明」し、

> 後第二編より歴史本部に入て、史ありてより今日に至るまでの間に起れる重要なる事跡を逐次詳説せんとす（一四頁）

と構想された。

第二章「本邦太古人民ニ就テノ想像説」で、海中に孤立したこの列島への人の流入ルートが考察される。

我島はハ理学上所謂大陸附属島ト称スル者ノ如ク、亜細亜大陸ノ東岸ニ近接シ、或部分ニ於テハ殆ンドコレト連続シテ僅カニ分離シ、時ノ数千或ハ数万年以前ニ在テハ此島ト彼岸ト全ク相連続セシコトノアリシガ如キ様ハ、地図ヲ閲スルモノノ必気付クベキコトナリ（一九頁）

具体的に四つのルートを提示する。北海道は、千島がカムチャッカ半島に連なり、また樺太とも連なって大陸と接続するルートとしての二つ。九州北部は壱岐・対馬と連なって朝鮮半島に連なるルート。九州南部では大隅・薩摩から種子島、屋久島、沖縄などの諸島を通して東インド諸島に繋がるルート。この四つである。

四路線ノ何レカヲ取リテ以テ我国古代人類ノ出入ノ路トス（二〇頁）

ただし、いくつかの論拠を挙げて

四路線中大陸ト地続ナリシコトノ最実ラシキモノハ唯樺多（太―筆者註）ノ一路線ノミナリ（二〇頁）

とし、またこのルートは必ずしも陸続きではなかったとしても

樺太ノミ地続又ハ凍結ニヨリテ大陸ト連続セシコトアリシ（二二頁）

と補足してこのルートを地理的にはもっとも強い可能性とした。

しかしだからといって人類の来た路は

決シテ此一線路ニ限ラザルベシ（二二頁）

とし、

既ニ舟筏ヲ造ルノ智、波濤ヲ凌グノ勇アル以上ハ、我島四周何レノ処カ亦外来者ヲ拒マン

と、この四ルートのいずれにも人類の来た可能性を確認している。

日本列島を太平洋や東北・東南アジアの中に置いて認識すべしは、まさに科学的精神そのもので、日本人の起源も広く太平洋・アジア地域に視点を置いて追求してゆく。

4　蝦夷アイヌは何所から来たか

　蝦夷人ハ吾人ノ先祖ニ先テ北方ヨリ此群島ニ入リ来リ、少クトモ我本島ノ東部ノ大半ヲ占領シタルナルベシ（二四〜二五頁）

やがて、日本人が西方に起こって東方に延び、しばしば蝦夷と闘い、ついに全島を占めるに至ったことは間違いない。しかし、

　蝦夷ノ何地ヨリ来リ、如何ニシテ我島ノ北部ヲ占メタルカニ就テハ、信拠スベキ言ヒ伝ヘ更ラニナシ（九五頁）

つまり何所から来たのか良くわからない、という。例えば千島から来たとするような説もあるが、其の容貌や風俗は共通してはいない、と認識していた。

　ならば白皙（はくせき）（白い肌）人種との説に対し、

　然レドモ実ニ蝦夷ハ今日世界中ニ其同類ヲ有セザルモノト云フベシ（九七頁）

と、ここにも決定的な根拠はなかった。

　三宅は、蝦夷人（アイヌ）は北方から来て、九州四国にはマレー系人種の影響を強くした、というグリフィスの視点を評価しつつも、ただしアイヌが本州全域に最初に住んだ人種であるとの認識には疑問を抱いた。その点はモースの以下の点を支持するのであり、アイヌに先立つ別人種の存在を想定していた。

- ・アイヌは北から来て本州にも広がる。
- ・日本人が南より来てアイヌを追う。
- ・アイヌが本島最初の住民ではない。史伝にはないが、すでに大森貝塚を残した人種＝土蕃が住んでいた。
- ・アイヌ以前の人種の特徴として、金属器を知らず少々の石器や土器（「優れたる土器師なり」（三一頁）と表現）を使った。
- ・日本人種との違いとして、日本人種は勾玉を持つがそれがない。そして食人の風習は、日本人にはないがアイヌ

以前の人種は持っていた。なおアイヌにも食人風習のあったことを認めてはいた。

さらに、アイヌ説をとるミルンの考えの一つ一つにも反論を加える一方で、

大体ニ於テハ其ノ当ヲ得タルモノト思ハルルナリ（三三頁）

とはモースを指して、大いに支持した。結果的に三宅は、貝塚を遺した人種は、日本人以前のアイヌ以前のプレ・アイヌと考えた。

さて、次の発言に目が留まる。

もうるす氏ガ大森介墟ノ発見ハ実ニ我国古代ノ有様ヲ穿鑿スルノ途ニ於テ大ナル助ヲ与ヘタルモノニシテ吾輩ノ最感謝スル所ナリ（三三頁）

と。モースに最大級の賛辞を送った三宅であった。先に、白井がコロボックル説に強く否定を表明した矛先こそ、三宅ではなかったかとした由縁がこれである。白井にすれば、モースの説を採用するなどとんでもなく、評価する三宅の我慢ならない言句、と映ったと推測している。一方坪井とは、スタンスを同じくした三宅であった。

5　蝦夷と東夷と土蜘蛛と

蝦夷＝アイヌの広がりから、広く列島の人種に言及してゆく。

我国史ニ始メテ蝦夷ト云フ名ノ見エタルハ日本書紀第七巻景行天皇ノ條（三八頁）

にあり、

コレニヨレバ当時蝦夷ハ常陸ノ国ヨリ東北ニ蔓延セシモノノ如シ（三九頁）

を根拠に、アイヌはグリフィスやモースのいうように、北方から来たものであろうけれど、そのひろがりは本島の中央より東までで、西には及んでいないと考えた。

余ハ蝦夷ハ本島東北ニ限ルト云フナリ

あるいは、蝦夷は

決シテ全島ヲ占メザリシコトノ疑フベキニアラズ（四一頁）

と表現している。次のような根拠も示す。もし広く存在していたならば、『日本書紀』の「景行紀」以前にも記載があるべきであるが、「景行紀」に至って蝦夷の記述を特筆するのはおかしいと。(44) さらに「景行紀」には、東夷の中でもっとも強いのが蝦夷であるとの記述があって、つまり蝦夷とは異なる東夷の存在をこそ示すもの、と考えた。

さてここに、東夷に相当する、西南の地に存在すべき人種が必要となる。その蝦夷以外の東夷とは何者か。「吾等の祖先」（日本人）や「蝦夷の北方より入り来りし以前、既に全島に蔓延してありし人種」こそ、モースのいうアイヌ以前の別人種とした。そして、『日本書紀』『古事記』に登場する「土蜘蛛」とも絡めて、下記のように整理した（四二頁）。東夷＝土蕃（「余は之を土蕃と称す」）＝土蜘蛛＝プレ・アイヌ（貝墟積成人）。

そして、記紀にみられる国巣・八掬脛（やつかはぎ）・佐伯、などもすべて土蜘蛛の別名と理解した。

その土蜘蛛と蝦夷の関係も、次のように説明する。かつて土蜘蛛は遠く北部にまで広がっていたが→蝦夷のために追いやられて常陸以南に限られる。そして土蜘蛛は

今ヨリ三千年内外ノ古ヘ我島中ニ蔓延シテアリシモノナリ（五六頁）

と、これはミルンの説を引用して年代観にも言及している（一〇八頁）。

それではそもそも、東夷＝土蕃＝土蜘蛛＝プレ・アイヌ（貝墟積成人）は何人種なのか。核心に迫る。「マレー人種（原文では「まれい人種」と表記）」または「類似黒奴」と結論付けた。

黒潮に乗り海を渡って蔓延することは容易であって、九州四国に漂流した。人種の詳細も触れている。マレー人種とは、東インド・オーストラリア・太平洋諸島人民の総称で、マレー本部、類似黒奴およびポリネシアンに細分でき

る。そのなかでも「類似黒奴」の一派、別名「パプア人種」と考えた。先の四つのルートの一つである。なおミルンは、北海道に遺物が多く本州の特に西部に少ない点から、それを蝦夷の作と考えた。一方アイヌの広がりは本州東部までで、

余ハコレラノ器物ヲ以テ蝦夷人ノ物トハナサザルナリ（一一三頁）

と、その遺物を残したアイヌ以前の住民こそが全土に広がっていた、と考える三宅の解釈が次である。

南部ハ耕作者早ク行届テ片地モ余スナキマデ地面ヲ攪拌セリ（一一二頁）

ゆえに本州西部には少なく、北海道には開墾が及んでいないため多いまでのことと、当然全土にあったはずだと見通した。列島全体に足跡を残したはずの土蕃＝土蜘蛛の痕跡が、西に薄く東に厚い理由を、その後の開拓の過程による消滅とする説明は、後章で触れる竪穴住居の本州での存否問題と似た解釈として興味深い。

コロボックルについての三宅の考えを、ここの最後に触れておく。蝦夷の言い伝えに

異人種ニ遭ヒ之ト闘ヒテ遂ニ其種ヲ滅ボシテ其地ヲ占領セリト（九九頁）

蝦夷に征服された人種こそ、コロポクグルであることを認識する。ブラキストン(45)やミルンの所見を入れながら、穴居する、身の丈小さい、矢の根を使うなどの人種と認識していた。

具体的に

蝦夷トハ別種ニシテ、今ノ千島ノ土人及ビ樺太、かむちゃつかノ土人ニ関係アルモノナルベシ（一〇三頁）

と、将来の研究の方向性も示唆していた。

6　日本人は「数原素ヨリ成来」

では日本人種についてはどうか。

本邦現在ノ人民ハ先之ヲ大別スレバ日本人蝦夷人ノ二種ヨリ成ル（一二三頁）

または

日本人ノ成来ヲ説クニ当テハ姑ラク蝦夷ヲ外ニシテ可ナリ（九五頁）

と、まず日本国には日本人とアイヌの二人種の存在を明として、かつ両者の交わり無きことも明とした。根拠を

蝦夷人ト日本人トノ区別ハ其ノ容貌体格ニ於テ著シキ（二四頁）

と、容貌の違いにこそアイヌと日本人の起源・歴史が分かれるとした。

そして日本人の成立には、複雑なる背景を想定した。その容貌や体格が

甚ダ種種ニシテ、一定スル所ナキ

故で、結果的に

決シテ単純ナル人種ニアラズシテ必ズ数原素ヨリ成来セルモノタルノ証ナリ（一二三頁）

と結論している。

「数原素ヨリ成来」とは独特な表現であるが、日本人を容貌などの多様から、大陸からの蒙古人種、南方太平洋からのマレー人種、類似黒奴、ポリネシア人種、さらにアメリカ大陸といえども

彼我ノ間甚懸隔セリト云フベカラズ（二四頁）

と言及して拒むことなく、(46) 可能性に含めている。少なくとも二種の交わりは間違いないと、次のように言う。

今ノ日本人中ニハ少ナクトモ二個ノ原種ヲ含メリ。其一ハ即チ蒙古人種ニシテ、此人種ノ朝鮮ヨリ渡リ来リシコトニ就テハ殆ント疑ナシ（九二頁）

で、もう一が旧土蕃とした人である。それが類似黒奴かまれい種かは確かでないが、いずれ非蒙古の南方人種で、この二種の交わりである。堂々と混合民族説を主張した。

三宅はもちろん

太古ノ有様ヲ穿鑿スルニ一意（いちい）ニ史乗ニ信ヲ措クベカラザルハ言ヲ待タザルナリ、殊ニ神代ノ如キハ最モ然リトス（八〇頁）

との姿勢を貫く。ただし多少は気にかけた。

神代記ヲ読ムニ、其徹頭徹尾吾人先祖ノ海外ヨリ渡リ来リシト云フ意ヲ表セリ、勿論アカラサマニハアラ子ドモ、一々意味ヲ分解スレバ、此意明瞭ナリ（八〇頁）

と。

三宅の科学的な考察所見は、古典の意味解釈をも巧みに操り、真実の方向へ向けてゆく。そして、日本人種の純潔性に切り込んだ。

月ヲ重子年ヲ積テ蒙古人漸ク地ヲ取リ土民ヲ服従セシメ、両人種ノ間柄モ漸ク親密ヲ加ヘ（九二頁）

と記すように、血の交わりを訴える。先住民との、ある意味友好的な関係など信じがたき当時である。三宅の凄さは、先住民の血も日本人に交わっているのだという、このことである。

縄文人と弥生人の交わりと言う、今にして疑いようの無い事実であっても明治のその時、しかも先住民との関係で述べた三宅に、改めて科学者としての精神を十二分に汲み取りたい。

二　現代的な評価と知られざる一面

1　『日本史学提要』の評価

私たちが三宅の講義をきいた頃には三宅はすでに日本考古学界の第一線研究者ではなかったと思われるが、その講義はユニークなものであった。教壇の上に考古学的発掘品をあれこれ並べて、考古学なんか何も知らず、天孫降臨から初まる国定教科書的日本史を教えられてきた師範学校の卒業生のどぎもを抜くものであった。三宅の教えを受けた、梅根悟の回想である。(47)

「太古有史以前」の歴史と「史ありてより今日に至るまで」の歴史とを区別し、その方法のちがいを自覚的に追求することを提起する(48)

内容で、その姿勢は日本歴史を科学的に構築しようとする

当時おこりつつあったスペンサーの受容の「志向」を「決着」させたものといわれている(49)

まさにこのことを

開闢ノコトハ通常歴史ヨリ逐イダスベシ

というのだろう。一言で言うとその実践の一書であった。

目論見は見事に成功したと評される。「考古学的研究を史学に適用した最初の論文」(50)からはじまって、今なお「最高峰として、高い学的評価を受けるに値するもの」(51)あるいは、「史学独立宣言文」(52)といわれる評価は、何れ褪せることはないだろう。

歴史学と歴史教育を「政府の奴隷」から解放することにとりくみ

一貫して日本をアジア史のなかにおき、さらに世界史のなかにおいてとらえることを主張した(53)

三宅の、まさに歴史学者としての精神に貫かれた歴史書だった。

さて、先述のとおり本論二五編を予定された『日本史学提要』であったが、ついぞ刊行はこの一冊だけに終わった。このいきさつについては、その内容からして国体主義者からの強い弾圧によるものとの憶測を多くする。しかし一方で、別の見方も紹介しておく。三宅は刊行の一八八六（明治一九）年、教育事業視察のために米国に渡り翌八七年四月には英国に渡って、翌八八年四月に帰国した。その外遊中のことである。

そのころ油然として勃興しつつあったヨーロッパのエジプト学・アッシリア学の雰囲気に直触し、そこに齎らされたおびただしい発掘遺物を詳しく観察するにおよび、彼の学問的境位はにわかにひらけ、さきの処女作『提要』のごときも、新たな視野のもとにおのずから再検討せざるを得なくなり、かくて、その大成をしばらく後日に委ねるのほかなかったというのが、中絶の理由であったかと思われると。これは三宅に直接の教えを受けた、木代修一の見方である。(54)

2　もう一つの気になる一文、「より古き時代が日本にあった」

『日本史学提要』の最後に、三宅は大変気になることを書いていた。土蜘蛛以前の住民に関する記述である。黒潮や台風による環境も手伝って、南太平洋の数千もの諸島の多くには古くから漂流拡散した人びとが暮らしを始めた、とする場面。

　黒奴ハまれい人ニ先テコレラノ島々ヲ占メ居タルモノナラン（六〇頁）

ひいては

　我島ニ人類ノ入リ来リシハ尤モ古キコトナレバ、モシ南海ヨリ人類ノ我島ニ入来リテ繁殖セシコトアリシナラバ、ソハ此黒奴ニアラザルヲ得ザルナリ（六〇頁）

土蜘蛛以前の古きに、この黒奴が日本に住んだ最初の住民の可能性も示唆するのである。その理由を次のように、主には外見に基づいていた。

　顧テ本邦現今ノ人種ヲ見レバ其大体ハ固ヨリコレラノ人種ト異ナリト雖モ或部分ニ於テハ之ニ類似スルモノナキニアラズ、是以欧洲人ノ本邦人ヲ以テ黒人種又ハまれい人種トナスモノ少ナカラズ（六一頁）

さて、黒奴が日本に住んだその時期にも言及している。

我島ハ時ノ数千年以前ニ於テコレラノ人種ノ渡リ来リシコトアリシヤ疑ナシ（五八頁）

確信的に、数千年の古きの渡来を示した。なんと驚くべき事ではあるまいか。やがて三千年ほど前、土蜘蛛と呼ばれたパプア人が入ってきて、ようやく国史に登場することになったと続く、極めて大胆なストーリーを描き出す。後来のパプア人と黒奴との関係については触れられてないが、実に大変なことを言っていた。数千年という数字は、当時にしていかにも古い。この点を説明するかのような記述が本書の最後に登場する。最終章の表題が「太古ノ器物」。貝塚出土の、石器を中心とする遺物の解説である。

サア、ジョン、ルボック氏曰ク「石器時代ノ人民ニ就テハ猶ホ穿鑿考究スベキコト多シト雖モ、既ニ確メラレタル事実ハ恰モ巧ナル画工ノ二三ノ墨痕ノ如ク甚ダ少ナシト雖モ以テ全体ノ輪郭ヲ示スニ足ル、コレヲ基礎トシテ其未ダ書カザル所ニ想像ヲ填ムレバ云々」トテ、デンマルク古代ノ人民ニ就テ其有様ノ大略ヲ掲ゲラレタリ。我国古代ノ人民ノ有様モ上ニ掲グル所ノ器物ノ大略ヨリ想像スレバ思ヒ半ニ過グルアルベシ（一一五頁）。

この引用した一文は「ぷれひすとりつく、たいむす」ともある。

考古学研究史上に不朽の業績を残した、ジョン・ラボック（Sir John Lubbock（1834. 4. 30 − 1913. 5. 28））[55]である。一八六五年の“Pre-historic Times, as Illustrated by Ancient Remains, and the Manners and Customs of Modern Savages”で、石器時代はこの時から、旧石器時代（Palaeolithic）と新石器時代（Neolithic）の二つに分かれた。チャールズ・ダーウィンと幅広く交流し、広大な敷地の隣にダーウィンの住まいがあった、といわれる。

三宅はこの本を読んでいた。そして日本列島には、数千年の昔に人の住んだ可能性つまり、「より古き時代が日本にあった」ことを想定した。「思ヒ半」のその表現の中に、旧石器についてはまだ知られていないがきっとある、その時列島の新たな歴史が見えてくる、の思いが籠もると推測するのは違うだろうか。さりげなく書かれたこの一文に、今改めて注意を向けたい。実に重大な意味を有するこの三宅の発言。追求の意義は学史に関わる。

註

（1）二枚の殻を持つ、海産の底生無脊椎動物。シャミセンガイ、チョウチンガイなどと呼ばれるものを含む。二枚貝に似るが、体性は大きく異なり、貝類を含む軟体動物門ではなく、今では独立の腕足動物門に分類される。

（2）当時発掘調査に参加した人たちについて、分かる範囲で紹介しておく。

外山正一　化学科出身。後東京帝大総長、文部大臣を歴任。モース招聘の主役といわれる（磯野直秀『モースその日その日』有隣堂、七〇頁）。

矢田部良吉　モース来日時の、生物学科植物学教授。大森貝塚報告書を邦訳。

佐々木忠治郎　明治一一年七月、動物採集行の折りに茨城県陸平貝塚を発見。同年秋から翌年初め、一年下の飯島魁とともに調査。報告書も刊行。しかし後、動物学に専心。

松浦佐用彦　佐々木と同期で、生物学科第一回生。明治一一年急逝。

福与一のことは分からない。

（3）吉岡郁夫　一九八七『日本人種論争の幕あけ』共立出版、四二頁

（4）吉岡郁夫　一九八七『日本人種論争の幕あけ』共立出版、六四頁

（5）『ポピュラー・サイエンス・マンスリー』（第一四巻　一八七九）に、「日本太古の民の足跡」と発表された（近藤義郎・佐原真一九八三『大森貝塚』岩波書店再録、一五〇頁）。

（6）『なまいき新聞』第三号（明治一一年七月六日）に書かれる（近藤義郎・佐原真一九八三『大森貝塚』岩波書店再録、一三二頁）。なお、『なまいき新聞』の内容を、この後も度々引用するので、そのことについて補足しておく。本文中でも触れた浅草井生村楼で、モースは一八七八（明治一一）年六月三〇日に大森貝塚の講演を行った。この概要を取り上げた新聞で、同年七月にその第三・四・五号に連載された。その後、西野元は「小中村清矩筆記『米国人モールス氏演説聞書』について—明治一一年六月三〇日浅草井生村楼における講演記録—」（一九九一『筑波大学先史学・考古学研究』第二号）に、実際にその講演を

聴いた、小中村清矩（こなかむらきよのり）の詳細な手記を紹介し、新聞との若干の違いを指摘する。特に、後にも問題となるモースの日本の歴史記録の上限年代を、報告書では「二千五百年位前」となる点について、新聞では「三千年」となっている。小中村の記録には「二千年」とあり、報告書を改竄であるとする戸沢充則（一九七七「日本考古学元年をおおった黒い影」『考古学研究』第二四巻第三・四号）の妥当性などを指摘するなど、貴重な資料として注目出来る。

（7）松村任三　一九二六「江ノ島滞在中のモールス博士」『人類学雑誌』第四一巻第二号、五六頁

（8）E・S・モース　一八八〇「最近の出版物 ― 日本考古学に関する新刊 ―」『アメリカン・ナチュラリスト』第一四巻に書かれる（近藤義郎・佐原真一九八三『大森貝塚』岩波書店再録、一八二頁）

（9）シーボルトについては第三章で詳しく触れる。

（10）石川千代松　一九二六「嗟呼モールス先生」『人類学雑誌』第四一巻第二号、五〇頁

（11）前掲（10）に同じ。

（12）「モールス氏考古学演説備忘録」は、白井が手帖に書き留めたメモで、後「モールス先生と其の講演」（一九二六『人類学雑誌』第四一巻第二号）に活字とされる。

多分生物学会に於ける演説なりしならん

と記すその生物学会での講演は、一八七九（明治一二）年一月五日、一八八二（明治一五）年六月三〇日、同年一一月一八日と三回の記録があり、そのいずれであるかは分からない。

（13）白井光太郎　一九一三「故坪井会長を悼む」『人類学雑誌』第二八巻第一一号、六五九頁

（14）三宅宗悦　一九三二「日本石器時代人は巨人（小人）だったらうか」『ドルメン』創刊号　岡書院、二六頁

（15）吉岡郁夫　一九八七『日本人種論争の幕あけ』共立出版、八九頁

（16）『なまいき新聞』第四号（明治一一年七月一三日）（近藤義郎・佐原真一九八三『大森貝塚』岩波書店再録、一三四頁）

（17）『なまいき新聞』第五号（明治一一年七月二〇日）（近藤義郎・佐原真一九八三『大森貝塚』岩波書店再録、一三五頁）

(18) 工藤雅樹　一九七九『研究史　日本人種論』吉川弘文館、五四頁
(19) 吉岡郁夫　一九八七『日本人種論争の幕あけ』共立出版、一一一頁
(20) 一八七九『ポピュラー・サイエンス・マンスリー』第一四巻（近藤義郎・佐原真一九八三『大森貝塚』岩波書店再掲、一三六頁）
(21) 勅使河原彰氏に的確なご教示を戴いた。なお解説に当たった近藤・佐原も、
　日本の歴史が文献によって一五〇〇〜二〇〇〇年前にさかのぼるとし、日本の貝塚がそれより古いことを示唆する（二〇二頁）
と書いている。
(22) M,S（白井光太郎）「コロボックル果シテ北海道ニ住ミシヤ」『東京人類学会報告』第一一号、七二頁。また、フレデリック・ヂィッキンスも、モースの先史時代説に意義を唱えた。土器は二流品の万古焼きで、石器も貝塚の古さの決め手にならず、武蔵や相模の最近の貝塚さえ海岸から遠く離れて位置し、まして大森貝塚は海岸に近いので古くはない、一四〜一五世紀までアイヌが住んで居た事を考慮すれば、一三〜一四世紀以降の所産と考え、批判した。
(23) 一八七九『ポピュラー・サイエンス・マンスリー』第一四巻（近藤義郎・佐原真一九八三『大森貝塚』岩波書店再録、一四八頁）
(24) 『なまいき新聞』第三号（明治一一年七月六日）（近藤義郎・佐原真一九八三『大森貝塚』岩波書店再録、一三二頁）
(25) 前掲（16）に同じ。
(26) 近藤義郎・佐原真　一九八三『大森貝塚』岩波書店、四六頁
(27) 近藤義郎・佐原真　一九八三『大森貝塚』岩波書店、一八五〜一八七頁
(28) 坪井正五郎　一八八六「東京近傍貝塚総論」『東京地学協会報告』第八年第四号（一九七二『日本考古学選集二　坪井正五郎集　上』築地書館再録、以下はここからの引用）。
(29) 坪井正五郎　一八九五『コロボクル風俗考　第八回』（一九七二『日本考古学選集二　坪井正五郎集　上』築地書館再録、九〇頁）

(30) 小熊英二　一九九五『単一民族神話の起源』新曜社、三〇頁
(31) そのことを白井自ら、
安請合をやって跡で旨く行かないと非常に御迷惑なる事でありますから止めた
(「故坪井会長を悼む」『人類学雑誌』第二八巻一一号)
と書く。消極的な感じを受ける。
(32) 工藤雅樹　一九七九『研究史　日本人種論』吉川弘文館
(33) 瀬川拓郎　二〇一二『コロポックルとはだれか』新典社新書
(34) 工藤雅樹　一九七九『研究史　日本人種論』吉川弘文館、七五頁
(35) こうした見方はベルツの説に類似するがこのグリフィスの方が数年早く先行する
(工藤雅樹一九七九『研究史　日本人種論』吉川弘文館、七六頁)
との指摘がある。
(36) 工藤雅樹　一九七九『研究史　日本人種論』吉川弘文館、七七頁
(37) 有坂鉊蔵(一八六八―一九四一年)は一八八四年三月、坪井正五郎や白井光太郎らと、東京府本郷区向ヶ岡弥生町(現・東京都文京区)で、素焼きの壷を発見した。「弥生式」の由来の土器の発見者である。軍務に就くかたわら、東京帝国大学で工学部教授などを歴任した。この引用文は、有坂鉊蔵一九三九「人類学会の基因」『人類学雑誌』第五四巻第一号、一頁。
(38) 工藤雅樹　一九七九『研究史　日本人種論』吉川弘文館、八九頁
(39) 内藤恥叟　一八八八「国体発揮」(高須芳次郎編一九三三『水戸学全集　第五編』日東書院再録、三二五～三五八頁)
内藤恥叟(一八二七―一九〇三年)は、後期水戸学の思想と学風を堅持した歴史家で、帝国大学文科大学教授。
(40) 久米邦武　一九〇七『日本古代史』早稲田大学出版部
(41) 鳥居龍蔵　一九〇七「久米氏の『日本古代史』を読む」『太陽』一三巻八号(一九七六『鳥居龍蔵全集　第一二巻』朝日新

聞社再録）

（42）森田俊男　一九八一『開闢ノコトハ通常歴史ヨリ逐イダスベシ』民衆社、五二頁

（43）森田俊男　一九八一『開闢ノコトハ通常歴史ヨリ逐イダスベシ』民衆社、五七頁

（44）第一二代景行天皇の第二皇子が日本武尊で、西伐・東伐をなし、この時、朝廷は全国の支配を成し遂げたと日本書紀が伝える。古事記にこの記載はない。

（45）トーマス・ブレーキストン（Thomas Wright Blakiston（1832—1891））。イギリス出身の軍人・博物学者で、幕末から明治期にかけて日本に滞在した。津軽海峡の動物学的分布境界線の存在を指摘し、後ブラキストン線と命名されたことでよく知られている、その人である。

（46）『日本史学提要』第二章の書き出しを確認する。

太古に遡リテ、我国土ニ棲息セシ人類ハ吾人日本人ヲ以テ祖トナスカ、将タ吾人ニ先テ別人種ノ住ミシモノアリシカ、若コレアリシナラバ、ソハ如何ナル人種ニテアリシカ（一八頁）

と始まっていて、本文で触れたように後者の見解のなかでそのルートが追及された。そして本文中にも触れた、大陸との交通の出来る可能性を

時ノ数千或ハ数万年以前ニ在テハ此島ト彼岸ト全ク相接続セシコトノアリシガ如キ様（一九頁）

と表現している。列島住民の古さを、暗に示唆するようにも読み取れるが、であるとしたら、列島住民の起源にかかわる大変重要な指摘である。

（47）梅根　悟　一九八一「跋文　三宅米吉と教育学」（森田俊男一九八一『開闢ノコトハ通常歴史ヨリ逐イダスベシ』民衆社）

（48）前掲（42）に同じ。

（49）小澤栄一　一九六八『近代日本史学史の研究　明治編』吉川弘文館、三五三頁

（50）和田千吉　一九三二「本邦考古学界の回顧」『ドルメン』三号、一〇頁

(51) 岩井忠熊　一九六三「日本近代史学の形成」『岩波講座日本歴史　別巻Ⅰ』岩波書店、七二頁
(52) 小澤栄一　一九六八『近代日本史学史の研究　明治編』吉川弘文館、三五四頁
(53) 森田俊男　一九八一『開闢ノコトハ通常歴史ヨリ逐イダスベシ』民衆社、八三頁
(54) 木代修一　一九七四「学史における三宅米吉の業績」『日本考古学選集一　三宅米吉集』築地書館、八頁
(55) あえて、ラボックの命日を記した。坪井正五郎は、同年の二日前の五月二六日に亡くなったという、奇遇を示したかった。

第三章　横穴論とその論争

コロボックル論争が本格的に始まる前にあるいは若干並行しつつ、この横穴をめぐる小さな論争があった。白井光太郎と坪井正五郎の論文から取り上げられる傾向を強くするコロボックル論争も、実はここからと思えるほどの意義を有する。

埼玉県吉見百穴に代表されるような山腹に造られた横穴群の、その造られた時代や、墓穴かあるいは居住施設かという、いわば機能用途論をめぐる議論から始まるが、人種論と密接な関連をもっていた。考古学的資料に立脚した、坪井の考え方には目を見張る。引き続き具体的に起こるコロボックル論争へと理解を繋げ、あるいは白井との相違点も明確になる。

第一節　論争の経過

1　横穴と貝塚は同時代か

この議論に触れる前に、伏線にあたるような事実があるので、まず紹介しておきたい。

富士谷孝雄氏明治一六年一月一四日理学協会ニ於テ演述セラレタリ(1)

と記録があるので、この時恐らくそれを聴いていたのであろう。坪井と白井の二人は

教師富士谷孝雄氏ヨリ得タル所ノ書翰(2)

を持って、一八八三（明治一六）年八月四日、横浜の横穴「中村穴居」の調査にむかった。この時三基を確認し、そのことを白井が「武蔵国久良郡石川中村穴居記」とのレポートにまとめていた。このレポートはその時発表されることはなかったが、白井没後の遺稿整理中に発見され、一九三二（昭和七）年『ドルメン』六号に掲載されて、陽の目を見たといういきさつがある。この時の白井の所見を見ておきたい。

土窟ハ疑フ可サル所ノ古人穴居ノ遺跡ニシテ此介墟、土器及石器ハ其穴居人ノ作為セル所ナルヲ知レリ（一二頁）

横穴の中に遺物を全く認めなかったが、周囲に採集された土器・石器から、横穴を縄文時代と位置づけて、性格を「穴居遺跡」と判断していた。そしてこの時、確かに白井は

縄紋土器

と使っていた。(3)

横穴と貝塚が同じ時代の産物か、との議論が、一八八三（明治一六）年の富士谷孝雄による「中村穴居考」（『学芸志林』第一三巻）を契機として始まった。自ら調査した横浜の中村横穴と、富士塚と呼ばれる介墟（貝塚）の関係に触れている。両者は、かつては海水が及んだと思われる、今では枯れた「無水谷」に沿って近接して存在することから、同一時期と考えた。

窟住人ノ介墟積成人ト同種

というように、横穴に住んだ者が貝塚を残したと、いわばセットでの存在を想定した。後には三宅も、ほぼ富士谷の説に従っていた。(4)

さて翌年、坪井が最初に書いた論文に、ともに名を連ねた福家梅太郎も一枚かんだ。「穴居考」（一八八四『学芸志林』第一五巻）である。神奈川県生田村の横穴と、周辺の所見が興味深い。

中村穴居ノ近傍ニハ介墟存在セシトノコトナレバ余モ必ス此両村ニ之アルヘシト思惟シ其近方ハ勿論隣村マテ

ニ探索セシカト一個タモ発見スルコトナシ（二九一頁）

と、横穴の近くに貝塚は無いとの鋭い指摘は、つまり富士谷への疑問を意味した。他の横穴も見て歩き、そこでは土器・石器が近くにあるとの所見も得たので、

穴居セシ種属ト石器ヲ使用セシ種属とは自カラ相異ナレルモノカ但シ未ダ乎ナル証蹟ヲ得サルカ故ニ茲ニ明言スルニ由ナシ（二九六頁）

と、非常に冷静・慎重な結果を導いた。いわば朋友の、この冷静な姿勢に触発されたこともあったであろうか。坪井の発言が翌年である。

富士谷の説を「貝塚横穴同人種遺跡説」(5)と称し、異を唱えた坪井であった。横穴を造った者は貝塚積成人ではあり得ないと、以下の論文を示して論拠も述べる。

一八八五（明治一八）年五月五日の夜話会での講演「太古の土器を比べて貝塚と横穴の関係を述ぶ」（後一八八六『人類学会報告』創刊号に掲載）。貝塚土器、朝鮮土器などの年代に触れ、貝塚と横穴の造られた年代の違いを指摘して、富士谷の考えに反論した。

一八八七（明治二〇）年九月一一日、人類学会第三三回例会での講演「埼玉県横見郡黒岩村及び北吉見村横穴探究記」（『東京人類学会雑誌』第一九・二二号）。吉見横穴で八三、黒岩横穴で二〇の穴を丹念に調べ、入り道・中門・室・敷・方向等の構造を述べ、刀・金環・管玉・埴輪の出土を確認し、金属利器を用いた時代の所産であると、的確な年代観に言及した。

翌一八八八（明治二一）年一月「横穴の構造法を演べて其金器時代のものたる事を論ず」（『理学協会雑誌』六―四六（一九七二『日本考古学選集三　坪井正五郎集　下』築地書館再録。以下ここから引用））。構造の技術的な側面から鉄製工具との相関に触れ、築造を金属の出現した新しい時代であると明らかとして、改めて石器時代説を否定した（第13図）。

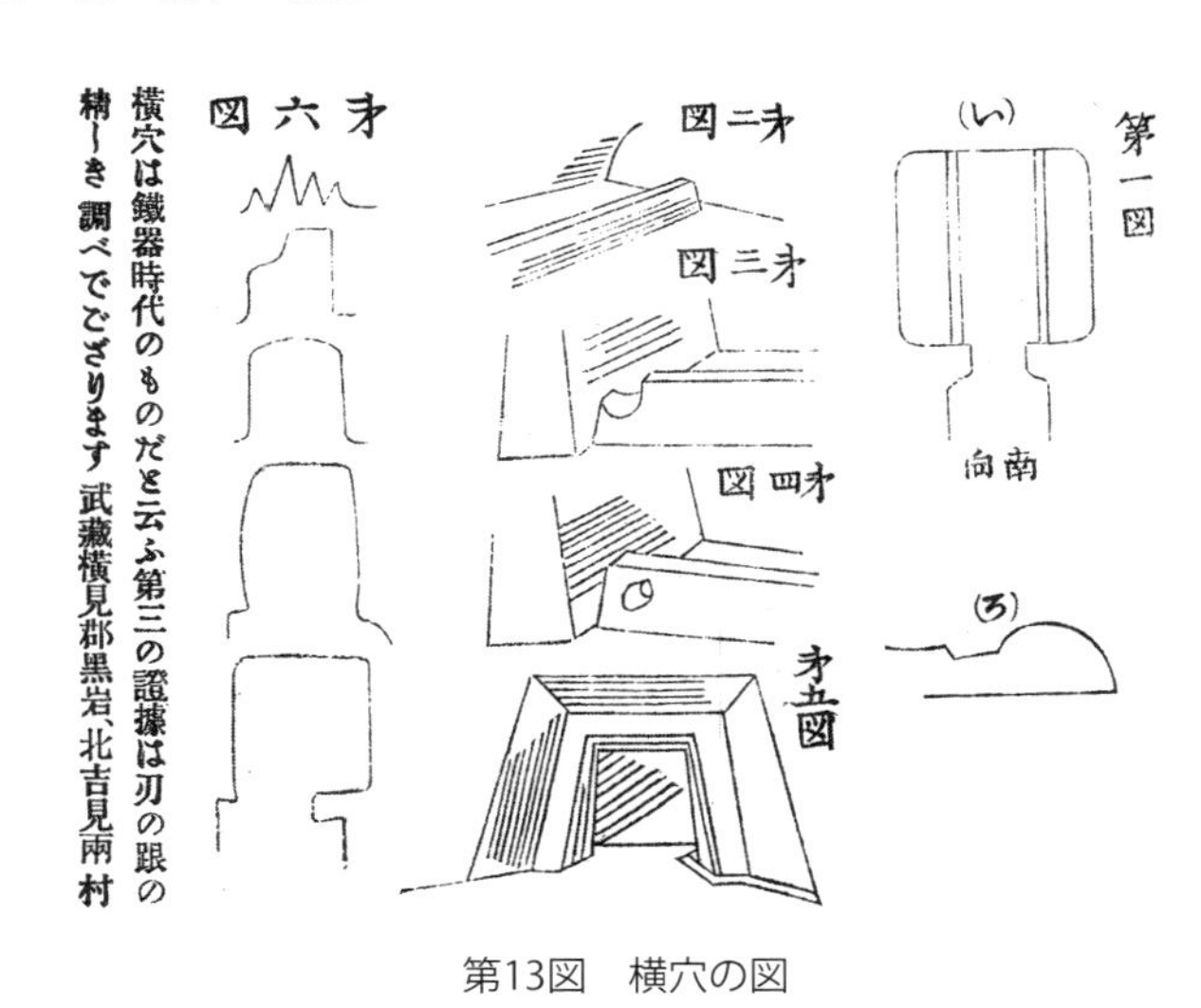

第13図　横穴の図

この間、「太古の土器を比べて貝塚と横穴の関係を述ぶ」では時代観のほか、用途として住居・墳墓の両目的説を提示した。また一八八七（明治二〇）年九月二二日東京地学協会での講演「本邦諸地方に在る横穴は穴居の跡にして又人を葬るに用いし事も有る説」（『東京地学協会報告』九―五に掲載）では、当時知りえた全国一三箇国、五九箇所数百という資料を、豊富な図を交えて紹介した上、改めて住居を本来の機能とした上での、墓穴の可能性を指摘した。このことが、もう一つの議論への引き金となる。

2　横穴の機能用途論

白井の表舞台への登場は、自らの実地調査から五年後、一八八八（明治二一）年の坪井の論文の直後の三月、「北吉見村横穴ヲ以テ穴居遺跡ト為スノ説ニ敵ス」（『東京人類学会雑誌』第二五号）である。すでにこの時、「神風山人」のペンネームを用いて異議を唱えた[6]。五年前の「穴居ノ遺跡」を見事に覆し、墓説の立場をとってこの議論に加わった。それにしても表題中の「敵ス」の表現は尋常ではない。

坪井はその五月、「神風山人君の説を読み再び黒岩北吉見両村の横穴は穴居の為に作りしものならんとの考を述ぶ」（『東京人類学会雑誌』第二七号）と、内容そのままの長いタイトルで、最初から墓として造られたものではない、と反駁した。ここでは土俗学的な視点を大きく加えた。支那の内地を旅行して横穴住居の民を実見したという、大原里賢からの聴き取りを、

　支那の内地を旅行されたる大原里賢氏の話に因れば支那の陝西省甘粛省抔には現に横穴住居の民が沢山に居るさうでござります（二一七頁）

と紹介する。その大原自身もその年、「支那人穴居ノ模様」（『東京人類学会雑誌』第三二号）と報告している。加えて坪井は一八九三（明治二六）年、井上陳政から多くの横穴やその間取りを聞き取って、「支那人の横穴住居」（『史学普及雑誌』第六号）と発表し、自説の補強に努めていった。

　このやり取りの、坪井の姿勢にこそ注目できる。先の年代論もそうであったが、徹底的な資料集成、民族事例の引用である。考古学的手法と土俗学的手法を織り成した。そうした手法は当時として考古学研究の本道を歩んでいた(7)と後の評価を過言としない。

　これに対して白井は、よって立つべき論拠を何所に持ったか。神風山人の名と共に、先の論文にその論拠もまた明白である。

　古事記ヲ按スルニ土雲及古代我国人民間ニ行ハレタル穴居は横穴ニアラズシテ縦穴ナルコト明ナリ（一四〇頁）

と、古事記に置いた。該当四箇所の引用を根拠に、横穴住居説を否定した。

　このように、両者の決定的ともいえる根拠の違いを、この議論の最大の特徴と看做しうる。繰り返すがその根拠とは、坪井の場合は考古資料や民族（俗）事例、白井の場合は記紀だった。表現を変えるとこうなろう。「古典国史学派（白井）対 新興理学派（坪井）論争」と。こうした構図は、後に述べるコロボックル論争と本質的に共通している。

そしてこの問題は、人種論に強い相関をもっていた。

第二節　土蜘蛛は日本人種なり

一　土蜘蛛への世間の関心

1　土蜘蛛とは何ぞや

横穴を造った主は誰であったか。ここにはすでに、黒川真頼の一定の成果、『穴居考』[8]の存在が大きくあった。古典を精読した上での考えに、当時の多くはこれに倣った。黒川真頼（一八二九－一九〇六）は、帝国大学文科大学教授を勤めた国学者である。その内容を確認する。

端的に、横穴を造った主は土蜘蛛という。

上古の人の穴居は、山の腹を横に穿ちて窟となしてこれに住せしなり（四四九頁）

とその暮らしぶりから、

土隠（つちごもり）の義（四五〇頁）

に由来する「土蜘蛛」なる民が存在した、がその要旨である。穴居の民たる土蜘蛛の名は、古事記、万葉集、日本紀、摂津・日向・常陸・備前・豊後等の風土記などに頻繁に登場している。

具体的に土蜘蛛（あるいは都知久母ともいう）とは、どのような人を指すものか。『日本書紀』では「神武天皇紀」に土蜘蛛は、

身短而手足長興二侏儒相類（四五〇頁）

と記され、「景行紀」では朝命に従わず、石窟に住む人物が土蜘蛛と表現され、『常陸国風土記』では、国樔を土俗のことばで土蜘蛛といい、その土蜘蛛は「山の佐伯」「野の佐伯」（佐伯とは朝命を遮る者の意）であり、

　普く土窟を掘り置きて、常に穴に住み、人来たれば窟に入りてかくる

といい、狼の性、梟の情をもち風俗を阻てる種族であると解説する。また『豊後風土記』では山野から邑里に出て良民の貯蓄物を掠奪する民を土蜘蛛と称し、また夜都加波岐＝八握脛と呼んでいたと記している（四五四頁）。八握脛は脚の長い者の意味であるから「神武紀」の「手足長し」に共通する。「景行紀」に

　蝦夷は是、はなはだ強し。男女交わり居りて、父子別無し。冬は穴に宿、夏は樔に住む（四五二頁）

と、穴居を特徴としてあげている。

要約すると、土蜘蛛とは、大和朝廷の支配に容易に屈することの無かった、山地に住む狩猟の民に与えられた蔑称である。古典中の、蝦夷・佐伯・八握脛・国栖などと同一種族、朝廷に討伐さるべき対象であった。平定に困難を極めた故に、大和朝廷側から異族視された集団。王化に浴せぬ、いわゆる化外の民を指す、ことになる。当時にして詳細な黒川の研究。その影響力も想像できる。

2　土蜘蛛人種とは

では具体的な人種となるとどうなろう。議論の要はこちらである。

横穴論の端緒を切った富士谷の見解を坪井は、

　窟住人ト介墟積成人ト同種同時代タルコト甚ダ明著(9)

と要約している。つまり富士谷は、土蜘蛛＝貝塚積成人＝石器時代人と考えた。三宅もほぼ同じである。

　穴居ノ人民ハ土蜘蛛以来我国ニアルナシ而シテ土蜘蛛ハ我国史ノ始メニ於テ既ニ此土ニアリシモノニシテ其時

代ハ略介墟ノ出来タル時代ト一致セリ乃チ土穴ト介墟トハ時代ト場所トニ於テ相接近スルモノナリ、（中略）既ニ土蜘蛛ヲ以テ土蕃ト為サバ又以テ介墟積成人トモ為サザルヲ得ズ、サレハ此土蜘蛛ハ穴ニ棲ミ鳥獣ヲ猟シ、魚介ヲ漁シ石器土器ヲ用ヒシ醜類ニシテ今ヨリ三千年内外ノ古ヘ我列島中ニ蔓延シテアリシモノナリ(10)

先ほども見た通り、東夷＝土蕃＝土蜘蛛＝プレ・アイヌとした。

もちろんその先を煎じ詰めれば、太古石器時代人民は如何なる人種にあるのかになる。当時の最もまとまった考えとして、列島への四路線からの入り込みを想定した三宅の説を紹介したが、三宅にも刺激を与えた論考について、ここで是非触れておきたい。一八七九（明治一二）年、横山由清(11)の「日本人種論」（『学芸志林』一三冊）である。

天神ノ子孫タル人種

以前の日本にいた

先旧住ノ土人

について説明した箇所を抜粋する。

此ノ従来ノ土人ハ所謂満州人種（其ノ始印度地方ヨリ韃靼部蒙古部ニ移住セル人種ニテ支那人種トハ固ヨリ別種ノ人種ナリシナルベシ）ニテ其ノ始満州地方ニ生ゼル人ノ其ノ一部ハ西南ニ進ミテ支那ノ東北ニ移住シテ太古ノ三韓土人トナリ其ノ一部ハ東ニ進ミ南ノ島ヲ渡リ西ニ巡リテ此ノ土地ニ移住シテ太古ノ日本土人トナレルナルベシ（或ハ極東ニ進ミ南ニ移リテ亜米利加土人トナレルモアルベシ）カク人類ノ本土ヲ離レ他郷ニ移住スルニ随テ遂ニ殊別ノ人種ノ如クナリユクハ其風土気候飲食作業ノ異ナルニ因リ體格性情風俗言語モ亦随テ変化セサルヲ得サルカ故ナリ　此ノ太古ノ日本土人ハ今ノ蝦夷人ノ同種ニシテ穴居巣棲（土蜘蛛ノ称アルハコノ故ナリ）長鬚ハ蝦ノ如ク（蝦夷マタ熊襲ノ称アリ）慓悍ハ隼ノ如ク（隼人マタ梟師ノ称アリ）

具体的な移住ルートに基き、前二人と同様、太古日本土人＝土蜘蛛として、具体的に満州人種を比定した。さらにそのアメリカ人種との関係や、生活環境の変化によるなど人種の分かれた背景にまで思慮を及ぼすなど、非常に多くの示唆に富む。これが三宅への影響にもうなずける。坪井にも少なからずと考えるのだが、その論拠は持ち得ない。しかし、後の坪井の考えに非常に近いと指摘をしたい。

横穴は貝塚積成人種によって造られた。その貝塚積成人種は土蜘蛛と同意で、列島最初の石器時代人民である、これが横山・三宅の理解であった。しかし、坪井は違った。

二　坪井の土蜘蛛論

1　土蜘蛛は日本人種なり

まずは坪井の言葉を拾う。一八八七（明治二〇）年九月一一日の講演、「埼玉県横見郡黒岩村及び北吉見村横穴探究記」（『東京人類学会雑誌』第一九号に掲載。以下引用）で、横穴は

日本人或は土蜘蛛の手に成たもの

を主旨と演説した。悉くの横穴の出土遺物は、鉄器や朝鮮土器など、日本人の時代の遺物ばかりで、決して貝塚土器などは出ていなかったことから、横穴に時間差は無く土蜘蛛と日本人によるそれぞれが同時に存在したこと、だから日本人と土蜘蛛とは同時に存在したのだとした。

さらに坪井は、黒川の先の『穴居考』中、古典の記述として紹介された、「媛靖天皇紀」の

貴人と云ども土窟を作りて住み給ひしこと（四五一頁）

などをも視野に入れ、貴人・貴族の穴居を認めた。そして

日本人は横穴を寝室にのみ用ゐて昼間は木造の家屋に住み、所謂土蜘蛛は昼夜の別無く常に横穴中に在たのと思はれます、又日本人には横穴を設くる者も有り設けざる者も有るのに所謂土蜘蛛の種属は悉く横穴を設けた

　のでは有りませう（三〇七頁）

あるいは

　どちらが多からうと云へば土蜘蛛の方と思はれます（三〇八頁）

と補足して、日本人と土蜘蛛との同時存在が、古典記録と考古資料に矛盾はないと説明した。

　こうした考え方と他との違いを、三宅と比較して言う。

　三宅氏は土蜘蛛を以て貝塚を作た者とし随て石器時代の者とされ私は土蜘蛛を以て貝塚に関係無い者で鉄器時代の者と考へる（三〇八頁）

考古資料をきちんと見た坪井に軍配がある。

　さて、それから約二週間ほど後の「本邦諸地方に在る横穴は穴居の跡にして又人を葬るに用いし事も有る説」では、同時代に存在した我々祖先（日本人）と土蜘蛛の関係について、さらに一歩を踏み込んだ。

　事に因たら土蜘蛛とは人種学上日本人と区別有るもので無く貴賤良不良生計の異なる事等に基いて良民と隔絶したものかも知れません（一八八七『東京地学協会報告』九―五（一九七二『日本考古学選集三　坪井正五郎集　下』築地書館再録引用、四三頁）

と。驚愕の発言と言わざるを得ない。多くは土蜘蛛を異端視し、天孫民族に討伐された悪役だったはずである。しかし坪井は……。日本人の内における単なる貴賤良不良の違いに過ぎぬ、同じ日本人であると公言した。考古資料を冷静にみつめて導いた。

　あまりに大胆な発言であるが、科学の自信と理解をしたい。坪井の真髄の一端である。

　ただしこの発言には、自ら言い過ぎたと思ったか、一八八八（明治二一）年一月「横穴の構造法を演べて其金器時代のものたるを論ず」では、土蜘蛛は石器時代人民ではない事を繰り返しても、

横穴が何の時代に属するものかり云ふ事は之を作た人種の考を作すに当て重大な問題でござります（五四頁）

と、極めて慎重な姿勢に戻っている。「土蜘蛛も日本人である」とは、つまりたった一回、しかし万感の思いを籠めたと思う。

三宅に言わせれば、三千年ほど前から列島にいた土蜘蛛である。土蜘蛛を日本人とした坪井にとって、されば先住民をいかにすべきとしたのだろうか。

3　黒川真頼との共通

横穴住民の土蜘蛛を、人種的には日本人と同じに相違なく、貴賤の別の違いに過ぎぬとの坪井の考えを紹介した。実は土蜘蛛日本人説では、黒川と意見を同じくしていた。ただし黒川は、蝦夷さえも日本人に含めていた。

今のアイヌと云ふは、往古に日本人の彼の地に移りて、為に進化を失ひし者

であり、人種の称ではないとしていた。アイヌも、元はといえば単に進化に遅れてしまっただけの、しかし日本人というのである。それは彼の「日本人種は蝦夷人種なりと云ふ説を弁ず」[12]にも明らかで、故に

貴人と云ども土窟を作りて住み給ひしこと（四五一頁）

そして

常に土窟に住むによりて土蜘蛛といふなり（四五一頁）

との表現にもうなずける。

黒川にとって日本には最初から日本人が、日本人だけが住んでいたという論旨こそ重要で、生粋の国粋論に違いない。後に黒川を評価した、清野謙次の言を見ても良くわかる。

皇室は神代から日本国の皇室であつて神代記事中に現はるる闘争

は

同一種族内の政治的の事件であつて、異種族闘争でない。
畏れ多い事であるが、日本民族の飛躍的文化の増進は常に皇室を中心として行はれて居る(13)

日本列島最初の住民こそ日本人、恐らくそこには「純血」の二文字も隠されている。

しかし、さすがに土蜘蛛や蝦夷も日本人とは、極端な考えではなかったか。次章で当時の教科書を見るが、やはり多くは土蜘蛛を日本人から分けている。ここでは、黒川と坪井を、前者は保守的な、後者は革新的な、それぞれ当時の両極といえる立場からの、結果的だけの一致とまとめておきたい。

4　黒川との相違

だからといって、坪井と黒川はもちろん違う。相違の一番は、黒川が

此の徒、太古より諸国にありて（四五四頁）

という、その「太古」に対する認識である。

「太古」という時間の概念の中には、「記紀」に照らして二つの解釈を可能とする。一つは、日本人の登場以前の昔、を指す解釈だ。この場合、一般的には土蜘蛛を先住民と比定する。もう一つが、天孫民族誕生のその時期こそを「太古」とする解釈である。

前者の場合からみてみたい。普遍的なものの代表として歴史教科書、とりわけ「明治期のもっとも普及したといわれる金港堂発行の『小学校用日本歴史』」を開いてみる。実はこの教科書、一八八八（明治二一）年にイギリスから帰国して、金港堂編輯所長に迎えられた三宅の手によるものである。その「第一章　神武天皇以前」には、

何レノ国ニ在リテモ太古ノ事ハ詳カナラズ。サレバ最初吾ガ国ニ住居セシ人民ハ如何ナルモノナリシカ知リ難

シ、唯古ヘノ記録ニ土蜘蛛ト云フ名アリテ其ノ穴居野蛮ノ民タリシヲ知ル[14]

と書かれ、太古は日本人以前の土蜘蛛の時代となっている。もう一冊を紹介する。当時驚異的なベストセラーといわれる、竹越与三郎の『二千五百年史』[15]である。坪井の説も入れ、太古の概念を知るに興味深い。

わが太古の歴史は今日の人種を作るに至るまで、幾多の人種が相混合したる歴史にして（中略）今人種の脈管には、幾多の雑血充満せりというべきなり。（日本人種の区別に関しては説者の論なおいっていせず。しかれども多くは最古の人種はコロボックルと称する小人種にて、欸冬の葉の下に居住するがごとく小に、穴居して貝を食うの種族なりしという。その遺跡は今の貝塚にあり、博士小金井氏（坪井の誤り――筆者註）最もコロボックルの説に詳らかなり。しかしこれに次ぎて来れるものは今のアイヌ人種にして、アイヌはすなわち蝦夷なるべしという。この次ぎに来れるものは今の日本人なりと称せらる。）しかりといえどもこれはむしろ人種学・考古学の領分にして、国民歴史の範囲の外にあり。真個の国民歴史は、神武天皇より始まる

わかりやすく、太古に対するこれが当時の一般の認識だったのではあるまいか。ただし、太古は日本歴史に含まれなかった。

黒川は違った。「太古」は天孫民族誕生のその時期と考えた故、日本人出現以前のこの列島での人類の存在など、眼中になかった。

まつろわぬ民

も日本人。故に古い歴史を持つ天孫民族＝日本人の、その始まりを太古と表現して、当時の史観に照らすとこちらも確かに一理があった。ここに坪井と黒川との見解の相違が鮮明化する。坪井の考える列島住民の始まりは、後に詳しく触れるように決して建国の年のわずか前とは考えなかった。三宅も

三千年内外ノ古へ

と考えた。

坪井にはもう一つの問題があったはずだと考える。土蜘蛛＝日本人とする以上、古典に記された征服順化の過程の、ここも黒川と意見を同じく、日本人同士の争いと考えたはずだ。ならば、黒川には必要なかった先住民と日本人の関係はいかがだったたか。先住民族が日本人に順化しなくて抵抗した、「まつろわぬ民」である必要をなくした以上、新参の日本人と旧住の先住民が接触したときの様子である。ごく平和的な形での順化・同化を果たした姿を描き出し、後「混合」あるいは「混血」と表現するようになるのであろうか。

坪井の考えは後に譲るが、その契機の一つが、黒川との相対の中から読みとれるのではなかろうか。

5　太古を含めた四つの時間差

考古学的資料に時間的情報を見出して、横穴の時代を導き出して論を展開した坪井であった。順序が逆になってしまったが、改めてこの時坪井が認識していた考古学的時間序列を確認しておく。

「太古の土器を比べて貝塚と横穴の関係を述ぶ」（一八八六『人類学会報告』創刊号）では、

開化の高低を考へるに最入用なものは器物です

と、土器こそ時間の目盛りに有効と認め、貝塚土器、素焼土器、朝鮮土器、齋甕土器に分類している。

貝塚土器はアイヌかコロボックル、いわゆる蝦夷人（蝦夷人を単にアイヌに限定せずに広い意味で使っていた）の遺物で、素焼土器は貝塚土器と似るが薄く

日本人の塚

すなわち古墳などから出るものと区別した。朝鮮土器は

土細く質固く打てば金の様な音を発し色は鼠

そして

内にも渦の形が付いて居

る、ことを特徴とする、今の須恵器にあたる。「渦の形」とは、今では青海波文（成形時に、器胎をたたき締める際に用いたあて具の痕跡。坪井はすでにこのことも指摘していた）の名称を持つ。齋甕土器は後、祝部土器ともいわれる。

朝鮮土器に似て

というように、やはり須恵器の範疇に含まれる。朝鮮土器との大きな違いは、青海波文の有無に由っていたようだ。(16) 大切なことは、四つの土器の時間差である。貝塚土器の古さは言うまでもない。次の素焼土器の位置づけは、古墳からの出土を根拠とした。次が朝鮮土器で、

今から一千九百十一年前垂仁天皇の三年

に、

新羅様の土器を造つた

との記録から、素焼き土器と同じくらいを想定した。この土器は稀に

貝塚土器と交わり

ている事も指摘された。「交わり」とは、地表面で一緒に存在する様を指し、今では耕作等で掘り起こされた結果の混在と分かっているが、当時は同時と思われた。齋甕土器は、朝鮮土器と同じ頃か、貝塚土器と一緒に出る事例のないことから、やや新しく位置づけた。

資料の乏しい時代であったが、見事な年代序列＝編年を組み立てていた。

さて、坪井の初期の人種観の一端が、この論文にもよく現れる。一つが、貝塚土器を作った人種は

アイノか造つたのだらうともコロボツクルが造つたのだらうとも言つて慥かは知れません（一二頁）

とまだ曖昧で、蝦夷人とくくっていた。

二つ目は朝鮮土器の、その名の通り朝鮮半島との関係である。

朝鮮には此土器が沢山あるさうですから此名を付けました

そして

日本人が造つたか朝鮮人が造つたか知りませんが何しろ我々の先祖の用ゐた物には違ありますまい（一三頁）

と客観的に認識する。その我々祖先の用いた土器と、貝塚土器が一緒に出るということは、貝塚土器を用いた人たちの中に、半島から日本人（あるいは朝鮮人を含めて）がやって来て、少なくとも一緒に存在した時代があったという構図を、そこに見ることは可能であろう。

三つ目は、二つ目とも関わって

貝塚を造つた人種が日本人から得て用ゐたのでせう（一三頁）

と書かれた意味だ。見過ごされそうな一文であるが、そこには征服・被征服というような、少なくとも戦闘的なイメージはない。日本人と、穏やかなやり取りのあった先住民。先住民と日本人との敵対的ではない関係とした先の予測を、具体的に伝えるような表現ではないか、と読み取れる。この論文の最後に、

蝦夷人と言ふのは日本人で無いものを指すので今のアイノにも限りません

と書いている。コロボックル論争が始まる以前、坪井は蝦夷を広く捉えていた。蝦夷がアイヌとは限らずに、当時樺太や千島との関係を想定したであろう人種の存在、例えばコロボックルなどの存在を想定していたと推測できるが、躊躇をしている。この躊躇こそアイヌの扱い、そしてその他の人種との関係の理解の難しさだろう。アイヌの扱いへの苦慮はずっと後まで続いていくが、この問題も含め坪井の頭に、先住民と日本人との関係が大きく渦巻き始めたことだろう。

さて、一八八五（明治一八）年五月五日の夜話会で、「太古の土器を比べて貝塚と横穴の関係を述ぶ」を話したその年、坪井は理学部四年、動物学科へ進んだ年で、朝鮮土器に関して等、大陸などの資料に精通できるような状況だったとは考えにくい。なのに、土器の的確な認識はどこからきたのか。この時、シーボルトの知識も吸収していた。

三　シーボルトの影響

1　シーボルトに学ぶ

ハインリッヒ・フィリップ・フォン・シーボルト（Heinrich Philipp von Siebold（1852 ― 1906））、通称小シーボルト。簡単にこの人について触れておく。[17] 父は大シーボルト（Heinrich Philipp Franz Balthasar von Siebold（1796 ― 1866））とも呼ばれるドイツ人医師で、一八二三（文政六）年来日した。鎖国時代の対外貿易窓口、長崎出島のオランダ商館医である。出島内で開業の後、一八二四（文政七）年には出島外に鳴滝塾を開設し、日本各地から集まってきた多くの医者や学者に講義もしていた。高野長英・二宮敬作・伊東玄朴・小関三英・伊藤圭介らはその塾生である。一方、日本文化探究にも情熱を傾けた。その集大成が、全七巻の『日本』（日本、日本とその隣国及び保護国蝦夷南千島樺太、朝鮮琉球諸島記述記録集）の刊行だった。「日本学の祖」、としての名声も持つ。

その子が小シーボルトで、父の影響から東洋の歴史や文化に興味を抱いた。東京の英国公使館の通訳官であった兄に日本語を学び、一八六九（明治二）年来日した。そして一八七九（明治一二）年、『考古説略』（第14図）と"Notes on Japanese Archaeology with Especial Reference to the Stone Age"[18] を出版した。この中で、土器に時間差を与える三分類を行っていた。

Ⅰ類　アイヌ土器。文様・把手を有して平底。アイヌが占拠していた地方に分布。打製石器を伴う。

Ⅱ類　古代日本の土器。材料は硬い灰色の粘土で、装飾はない。器面はきれいで、丸底なので器台を必要とするか吊すと考えた。

Ⅲ類　朝鮮で作られた、朝鮮土器。灰色の硬い粘土でできている。土器の内面に、押し型と思われる曲線が多数ある。朝鮮人が住んでいたと史書に記された、九州・上州・武蔵などに、金属器とともにある。

Ⅰ類は縄文土器、Ⅱ・Ⅲ類が須恵器に相当するが、坪井がその分類を応用していたことも明らかだ。この書に学んだことが「埼玉県横見郡黒岩村及び北吉見村横穴探究記，下篇」（一八八七『東京人類学会雑誌』第二二号）にある。ただし、納得できないところもあった。

シーボルトの横穴[19]に関する所見を、

日本人の手に成りしに非ずして恐くは朝鮮人の手に成りしならん

と、坪井は訳して紹介し、ここに坪井は噛みついた。横穴から出土する、コリアンポッタリーの解釈である。それを

高麗と云う郡名とを何か此説に関係有る様に記されました

と、朝鮮人のみに帰属させたシーボルトに対し、

コリアン、ポッタリーは日本人の古墳からも出る物ですから朝鮮人の遺跡と云ふ証に成らず[20]

と退けた。坪井の見方が光っている。

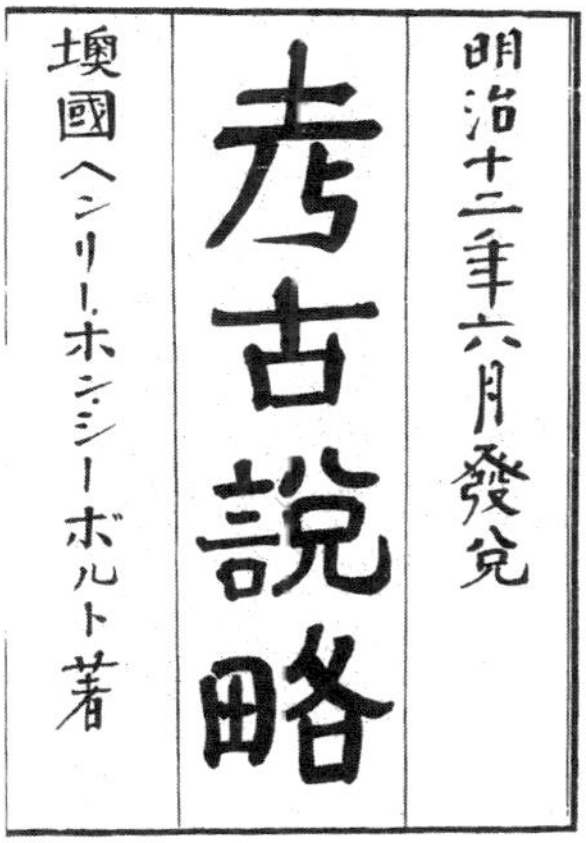

第14図　シーボルト1879（明治12）年『考古学略説』の扉

2　シーボルトの人種論

シーボルトは人種論についても発言していた。興味深い事を吉岡郁夫が指摘する。シーボルトの前書の刊行が、モースの『大森介墟古物編』と同じ年に重なることから、

モースを意識して、それに対抗するためであったかも知れない[21]と推察した。強い意識は、その人種の見解の相違を見ても明らかという。モースのプレ・アイヌ説に対して、シーボルトはアイヌ説という全く違った立場をとった。モースとの対比を交え、シーボルトの考えを整理しておく。

シーボルトが、アイヌ説を強調する背景には、記紀など古典の記述、特に神武東征説話を史実とすることに負っている。北進の際に遭遇したエビス、クマソなど蛮族はアイヌに他ならず、出羽・奥州など東北地方はエビス、すなわちアイヌの国と呼ばれていた。日本が完全にアイヌを征服して、蝦夷島＝北海道の領有を果たすのは、たかだか一六七〇年（寛文一〇）に過ぎず、それまでは反抗を繰り返していた[22]。アイヌが江戸湾周辺に住んだ証拠に、景行天皇の皇子日本武尊の遠征を挙げる。西紀一一〇年、アイヌの住む駿河地方に先ず入り、箱根山を越え江戸湾に達し、安房・上総、さらに下総・常陸・甲斐・越前・越後・信濃を征服した後、伊勢の山で亡くなった。征服となればアイヌ居住の証拠である。

記紀に蝦夷とある以上、蝦夷以前の人種と日本人が戦ったなどの解釈は不可能なこととして、貝塚の年代を一五〇〇～二〇〇〇年より古くない、という当時の多くの意見に同意して、これもアイヌ説の根拠となった。

資料的な問題についても言及している。現代アイヌが土器をあまり作らない理由として、獣皮などとの交換によって、日本人から土器（ただし「手ヅク子ノ土器ヲ作」った）や金属器などを比較的容易に手に入れたと考えた[23]。勾玉の無いことも、日本人から貰った大切な勾玉を、ゴミ捨て場としての貝塚に捨てるはずはない、とかわした。

食人についても、たった一個所で証拠としては不十分。アイヌは温和で食人の風習などあり得なく、多くの貝塚に食人風の人骨はないので、むしろ多くの無かったことを根拠に否定した。シーボルトは日本の国民感情を鑑みて、民族の不名誉になるを恐れたと、これも吉岡の推測である[24]。

なおシーボルトは日本人の起源について、土着ではなく、朝鮮・中国あたりで混血して大陸から渡ってきたことを、かつて大陸と地続きであったという地質学的な成果によって仮説した。同時にアイヌも、カムチャツカを経て南下した可能性を示唆していた。

坪井は年代論を掌握しつつ、また考古・土俗資料を駆使しつつの横穴論を展開していた。もとより人種論を避けて通れず、やがてその核心へと進展してゆく。

註

（1）福家梅太郎　一八八四「穴居考」『学芸志林』第五巻、二八八頁

（2）富士谷孝雄は一八八一年東京大学地質学科卒で、同年八月から同科助教授となる（磯野直秀一九八七『モースその日その日』有隣堂、九一頁）。なおこの書簡のことは白井が、「武蔵国久良岐郡横濱在中村土窟記」（一九三二『ドルメン』六）の中に書き記す。

（3）「縄紋」の名称の活字となったはじめが、同じく白井による「石鏃考」（一八八六『東京人類学会報告』第三号）として知られる。よって、少なくとも三年前からは使っていたことになる。この背景をさらに詳しくたどってみる。白井は後にモース講演を聴いた際の備忘録を、「モールス氏考古学演説備忘（多分生物学会に於ける演説なりしならん）」として公表した（白井光太郎一九二六「モールス先生と其の講演」『人類学雑誌』第四一巻第二号、五八頁）。演説の中にこうある。

　北方の土器に縄紋あり（函館小樽等のもの）而して縄紋南方になし（肥後大野村のもの）縄紋は棒に縄を巻き之を以て土器面を押し装飾を印せしものなり、或人に蝦夷人は日本太古よりの住民なりと謂へども予の考は然らず

北方と南方の土器の縄紋の有無を指摘するが、この講演「多分生物学会に於ける演説」とは、先に触れたが（第二章註12）、三回ある。最も新しい一八八二（明治一五）年のことだとしても、白井はさらに一年前に、しかもモースの話の「Cord mark」を聴いた瞬時に、「縄紋」と訳していた可能性を強くする。

　なお本論とは直接関係ないが、モースが縄紋の描出法として「棒に縄を巻き」と考えていたとは驚きである。坪井でさえ編

み物を押し付けたと考えて「席紋」と呼んでいたくらいで、「西ヶ原貝塚探究報告　其六」（一八九四『東京人類学会雑誌』第九八号）にて、

席紋或は布紋と云ふのは、編み物或は織り物を押し付けた痕で（三二六頁）

と述べる、この時期には全く不明であった。縄文土器の由来であり、名称の由来にもなった「コード・マーク」の、文字どおりその「縄文原体」の解明は、山内清男の大きな業績である。紙縒りで様々な縒り方の紐を作り、それを実際に粘土の上で転がしたり押し付けたりすることによって、多くのバリエーションの「縄紋」が発生することを解明した。なお、佐原真による（一九八四「山内清男論」『縄文文化の研究一〇　縄文時代研究史』雄山閣）、山内の縄文原体の解明についての記述は興味深い。八幡一郎に宛てた、山内の手紙の一文を紹介している。

今度準備しているのは撚糸紋の生成機転で、特に珍しいものではない。（中略）アメリカではHolmesなど欧州ではGotzeなどの書いて居るやうに撚糸紋が撚糸を軸に巻き付け又は絡げたものの回転圧痕だと云うことを述べるだけです。（中略）以上は小生のパテントではないのですが、斜行縄紋の生成原理は各国に特許を得るでせう。この方法は縄紋それ自体の回転押捺によって生じます（二三七頁）

撚糸紋が山内より早くにコイルに蒔かれた工具に生み出されてことを知るが、それにしてもモースの慧眼には驚かされる。その全容の解明までは、「縄文学の父」と呼ばれる、山内清男（一九〇二―一九七〇）の成果を待たねばならない。

（4）三宅米吉　一八八六『日本史学提要』普及舎

（5）坪井正五郎　一八八七「埼玉県横見郡黒岩村及び北吉見村横穴探究記，上篇」『東京人類学会雑誌』第一九号、三〇五頁

（6）白井は、よくペンネームで登場している。上記「M，S」そして「神風山人」は、ともに白井である。

以後斯かる真面目の論説には姓名を明記されん事を願ひます

（坪井正五郎一八八七「コロボックル北海道に住みしなるべし」『東京人類学会雑誌』第一二号）

また

臼井氏の様に名を変えてヒョイヒョイと出られては真剣勝負中に火遁の術でも使はれるような心持がして張合いの無い事は実に甚だしうござります

（坪井正五郎一八九〇「北海道石器時代の遺跡に関する小金井良精氏の説を読む」『東京人類学会雑誌』第四九号）

とは、坪井の不快感であるが、事情の分からぬ読者には、名前を変えることによって一人が二人や三人となる様な、多勢に無勢の形勢の不利を「卑怯」と感じてやむを得まい。

（7）斎藤　忠　一九七二「収録文献解説」『日本考古学選集三　坪井正五郎集　下』築地書館、二九一頁

（8）黒川真頼　一八七九「穴居考」は後、一九一一『黒川真頼全集　第五』に収録され、ここから引用した。

（9）坪井正五郎　一八八七「埼玉県横見郡黒岩村及び北吉見村横穴探究記，上篇」『東京人類学会雑誌』第一九号、三〇四頁

（10）三宅米吉　一八八六『日本史学提要』普及舎、三七四〜三七五頁

（11）横山由清（一八二六―一八七九）は、国学者で歌人としても知られる。江戸に生まれ、一八六九（明治二）年昌平学校史料編纂、後『旧典類纂』に黒川真頼らと携わる。この文献は亡くなる年のものである。

（12）黒川一八九二『皇典講究所講演』八四に所収されるが、工藤雅樹『研究史　日本人種論』吉川弘文館の一五二頁に依った。

（13）清野謙次　一九四六『日本民族生成論』日本評論社、四四三〜四四四頁

（14）勅使河原彰　二〇〇五『歴史教科書は古代をどのように描いてきたか』新日本出版社、四九頁より引用した。

（15）初版は一八九六年に、警醒社出版から刊行された。『二千五百年史』として、講談社から一九七七年再刊されており、こちらを引用した。

（16）次のように述べ、細分の意図を理解し得ない不満を漏らす。

外国人がコリアンポッタリーと云ふのは我々の所謂朝鮮土器のみで無く祝部土器をも含むのか常でござります、シーボルト氏も盖し其意味で此語を用ゐられたのでござりませう。

（一八八七「埼玉県横見郡黒岩村及び北吉見村横穴探究記，下篇」『東京人類学会雑誌』第二二号、六一〜六二頁）

（17）シーボルトのことは、吉岡郁夫・長谷部学一九九三『ミルンの日本人論』雄山閣、吉岡郁夫一九八七『日本人種論争の幕あけ』共立出版を参考にした。
またシーボルトの生い立ちについては、ヨーゼフ・クライナー一九八〇「もう一人のシーボルト」『思想』六七二号に詳しい。
（18）"Notes on Japanese archaeology with especial reference to the stone age" が『日本考古学』と題して、関俊彦・関川雅子によって邦訳される。「先史・原始時代の日本」（一九八一『史誌』一六大田区史編さん委員会）
（19）前掲『日本考古学』（関俊彦・関川雅子訳）では、「ほら穴」と訳されている。
（20）坪井正五郎　一八八七「埼玉県横見郡黒岩村及び北吉見村横穴探究記，下篇」『東京人類学会雑誌』第二二号、六一頁
（21）吉岡郁夫　一九八七『日本人種論争の幕あけ』共立出版、一五四頁
（22）シャクシャインの戦いとは、一六六九（明治二）年六月にシブチャリ（現・北海道日高振興局新ひだか町静内地区）の首長シャクシャインを中心として起きた、松前藩に対するアイヌ民族の大規模な蜂起である。翌一六七〇（明治三）年に、松前軍はヨイチ（現・余市郡余市町）に出陣してアイヌ民族から賠償品を取るなど、各地のアイヌ民族から賠償品の受け取りや松前藩への恭順の確認を行った。これによって、アイヌの反乱を最終的に収めたというものである。
（23）HEINRICH VON SIEBOLD（神保小虎抄訳）一八八六「人種学上アイノノ研究」『東京人類学会報告』第六～八号
（24）吉岡郁夫　一九八七『日本人種論争の幕あけ』共立出版、一六五頁

第四章　コロボックル論とその論争

コロボックル論は、明治期を通じて時にそれが論争となり学界・世間を巻き込んだ。論争は、コロボックル論争（アイヌ・コロボックル論争あるいは先住民族論争、または人種民族論争ともよばれる。ここでは、「コロボックル論争」の表現を使ってゆく）と呼ばれた。コロボックル論は坪井によって進化を遂げて、論争も坪井を軸に展開された。自身の生涯をかけた研究と評して過言としない。

この間の論考は膨大で、改めて坪井の考えの整理を試みる時、その内容を狭義と広義にくくる効果を考えた。そのことで、坪井のコロボックル論の意義や変化を明確化できると思われた。

狭義とは、先住民としてのコロボックル論の適否を巡り、従来知られる論争となった内容を指す。坪井にも、大きな刺激となって影響した。論争の相手はその内容により異なるが主に、白井光太郎、小金井良精、濱田耕作の三人である。白井と小金井については、第一次、第二次論争と呼ばれる場合があるほどに、この論争を象徴する相手とみなされる。特に

第一次コロボックル論争の段階ですでにコロボックル論争全般に関わる主要な論点に概ね出揃っており(1)

との評価もあって、一般的にはこの場面が最もよく知られている。

広義とは、坪井の基本的にあるべく人類・人種の定義や概念などの内容である。いわばこの土台の如何が、当然コロボックル論自体の認識の深さにつながっている。この範疇においては、論争という状況を産んではいない。

なお、「コロボックル」の言葉自体について、冒頭でも触れたが確認しておく。アイヌの伝承に登場する、「蕗の下

の人」との意で知られる「コロボックル」とは、

コロコニ即ち蕗、ボック即ち下、グル即ち人と云ふ三つの言葉より成れる名稱[2]

をいう。ただし、その表現には他にも、コロポクウンクル、トイチセコッコロカモイなど、一二もの呼び方があるようだ。ではなぜ、坪井はコロボックルにしたのであろう。

記憶シ易ク発音シ易キ[3]

あるいは

其口調好くして呼び易き[4]

と、極めて単純に音の響きの良さに求めた。

民衆に浸透しやすく、これも坪井の戦略だったのか。結果的には坪井の思惑は、当時もそれから今にも生きて、ピタリとはまった。

第一節　狭義のコロボックル論 ―対人物論争とその意義―

一　白井光太郎と（国体史観と欧米科学史観の対立）

1　渡瀬の考え

論争の発端は先にも紹介した通り、一八八四（明治一七）年一〇月一七日の「じんるいがくのとも」第二回の寄り合いでの、渡瀬荘三郎による「さっぽろ きんばう ぴっと（Pit）の こと」（『よりあひのかきとめ二』）、二年後の一八八六（明治一九）年『人類学会報告』第一号への「札幌近傍ピット其他古跡ノ事」の発表にある。土器を含む、

埋まりかかった竪穴住居の窪みを紹介していた。遺した人種を、アイヌは土器を作らず、その言い伝えもないことを背景に

是ニ住ヒシハ恐ラクアイノノ前ノ土人即チコビト又ハコロボックルト称フルモノナル可シ（八頁）

と推測した。内地では耕作などで竪穴が平坦に削平されたことを危惧しつつも、秩父や大宮に伝わる伝聞を根拠にその存在を予測して、人種の移住の可能性についても示唆していた。具体的に、アリウト人（コロボックル）がアイヌに追われ、アイヌは日本人に追われた、とまで考えた。

ここで「蝦夷」の解釈に注意しておく。アイヌとコロボックル共に含めて蝦夷なのか、またはアイヌだけを指すのだろうか。渡瀬は、双方を蝦夷に含めたようである。(5)

なお一口にアイヌといっても、三種の別のあることの説明を必要とする。蝦夷島アイヌ・色丹アイヌ・樺太アイヌである。蝦夷島アイヌは北海道本島に住み、当時、竪穴に住む風習も土器作りもなかった。しかし、樺太アイヌ・色丹アイヌには竪穴に住む風習があり土器作りも行っていた。このことが、後の先住民アイヌ論者の論拠となった。坪井は

カラフトアイノと本島アイノとは全く同種とは思はれずむしろ

カラフト土人、シコタン土人は今も穴居すると云ふから両所の土人に就ての穿鑿

こそが、アイヌ以前の住民を知る上に最重要だと力説した。後

カラフト土人、シコタン土人

こそ、コロボックルにつながるのだと考えた。(6)

このことは、アイヌ説を唱える小金井良精との見解の相違の争点でもある。工藤雅樹が、小金井が、千島・樺太の住民がアイヌにほかならないことを力説したのは、坪井が千島・樺太の住民は北海道アイヌとは異なる可能性を示唆していたからであろう[7]と整理する。既にアイヌの占める北海道で、では追われたコロボックルは何処に行ったか、の大きな鍵を握っていた。アイヌの異同が、以後の論争に影響した[8]。もとよりコロボックルとアイヌの関係は、極めて重大な課題であった。

2　論争とその意義

渡瀬によるコロボックル説の登場に、いち早く反応したのは白井であった。この論争に関わる論文を、先ず提示しておく。

渡瀬荘三郎　一八八四年一〇月「さっぽろ きんばう ぴっと（Pit） の こと」『よりあひのかきとめ二』
渡瀬荘三郎　一八八六年二月「札幌近傍ピット其他古跡ノ事」『人類学会報告』第一号
坪井正五郎　一八八六年二月「太古の土器を比べて貝塚と横穴の関係を述ぶ」『人類学会報告』第一号
白井光太郎　一八八六年三月「貝塚より出でし土偶の考」『人類学会報告』第二号
白井光太郎　一八八六年四月「石鏃考」『人類学会報告』第三号
白井光太郎　一八八六年五月「中里村介塚」『人類学会報告』第四号

三宅米吉　一八八六四月『日本史学提要』の刊行　以下論争が始まる

Ｍ，Ｓ（白井光太郎）一八八七年一月「コロボックル果シテ北海道ニ住ミシヤ」『東京人類学会報告』第一一号
坪井正五郎　一八八七年二月「コロボックル北海道に住みしなるべし」『東京人類学会報告』第一二号
白井光太郎　一八八七年三月「貝塚ヲ貝塚村ニ探ルノ記」『東京人類学会報告』第一三号

神風山人（白井光太郎）一八八七年三月「コロポックグル果シテ内地ニ住ミシヤ」『東京人類学会報告』第一三号
坪井正五郎　一八八七年四月「コロポックグル内地に住みしなる可し」『東京人類学会報告』第一四号
坪井正五郎　一八八八年「貝塚は何で有るか」『東京人類学会雑誌』第二九号
坪井正五郎　一八八八年「石器時代遺物遺跡は何者の手に成たか」『東京人類学会雑誌』第三一号

渡瀬がコロボックルに関する論文を発表したその後に、続けて白井は三本の論文を発表している。白井がこの論争に火をつける前の様子を、まず振り返る。

一八八六（明治一九）年「貝塚より出でし土偶の考」では、各地で出土する土器や石器は何人が作ったか、国史にいう蝦夷かあるいは蝦夷以前の住民か、歴史書に記載が無いのでわからないという。また、遺跡が越後・信州・奥羽・北海道に多く西南地方に少ないのは、国史に伝える蝦夷の所伝と符合するとして、蝦夷が残したことを臭わせる。ただし蝦夷がアイヌとも言ってはいない。つまり、アイヌ説を主張する動きはこの時まだ無い。

一八八六年「石鏃考」では、石鏃使用者は歴史上に言う蝦夷であり、

　蝦夷をアイヌとすれば

と仮定ながらも、蝦夷は今のアイヌであろうと初めて言った。根拠については先延ばしした。

一八八六年「中里村介塚」ではどうか。「朝鮮土器」は純粋な日本人の祖先が作り、「縄紋土器」は蛮人が作ったもの。また「朝鮮土器」と「縄紋土器」の同時出土（地表面にての混在を誤認）は時間差ではなく、同時代人が往来した結果であると考えた。

白井は、一八八七年の論文「コロボックル果シテ北海道ニ住ミシヤ」から、論調を大きく変更している。むしろ急な形で現れる。加えて実名ではなく、M，Sなる実名を伏しての登場である。その最後の一文に白井の思惑、心情が吐かれている。

北海道及内地各所ニ遺存スル古代ノ土器石器ヲ以テコロボックル人種ノ使用セル者ト為スガ如キハ実ニ無稽ノ
臆測ニシテ恰(あた)ンド塚穴ヲ目シテ穴居ノ跡トナシ若クハ火雨ヲ避クルガ為メニ築造セルモノナリト云フニ等シキ
ヲ見ル（七五頁）

は、明らかにその直前に行われていた横穴論争を受けている。それにしても遡る四年前の論調との著しい違い、またコロボックル人種など「無稽ノ憶測」とはっきりしている。むしろ、し過ぎている。なおこの時はまだ、坪井はコロボックル説を表明してない。

坪井の一八八六年「太古の土器を比べて貝塚と横穴の関係を述ぶ」では、貝塚の土器の製作者を、

アイノか造つたのだらうともコロボックルが造つたのだらうとも言つて確かは知れません

とするにとどまり、せいぜい、

蝦夷人と言ふのは日本人で無いものを指すので今のアイノにも限りません

と、微妙な言い回しをするに止まっていた。

白井のコロボックル反対説は、坪井に対してという以前に、モースや、それを評価した三宅（『日本史学提要』の刊行）に対する感情からか、と説明したその訳である。それにしてもコロボックルが、なぜ

無稽ノ憶測

と言い切れるのか。古典に依拠する白井であって、白井の次の二つの論文に明らかとなる。一つが、「コロボックル果シテ北海道ニ住ミシヤ」である。

本邦歴史所載ノ蝦夷ヲ以テコロボックル人種ト為サザルヲ得ザル（七二頁）

つまり、コロボックル人種を認めるというならば、古典にある蝦夷をコロボックルと考えなければならない。それ以外の記録は皆無である。しかし、蝦夷がアイヌである事は、地名や、風俗、体格などから明らかで、コロボックルの

存在など認められない。

そして、「コロボックル果シテ内地ニ住ミシヤ」ではこうである。蝦夷は東夷の一部というが、それが登場するのは景行天皇の詔に

東夷種類蝦夷尤強シ（一四五頁）

という一語のみで、これをもって他の種族がいたなどとの断定などできないと述べて、

我国ノ歴史ハ蝦夷ノ強大ナルコトヲ伝テコロボックルノ強大ニ及バズ　而シテ蝦夷ハアイノ也

強烈なのは

反対論者ニ従フ時ハ其結果国史ト齟齬スルヲ如何セン（一四六頁）

ここに白井の姿勢がはっきり見える。絶対的な古典中心主義的である。古典に依拠して、蝦夷＝アイヌ以外の人種が列島にいてはならなかった。古典に無きは歴史でなかった。加えての、それと表裏をなす西洋嫌いだ。

大森ノ貝塚ハアイノノ遺跡タル明瞭ナリ（一四六頁）

モースの見解の微塵も無い(9)。また言う。

外国人ノ我国ノ人物ヲ探究スル者ノ説ニ曰ク　東京近郊及陸羽等ヨリ出ル土器石器及ビ貝塚ハアイノノ遺物ナリ　北海道ヨリ出ル者ニハアイノトコロボックルトノ二種交レリト

という考えもあるが、これも

信ズベキノ説ニアラザルナリ（一四七頁）

とはっきりしている。ミルンを指すに違いない。そもそも白井は

土器石器を使用せる人民（ただし厳密には関東地方など東日本―筆者註）

の年代を、

今より千年前後迄と想定していた。千年前後とは平安時代の終わり、古典記録も確かな頃となる。朝鮮土器と縄文土器が同じ時代と考えた白井にとって、この年代観に矛盾は無い。

なお、年代観にも基本的な認識の違いが良くわかる。モースや三宅、後には坪井も、貝塚の時代は、控えめに言っても三千年以前、別の言葉で「神代」あるいは「開闢の時代」と考えた。白井は、記紀には日本列島に人類が登場以来の総ての記録が網羅されているはずである、の思いを強くしていたはずだ。日本民族が「まつろわぬ民」と盛んに争った時代がその時期であり、よって「国史と齟齬」することは、確かに回避できていた。

「国史と齟齬」があってはならないとする白井は、極めて純粋な国体論者だった。考古学的な資料をいくら集めたところで、所詮は古典の範囲の中に収束し、都合の良い補強資料でしかあり得なかった。一方坪井の立場は、考古資料・民族（俗）的資料にあくまで拠った。これをして、白井を国体史観、坪井を欧米科学史観と対比させ、その対立の構造が現われた論争とみなしたい。白井と坪井の論争の意義を、本村充保は

二人は自説とした根拠が違う

として

坪井はアイヌの伝承を信じる立場をとり、白井はそれを信じない立場をとった

故に、

異なる結論に至った[10]

のだと理解する。全くその通りであるのだが、その立場を違えた由来は何処にあったか。直接的な根源としてモースがあったが、更に深きはここに述べた史観に行き着く。

次に坪井と白井の具体的な意見の対立を整理する。この史観の違いも確認できる。

3　坪井と白井の相違

まず、コロボックル派（坪井）とコロボックル否定派（白井）の主張を、論点をまとめて整理する。比較を容易とするため、同一の論点を同じ数字で示した。

［コロボックル派の主張］

①現アイヌは、土器や石器を持たないし、その作り方や用法すら知らず、木器を広く用いる。

②アイヌが、それほど古くないことについて、すでに分からないと言うことは、本来的に知らなかったことを意味する。よって、土器石器を残した人々はアイヌではなくコロボックルである。

③元来蝦夷と云ふ語は所謂東夷と同意に広くも用い、または東夷の一部分として狭くも用いる。広い意味の蝦夷ならばアイノもコロボックルも蝦夷の内といえる。つまり、アイヌとは別人種として日本での存在を認める。

④アイヌは竪穴住居には住まわない。

⑤アイヌの口碑を信ずる。

⑥貝塚土器の紋様とアイヌの紋様は類似しない。

⑦コロボックルの脛骨も亦扁平で有つたと信ずる。

［コロボックル否定派の主張］

①②アイヌの祖先が土器や石器を作らなかったとは信じられず、開化人種との交通により忘れてしまった。

③アイヌが、コロボックルのものだとする土器は内地のものと同じ。だとすると、アイヌであるべき文献上の蝦夷は、コロボックルを指すことになる。そのようなことはあり得ない。

④樺太アイヌには寒さをしのぐための竪穴がある。よって、アイヌに穴居の風習なしとはいえない。

⑤アイヌの口碑は信じられない。

⑥貝塚土器の紋様とアイヌの紋様は類似する。

⑦大森貝塚の人骨の脛骨は扁平で、アイヌの脛骨に類似する。

モースの非アイヌ説の影響によるものでは恐らくはないであろう。[11]と、坪井からモースとの接点を絶ち、坪井独自とする見方はあるいは強い。それは西洋嫌いという誤解された坪井に由来し、その誤解については否定した。こうして見ると、コロボックル説が改めてモースに近いことも確認できる。

この論争の対立の原因が、アイヌの口碑に対する認識の違いである事は間違いない。モースがアイヌの口碑を知っていたかは判らない。しかし、知った坪井はアイヌ以前の人種を具体化した。八木奘三郎が次のように核心を突く。

> モールスの如く、日本人、アイヌ以外と云へる先人の説ありしも、単に之を不明民族となさずして、コロボックルの名を用ゆるに至りしは一にアイヌの口碑を参酌せしこと疑ふ可からず[12]（傍点筆者）

「不明民族」と曖昧にすることを避ける必要を、坪井は感じた。

モースは住まいたる竪穴住居についても触れてはいないが、坪井はここにも注目した。コロボックルという具体的な人種と、居住形態としての竪穴住居。これを坪井は新素材として、プレ・アイヌ説に加えることで、結果的にモースを補強し独自のコロボックル説へ発展させた。

さて、そのように考えると、この時のコロボックル論争には、改めて先の史観の違いを確認できる。記紀を大きな拠り所とする白井。モースの言を尊重し、考古資料や土俗学を尊重する坪井。それはまさに「国体史観と欧米科学史観」の対立的な構図である。

もう少し補足しておく。白井にとっての歴史は古典で、そこになければ史実でなかった。一方坪井は、書かれることのない歴史を認識していた。明治の当時、他の人類学者・考古学者に比して、三宅と共に坪井も古典への信頼を低くしていた。もとより間接的な引き合いや言及はあったにしても、引用や参照、その記述をバックボーンとするような発言はほとんどないといえるであろう。隠さず云えば、次のような発言は確かにあったが珍しい。一八九〇（明治二三）年の「ロンドン通信」（『東京人類学会雑誌』第五二号）に

我々の祖先が彼等（野蛮人 ― 筆者註）に代つて豊葦原の瑞穂の国を平定したと云ふ功積を明かにするのでござります

ただしそれに続いて

凡祖太古の事は歴史計りでは精く知る事が出来ません、歴史前の事に至つては尚更の事別に之を知る手段を求めなければ成りません（二九〇頁）

として、遺跡遺物研究の重要性を述べている。つまり遺跡遺物につなげるための引用であり、記紀そのものを信憑すべきの発言ではない。そしてこの一文は「土中の日本」と題して、ロンドン在留日本人会に話した際の内容である、という状況も差し引きたい。古典の限界への認識は、次の一文にも明らかである。

初期の記録は口碑を文字に写したに過ぎない

とはじまり、

即ち伝へとしては口碑が古いには違ひ無いが、口々相伝へたものには誤りが有り勝ちである。聞く人に強い感じを起こさせんが為に話しに光沢を添へる事も有らう、煩を避けて省く事も有らう、為にする所が有つて枉げる事も有らう記憶の混乱も有らう、不注意の為に事実の錯雑を生ずる事も有らう。想像や作り話が実際の出来事と繋がり合つて仕舞ふ事も有らう、長い間には伝への絶えたる事も有り得べし、事柄に由つて本来何の伝へも無い事が有る訳で有る

ところが

古物遺跡の調査は此誤りの有り勝ちな口碑の正否を考へ、口碑の絶えた事や始からして口碑に存せない事を探

るに於て極めて肝要で有ります[13]

という。今にして、文献史学と考古学の補完性に通ずる指摘といえる。例えば、土蜘蛛などという種族の存在は、古典に載って知られるが誠に雲を掴むような存在である。その土蜘蛛に関する、考古資料に基づく坪井の驚愕の解釈を先に示した。坪井はまた、次のようにも言う。

古代の伝説、古記録に有るものを如何に解釈すべきか、斯う云ふ方から日本人種を調べて居る人が大分ある、昔から書いた物を確かな物と見て其中に見えて居るものをどう云ふ風に解釈したら宜からうか、自然それが日本人種の説のやうな風になる[14]

白井は非難されるべき一人だと、暗に伝えるような一文であり、古典記載の信憑性への懐疑、同時に日本人種の科学的解明への意欲を伺う。

それに比べて「コロボックル」は、口碑とはいえ確かにアイヌの伝承に具体性を帯びて存在し、つまり現実性に勝っていた。事実に近き可能性の模索こそ近代科学者の方法である。

坪井はこうした構図をよくわきまえた。従って、白井との論争に、分かりやすく言うと屈するわけにはいかなかった。屈したら従来の国体史観と変わらない。自らが人類学と銘打って立ち上げた学問分野が、奪い去られる危機だった。科学的な見方・土台を発展させようとする坪井の立場は、奇しくも白井という極めて保守的な思考を示す友人の発言により、むしろ鮮明に差別化されたといえるのである。

むしろこの時、坪井自身、人類学の立場や意義をより自覚的に認識する大きな契機となったのではあるまいか。その意味で、大変重要な意味を坪井に与えた。そして、繰り返すが、後退するわけにはいかなかった。アイヌの口碑を信じるか否か、あるいは文様が似ているか否かといった論争だったと、これが従来の認識の大方で、表層的な評価と思う。坪井の信じる先にある真実の深きへの追求が、人類学の存在・存続の勝負となった。わかりやすくいえば、信じなければ古典の記述で終わってしまった。

後に触れる竪穴住居問題に関して、

之を作りしものは何人ぞ

とした三宅の答えが興味深い。(15) アイヌ説とコロボックル説を見渡して、

其の是非は固より未言ひ易からずと雖アイヌの口碑としては前者は後者より広く行はれ且古伝の正しきものならん

前者はコロボックルを指し、三宅はその可能性を訴える。少しでも、の可能性を口碑に委ねる。開闢の時代に根拠を持たない古典世界。三宅は、事実の可能性を含む、少しづつでもの積み重ねで構築される歴史を目指した。そして坪井も同じであった。

二人のこの論争は史観の違いの対立であり、坪井にとって、譲ることは許されなかった。人類学確立の大義がかかった。以後坪井はそのために、一層考古学的・土俗学的な方法に磨きをかけて、理論の構築に邁進してゆく。

二　小金井良精と（形質人類学と総合人類学の対立）

1　二人で旅した北海道

一八五九（安政六）年生まれの小金井良精(16)は、坪井より四歳ほど年長で、後、形質人類学の始祖といわれる（第15図）。

一八八〇（明治一三）年に帝国大学医学部の前身を出、ドイツへ留学。解剖学・組織学を学び、一八八五（明治一八）年帰国。この時帝国大学医科大学教授となって、日本人で初めて解剖学の講義をもった。

一八八八（明治二一）年、二人は揃って北海道の調査に出た。

本会会員医学博士小金井良精氏及同幹事理学士坪井正五郎氏ハ帝国大学ノ命ニヨリ人類学研究ノ為本月五日北

第15図　小金井良精

海道へ出発セラレタリ[17]。

坪井は大学院に在籍中の、七月五日から帰京を九月六日とする二ヶ月間、実働五七日を共にした。この時の様子を、坪井は「石器時代の遺物遺蹟は何者の手に成たか」[18]に詳しく記し、小金井もこの時の事は坪井が述べている[19]、としてその内容を確認している。

この調査の後、二人は本島北半地域や千島列島・樺太などの再度の調査の必要性を認め、翌年の調査を約した。しかし坪井はその一八八九（明治二二）年六月から、仏・英への三年間の官費留学を命じられ、この約束は叶わなかった。一方の小金井は予定通りに行って、その様子が妻喜美子により「島めぐり」[20]と題して記録され、詳細を知ることが出来ている。また近年、高橋潔が「一八八八年の北海道調査旅行」[21]とまとめている。よってその詳細はそれらに譲り、ここでは調査の意義に関わる部分に焦点を絞って触れてゆく。

2　調査の目的と内容

坪井の目的は、自説として謳った先住民コロボックル説について、不明で有た所を明にし断言の出来なかった事を断言する根拠を得るため、と明快だ。

具体的には、アイヌの口碑や習俗の聴き取り、博物施設の調査、遺物の採集や竪穴の探索、アイヌのメノコ（女性）の入墨調査と、その行動範囲を広くした。ことに竪穴の調査は余市村に数個、忍路に数個、平取に一個、静内郡下下方（シモゲハウ）村共同墓地の側に四個、大楽毛から釧路へ行く道の両側に数十個、釧路郡役所近傍に一〇〇個以上、釧路から

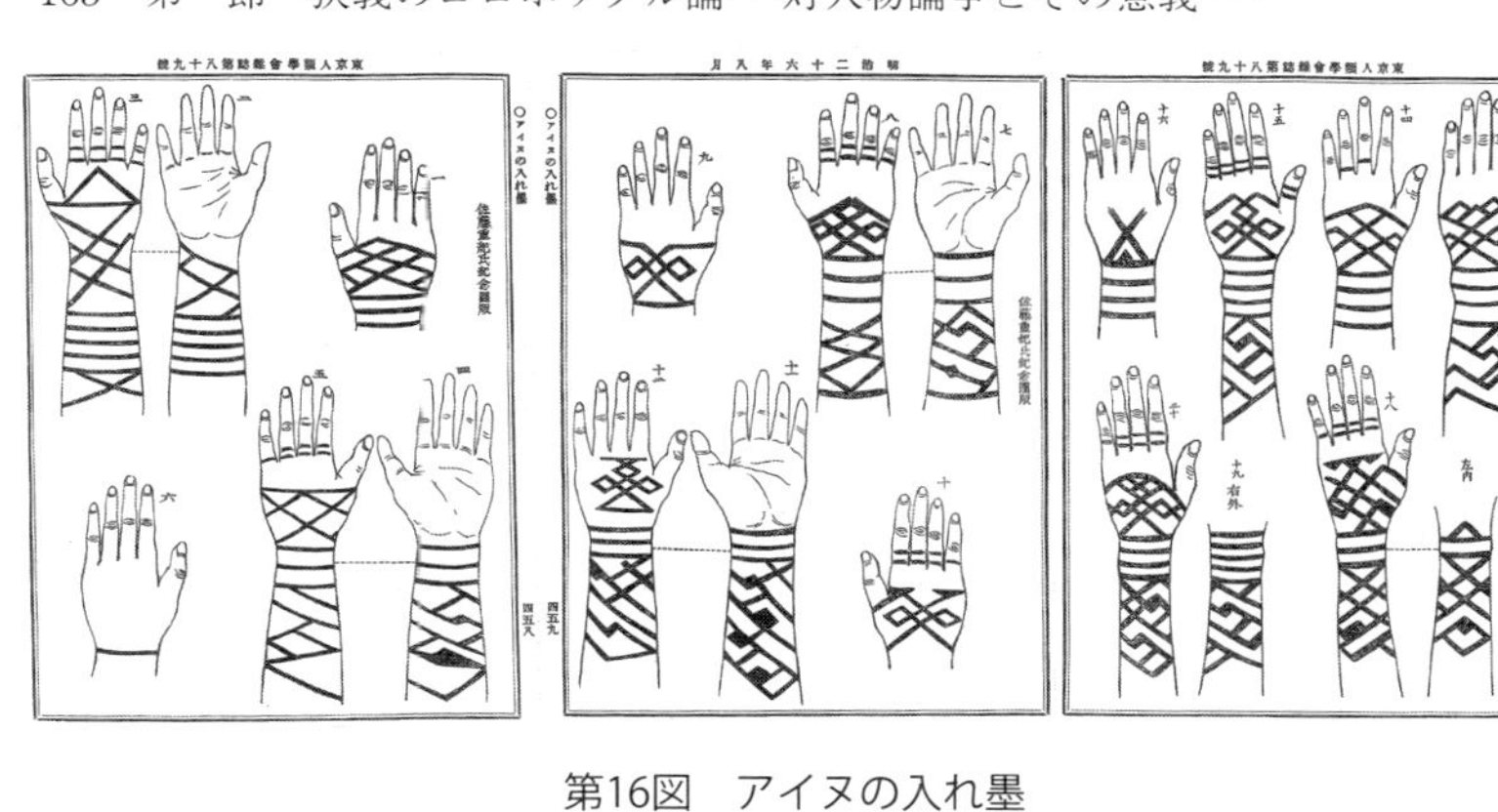

第16図　アイヌの入れ墨

仙鳳趾に至る間に数十、仙鳳趾から厚岸に至る間にも数十と、それぞれ実見して記録に残した。

アイヌ口碑も、計一九人からという精力的な取り組みを行った。この口碑こそが、後の坪井のコロボックル観の基礎となる。またアイヌのメノコの名前の由来（一八八八「アイノの名」『東洋学芸雑誌』八四）や、生活にも視点を注ぎ（一八八九「『アイヌ』の婦人」『東京人類学会雑誌』第四二号）、計二〇名のアイヌメノコの入墨も調査して（一八九三「アイヌの入れ墨」・「アイヌの入れ墨（続稿）」『東京人類学会雑誌』第八九・九〇号）、詳しく写しとってもいる（第16図）。さらに墓標にも注目し、四分類して特徴や分布、男女による違いなどを観察していた（一八九四「アイヌノ墓標」『東京人類学会雑誌』第一〇五号）。まさに精力的といってよい。考古・土俗・伝承と、人類学的分野の多岐に渡って、総合人類学的ともいえる内容の調査であったことを強調できる。

小金井の目的もまた明らかである。四八年後に当時を振り返って書かれた「アイノの人類学的調査の思ひ出」[22]を引用する。

> 一はアイノ人種の生態について計測観察し、一はなるべく多数のアイノ人の頭骨や骨骼を蒐集するためであった

アイヌ生体の計測に徹し、おおよそ一〇〇人の計測を果たした。骨格の蒐集にも力を入れた。ただし、大っぴらにはできにくかった。

　なるべく無縁の墓場を探し
夕食後の暗がりに人夫を連れて
　暗中ながら、星明りと、マッチを利用して
また
　なるべく見附られないように
と、涙ぐましい。墓暴きさながらのような発掘さえも行った。
その成果として、完全なものを含む七〇体前後の骨格を得て、また各地で貰い受けた頭骨は一二個、石油箱四二個の収穫とある。(23)
なお小金井の翌年二度目の調査旅行は、六月末日に東京を出て、九月四日帰京という、これも二ヶ月に渡る長きに及んだ。結果、両調査あわせてほぼ北海道の主要部を海岸沿いに一周したものとなっていた。
具体的に得たその時の成果をまとめておく。

3　二人の収穫の要点 ― 坪井 ―

坪井のこの時の成果は、「石器時代の遺物遺蹟は何者の手に成たか」によると、大きく四点にまとめることができる。
①貝塚からの所見。②アイヌの古俗。③口碑に知る先住民族の特徴。④樺太・色丹・本島アイヌに対する所見、である。

①貝塚に関する所見

函館で二箇所、釧路で一箇所見た貝塚は、もとよりその一部であって全貌は知りえなかったが、
　精々五六坪程の広さでホンの土に貝が交ざって居る位な事で決して武総の貝塚と比べに成る程なものではござりません（三八八頁）

と観察した。東京近傍のような規模の大きなものではないとする、この理由こそは傾聴に値する。貝類をあまり食べなかったというよりむしろ、

住居した年月の短かったと云ふのが、主な原因と思ひます（三九一頁）

関東と北海道における、貝塚形成の年月の長短の存在。このことは後の話にも関わる、極めて重要な指摘である。

②アイヌの古俗

・石器について、アイノの器物中には石の物はない[24]。石鏃・石斧を含め

アイノが石器を用ゐると云ふ事は決して見聞致しません

そして、昔も

我々の祖先は石で作った鏃や斧を用いたと云ひ伝へる抔とは申しません（三九三頁）。

・土器も同じで、アイノが昔土器を作ったという言い伝えもない。

・土器や石器はアイノ前の人民の用いたもので、これを拾えば縁起が悪く、手に触れることさえ忌むべきこと、といわれることさえあったという。

・住居について、

実に本島アイノ祖先が穴居したらうかと云ふ疑は極々僅も生じませんでした（三九四頁）

アイヌが穴居したという言い伝えもない。昔から小屋を建てて住み、穴に住んだなど決してなかった。そして、現存する竪穴は、アイノ前の人民の住んだ跡と、異口同音に答えた、という。

③口碑に知る先住民族コロボックルの特徴

・身長はアイヌよりも低かった。

・女の風俗として手に入墨を施した。

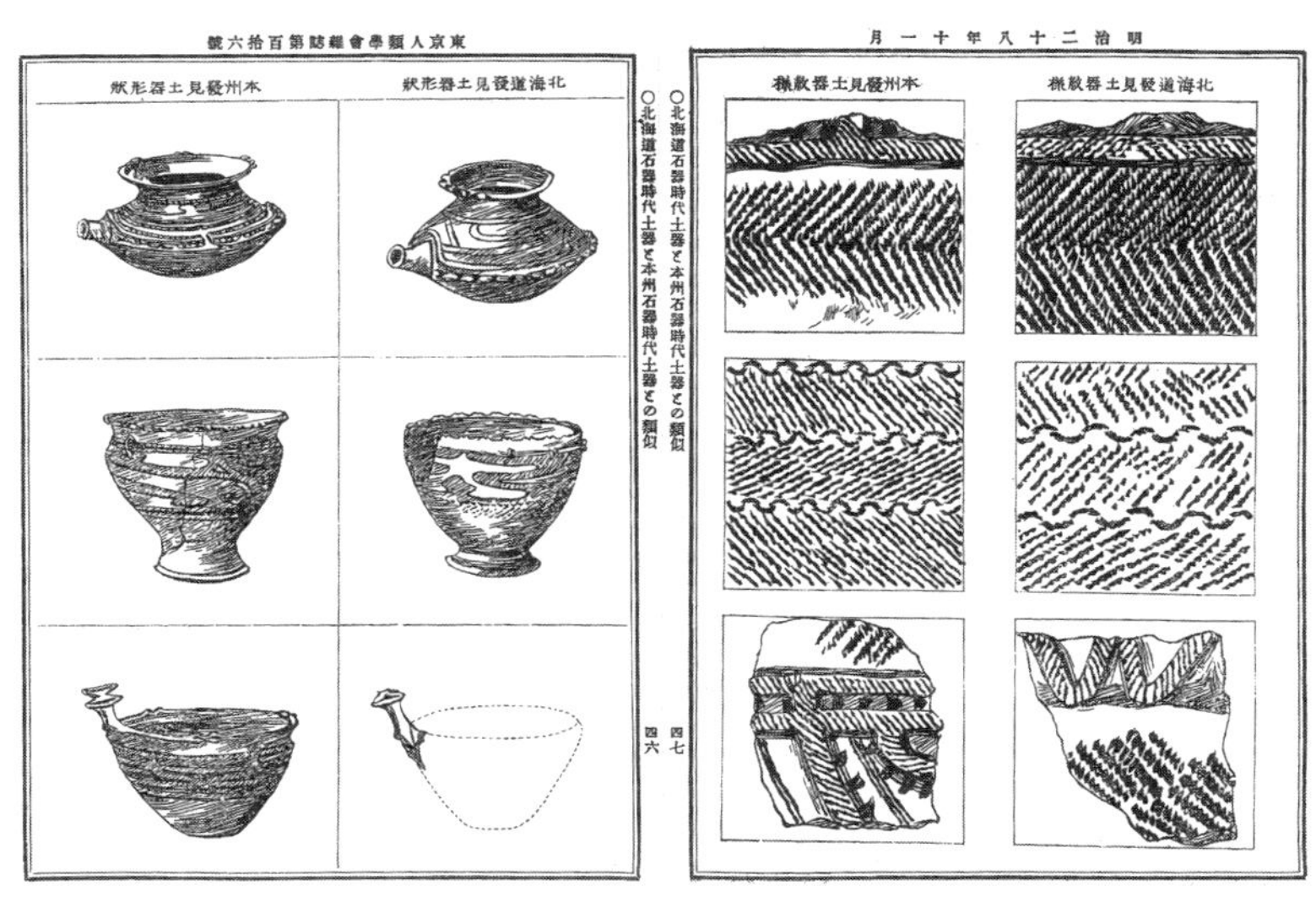

第17図　土器の比較

・竪穴住居は木の枝で屋根を作り、これに土を掛けたといい、あるいは蕗の葉で葺いた。
・土器や石器を用いた。
・魚を獲るに従事し、アイノと物品を交換することもあった。

④樺太・色丹・本島アイヌに対する所見

・色丹と樺太には穴居の人民が居る。
・穴居の風習は、カラフト土人は行ったが、本島ではなかったとして、
　カラフトアイノとの間に区別を立てねばならないとする。

ほかにも、模様の類似に気を配る。アイノの木彫や衣服の模様と貝塚土器の模様について、似てはいるが違うと、周到な説明も加えていた。なお若干以後のことではあるが、触れておく。坪井は本州から北海道にかけて同一人民が住んでいた事の証として、土器の比較を行った[25]。北海道と陸奥国の、今の土器型式名でいう亀ヶ岡式土器三点づつ、円筒式土器三点づつを取り上げた（第17図）。当然ながらそれぞれは、全く同一の内容を示す。これにより「同一種類人

民の仕業」、である事を強調した。

こうして、竪穴や土器石器を残した住民を、アイヌ以前のコロボックル人種であると確認した。同時に、コロボックルはどこに行ったのかという疑問に対し、樺太・色丹アイヌとの関係を示唆した。

4　二人の収穫の要点 ―小金井―

小金井にとって、一八八九（明治二二）年の色丹島、一八八八・八九年の札幌近郊の対雁（ついしかり）と、石狩北方のライサツで得た見聞は、特に大きな成果であった。色丹島は千島から、対雁・ライサツは樺太からの移住者の集落だったからである。

坪井が、樺太・色丹アイヌと、北海道本島アイヌは別であると考えていた故、これは重要な意義を有した。色丹島の住民は、一八七五（明治八）年の千島樺太交換条約の結果、日本領有となった千島列島のうち、北千島のシュムシュ島などの住民を一八八四（明治一七）年に移住させた民だった。対雁村の住民も同条約に基いて、ロシア領となった樺太の住民のうち日本国籍を望んだ八四〇名余を、一八七六（明治九）年に移住させた民であり、ライサツは対雁村からの漁の出稼ぎ地だった。以上の状況も踏まえて、本島アイヌと樺太・色丹アイヌが同じか違うか。これは先住民を考える鍵を握った。

小金井良精の「北海道石器時代ノ遺跡ニ就テ」（一八八九『東京人類学会雑誌』第四四・四五号）に基いて、小金井の成果をまとめてみる。

①色丹の住民

・色丹島の人種は、蝦夷島（北海道本島）アイノと同一で、自らもアイノと自称する。

・土地を一尺あまり深く掘り下げ、茅や板で周囲を囲って屋根を葺き土を被せた家を「トイチェ（土の家）」という。

酋長ヤーコップはシュムシュ島やポロモリシ島などにもトイチェは沢山あり、その中には土鍋・土壷・石器などがある。先輩は、これらは昔アイノの祖先が使ったものだと言った。

・コロボックルのハナシは誰も知らない。

②対雁・ライサツの住民

・蝦夷島アイヌと同一であると信じている。
・言語も蝦夷島アイヌと同じで、方言のような違いしかない。
・穴居については、冬季の穴居の答えを得る。
・コロボックルについては、「トンチ」と称する人種について、穴居し土鍋や石斧を用いた事を語り、何れかへ逃げ去ったことの話を聞いた。

以上の話を総合し、以下のように導いた。

・コロボックルと「思ワシキモノヲ聞知」しない。
・アイヌもかつては土器石器を用いていたが、その製法を忘れてしまった。
・アイヌは「無気力人種」であるから、かつては穴居し、土器石器も用いていたかもしれぬが、忘れてしまったと考えうる。

結論して言う。

石器時代ノ遺跡ハ『アイノ』人種ノ所為ナリト云ハ当ヲ得タル説ナラン（三九頁）

肝心な小金井の得意分野である貝塚人骨を計測した分析成果が、後一八九〇（明治二三）年公表された（「本邦貝塚ヨリ出タル人骨ニ就テ」（『東京人類学会雑誌』第五六号）。結果は、

貝塚人骨ニ於て発見シタル総テノ特異ナル現象ハアイノ人ニ於テ見ル所ノモノト同一種ナリ

と。ただし、示された統計的なデータや数値は、世界各地の古人骨や黒奴、南洋人にも見られるというような、解釈を曖昧とする程度のものでしかなかった。後に坪井の反撃を受けることを当然とするような貧弱さだったが、ともかく貝塚人骨とアイノ人骨の近似を示唆した。なお、最終的に貝塚人骨の特徴を、改めてアイヌに結びつけての解釈の論拠は

往昔アイノ人種ノ此土地ノ大ナル部分ニ居住シ、漸々北方ニ逃走セシコトハ歴史上信ズベキコト（四四頁）

にある、とする。「歴史上信ズベキコト」に、結局あるということだろうか。小金井にも、詰まるところ古典の強い縛りがあった。

5　二人の論争 ―坪井・小金井第一次論争―

二人を中心とする、この間の論文を示しておく。

坪井正五郎　一八八八「石器時代遺物遺跡は何者の手に成たか」『東京人類学会雑誌』第三一号
小金井良精　一八八九「北海道石器時代ノ遺跡ニ就テ」『東京人類学会雑誌』第四四・四五号
坪井正五郎　一八九〇「土中出現家屋に関する白井光太郎氏の説を読む」『東京人類学会雑誌』第四九号
坪井正五郎　一八九〇「北海道石器時代の遺跡に関する小金井良精氏の説を読む」『東京人類学会雑誌』第四九号
山中　笑　一八九〇「縄紋土器はアイヌの遺物ならん」『東京人類学会雑誌』第五〇号
小金井良精　一八九〇「「アイノ」人四肢骨ニ就テ」『東京人類学会雑誌』第五三号
坪井正五郎　一八九〇「縄紋土器に関する山中笑氏の説を読む」『東京人類学会雑誌』第五四号
小金井良精　一八九〇「本邦貝塚ヨリ出タル人骨ニ就テ」『東京人類学会雑誌』第五六号

無名氏（森鴎外）　一八九〇「「コロボクグル」といふ矮人の事を言ひて人類学者坪井正五郎大人に戯ふる」『醫事新論』第八号
坪井正五郎　一八九〇「「コロボックグル」といふ矮人の事を言ひて人類学者坪井正五郎大人に戯ると題する文を読む」『東京人類学会雑誌』第五七・五八号
坪井正五郎　一八九一「小金井博士の貝塚人骨論を読む」『東京人類学会雑誌』第六一号
坪井正五郎　一八九三「常陸風土記に所謂「大人践跡」とは竪穴の事ならん」『東京人類学会雑誌』第八八号
坪井正五郎　一八九三「日本全国に散在する古物遺跡を基礎としてコロボックル人種の風俗を追想す」『史学雑誌』第四〇・四一号
坪井正五郎　一八九三「石器時代の遺跡に関する落後生、山渓居士、柏木貨一郎、久米邦武四氏の論説に付きて数言を述ぶ」『史学雑誌』第四二号
坪井正五郎　一八九三「コロボックル所製器具図解」『史学雑誌』第四四号
小金井良精　一八九四「アイノ人種ニ就テ」『東京人類学会雑誌』第九四号
坪井正五郎　一八九四「石器時代人民に関するアイヌ口碑の総括」『東洋学芸雑誌』第一四八号
坪井正五郎　一八九四「石器時代人民に関するアイヌ口碑の総括（承前）」『東洋学芸雑誌』第一四九号
坪井正五郎　一八九四「日本に於て石器土器を採集し研究するに付きて注意すべき諸件」『史学雑誌』第五編第五・六号
坪井正五郎　一八九五「北海道石器時代土器と本州石器時代土器との類似」『東京人類学会雑誌』第一一六号

以上、二人の争点ははっきりしている。

・土器石器、そして竪穴住居は誰が作ったか。

・本島アイヌと、樺太・色丹アイヌは同じか違うか。
・貝塚人骨の特徴は、アイヌに同じか違うか。

ことごとくに正反対の見解で、平行線の議論であった。その解釈の違いの根底こそが問題であるが、この点については後に述べたい。

さて先にも触れたが、小金井の真骨頂、人骨分析さえ、この計測に用いた人骨は、頭骨の揃ったものは皆無で、いわば散乱人骨とでもいえるような断片的な資料であった。

小金井の信ずる歴史解釈の点から、アイヌと同一種に属すると結論されていることになるのである(26)と、これも先に評価したと同じ内容の工藤の指摘で、小金井の真価の発揮＝見せ場はなかった。

坪井が早速噛みついたことは言うまでもない。翌年「小金井博士の貝塚人骨論を読む」で、貝塚人骨とアイヌ人骨と

　同じと云ふ意か、異なると云ふ意か

あるいは

　差し当り貝塚人骨とアイヌ人骨との異同を明言されん事を冀望致します

と突いた。この他の指摘も加わって、結局小金井の決定打とは成り得なかった。

6　コロボックルとは何人種なり

コロボックルとは周辺のどの人種に対応するのか、絶滅した可能性も含め、坪井に対するこれは小金井良精による本質的な問いかけである(27)。小金井は自らの調査で蝦夷・樺太・色丹アイヌは同一種であり、色丹アイヌは竪穴住居に住み、アイヌの祖先は土器や石器を作った、との酋長の話を採集して坪井に迫った。これに対して坪井は、三人種の

同一はまだ確かな生理学上の検証を得て居ない憶測に過ぎない、と退けた上、土器石器を使用したという酋長自身の話にも信憑性はもてぬとし、また北海道の竪穴の総てがアイヌの住んだものとは言い切れぬ[28]、と逃れている。

そもそも坪井による三種アイヌの認識は、

カラフトアイノと本島アイノとは全くの同種とは思はれず

また

カラフト土人、シコタン土人は今も穴居すると云ふ

のであるなら、

両所の土人に就て穿鑿

することがまず肝要だと述べている[29]。蝦夷アイヌ以外に、アイヌ以前の住民たるコロボックルを想定することで、小金井の矛先を一時的にかわそうとしていたのである。また、小金井に対し

生理学上の検証を得て居ない憶測

とかわすなどの一事にしてもわかるように、

ちぐはぐでかみ合わぬ

と表現できそうなこの論争は、この時点では確かに坪井の立場に窮鼠を思わせ、発言には強権的姿勢を漂わす。坪井の反証の方法や言動を、

甚しき没分暁的言語なる[30]

あるいは

我儘勝手に憶測

無理に推付け[31]

などと表現されて致し方ないような、
　かなり無理な論を展開せざるを得なかった[32]
状況であったことも、ぬぐいきれぬ事実であった。
　しかし一方で、コロボックル説強化のための、坪井の多角的で精力的な努力を忘れることは出来ない。特に考古学的分野の開拓に目覚しかった。
「常陸風土記にある大人践跡とは何か」の答えを、本土内では初の竪穴住居の可能性と導いたり、土偶の紋様に詳細な検討を示し[33]、また
　日本全国に散在する古物遺跡を基礎としてコロボックル人種の風俗を追想す
「コロボックル所製器具図解」では、各種石器や土器の紹介や用法に、非常に詳細な観察を加えていった。
　坪井がコロボックル説を成立させるために考えだした遺物解釈は、今日的にみてもほとんど遜色はない。坪井の解釈をそのまま受け継いだものも多々存在する[34]
との評価のように、坪井の考古学的手法が確かな進化を遂げてゆく。
　さて、この平行線に決定打を欠いた二人であったが、鳥居龍蔵の調査が新たな局面を切り開く。

7　鳥居龍蔵の参画 ― 坪井・小金井第二次論争 ―

海軍軍人であり探検家である郡司成忠（一八六〇 ― 一九二四）は、ロシア帝国との国境地帯として重要視されるようになっていた千島の島々へ、その厳しい気候条件にもかかわらず拓殖のために乗り出した。このとき北千島シュムシュ島で発見した竪穴が、コロボックルの遺したものではないかと、一八九九（明治三二）年四月、人類学教室の坪井に持ちかけた。坪井は多忙ゆえを理由にその調査を鳥居龍蔵に命じ、鳥居が現地に赴いた（第18図）。

鳥居出立の前か帰京後か、いずれにしろこの頃の象徴的な写真といえる

第18図　明治22・23年頃の坪井・鳥居・小金井三氏と千島アイヌとの記念写真

この時のことを鳥居は後に、「北千島調査」と書き残す（一九五四『ある老学徒の手記』朝日新聞社）。坪井が鳥居に

「自分は講義やその他の公用があるから、お気の毒だが、君が同島に出張してこの調査をしてもらいたい」と申された

というように、非常に過酷な調査の予測を容易とした。しかし、二ヶ月にわたるこの北千島占守島の探検成果は大きく、小金井にとって非常に有利な状況を生んだといわれる。一九〇三（明治三六）年の『北千島アイヌ』（吉川弘文館）がその調査成果である。

鳥居は色丹島移住以前の竪穴住居を実見し、また多数の土器・石器・骨角器も得て、ロシア人がこの地に来る一七一一（宝永八）年頃までは、そこで暮らした人が居た事を確信した。その上、千島アイヌの間にはコロボックルのような先住民の口碑などなく、彼らの祖先が遺したものだと聴き取った。もとより石器も、鉄のなかった頃には使用しており、土器の製法も精しく記憶されていた。特に内耳土器（土鍋）が南千島や樺太（サハリン）、はたまた北海道にもある事を知り、

かく同一なる遺物が北海道本島にもサハリン島にも出るとせば云ふまでもなく、こは明らかにクリルスキーアイヌと同一種族の手になつたもの[35]

であり、この種の土器を出土する遺跡はアイヌのものであると結論した（一九〇一「北千島以外に内耳土器の種類は存在する乎」『東京人類学会雑誌』一八八号）。

アイヌは土器石器を知らず・作らず、しかも竪穴に住まずという、コロボックル論者の足元を大きく脅かすことになる。この時のことを鳥居は言う。

私がこの事を発表したので、一時鳴りを鎮めて手も足も出なかったアイヌ説に息吹きかけたこととなって、小金井博士は当時上野にあった帝国学士会院にて再び石器時代論を講演し、私の説を基礎として坪井博士のコロボックル論に肉薄して行った

と。ここまでで止めておけばと思うのだが、

これは私が恩師に対して甚だ気の毒な次第ではあるが、事実はいかんとも仕方がないほどの自信を示し、

私は洒落に、アイヌ論者は私に向って大いに賞揚あって然るべきであろうといおうと思う[36]

とまで息巻いた。

結果、一八九四（明治二七）年の発言以来息を潜めた小金井であったが、一九〇三（明治三六）年三月、東京学士院で「日本石器時代の住民」と題した講演を行い、すぐさま『東洋学芸雑誌』第二五九・二六〇号に発表されるに及び、「論争が再燃」[37]してゆく。ここで小金井は、一八九〇（明治二三）年の「「アイノ」人四肢骨ニ就テ」および「本邦貝

塚ヨリ出タル人骨ニ就テ」（『東京人類学会雑誌』第五三・五六号）で示した自ら専門の人骨データを強調して、貝塚人骨とアイノ人骨との違は、アイノ人と日本人との間の違いよりも大きいと、その小金井のデータから読み取った坪井の主張（一八九一「小金井博士の貝塚人骨論を読む」『東京人類学会雑誌』第六一号）を退けて、アイノ人骨と貝塚人骨の違いの小さきことを強調するに強気となった。さらにその上で、具体的には以下の坪井の反論に見るような、自らの学問範疇の外にあった考古学・土俗学の分野にまでその姿勢を拡大して見解を述べるほどの勢いだった。

もとより沈黙する坪井でなかった。すかさず同年「日本石器時代人民論」を書いて反論している。

等しく石器土器骨器を製造使用し、若くは竪穴貝塚を作ったの故を以て彼等を同種族で有ると断ずることは出来ない。内耳土器の分布にしても、

北千島アイヌと同一の種族が南方にも居つたらうと云ふ丈の事で、

日本の主要なる石器時代人民が慥に北千島アイヌと同一種族であると云ふのではないとひるまなかった。

そもそも、先にも触れたが小金井が得意として扱った石器時代人骨でさえ僅少な上、頭骨はなく、四肢骨の扁平性など

彼の専門とする体質上の反論には、それほど迫力が感じられない[38]

といわれていたしかたない内容で、坪井を追い込むには遠かった。加えて小金井は、坪井の考古学、土俗学上の論拠を丹念に覆そうとするのだが、これがかえってあだとなる。

小金井氏は解剖学を離れて考古学土俗学に入って来られた（二六一号、二四七頁）

と、坪井の壷にはまって反撃されてしまっていた。

この間の主要な論文を挙げておく。

鳥居龍蔵　一八九九「北海道千島に於ける人類学調査」『東京人類学会雑誌』第一六二～一六八号

鳥居龍蔵　一九〇一「北千島に存在する石器時代遺跡遺物は抑も何種族の残せしもの歟」『地学雑誌』一三巻一五一・一五二号

鳥居龍蔵　一九〇一「北千島に存在する石器時代遺跡遺物は抑も何種族の残せしもの歟」『東京人類学会雑誌』一八七号（先の『地学雑誌』掲載の同名論文と同一再掲）

鳥居龍蔵　一九〇一「北千島以外に内耳土器の種類は存在する乎」『東京人類学会雑誌』第一八八号

清水元太郎　一九〇一「鳥居君の千島石器時代論に付て」『東京人類学雑誌』第一八八号

鳥居龍蔵　一九〇三『北千島アイヌ』吉川弘文館

小金井良精　一九〇三「日本石器時代の住民」『東洋学芸雑誌』第二五九・二六〇号（一九二八『人類学研究』大岡山書店再録）。また同年同名で単行本となって刊行（春陽堂）された。これにより論争再燃

坪井正五郎　一九〇三「日本石器時代人民論」『東洋学芸雑誌』第二六一・二六三・二六五号

鳥居龍蔵　一九〇三「コロボックルに就て坪井、小金井両博士の意見を読む」『太陽』第九巻一三号

坪井正五郎　一九〇四「日本最古住民に関する予察と精査」『太陽』第一〇巻一号

小金井良精　一九〇四「日本石器時代の住民論追加」『太陽』第一〇巻四号

8　論争の意義

後の事になるが、清野謙次（一八八五―一九五五）に登場願う。病理学と微生物学を専門とする京都帝国大学医学部教授であった清野は、一九一九（大正八）年から翌年にかけて、岡山県津雲遺跡で得た縄文人骨四六体をはじめと

する、日本各地の古人骨の各部位の長さの比率などを測定し、

　現在の日本人とアイヌ人は、津雲人と比較するとずっと似ている

と結論付けた。その背景を、

　現代アイヌ人も現代日本人も元々日本原人なるものがあり、それが進化して、南北における隣接人種との混血

　によって

成立したと説明した。[39] その後学史上、原日本人説として知られ、多くの学者に歓迎された。ただし清野は、後には人種的混合性を完全否定し、日本列島住民は最初から日本人であって、連綿と現在まで続くと主張した。先にも触れた、黒川と共通して清野が黒川を評価する蓋然性でもある。[40]

　このことを先行して書いた理由は、清野が小金井のアイヌ説を、同じ形質人類学の立場からその欠陥を指摘して、真っ向から否定しているからである。先の津雲遺跡の分析報告もさることながら、一九四九（昭和二四）年の『古代人骨の研究に基く日本人種論』（岩波書店）に顕著である。

　忌憚なく云ふと、同博士（小金井―筆者註）の石器時代人骨は今日から見ると気の毒な程少数の人骨破片であった。これではとても纏まつた事が云へる筈はないし（中略）到底数理的統計的に取扱へるものではなかった（五〇頁）

として、小金井が日本石器時代人とアイヌの共通な類似、特異性としたものは決して特異でもなく、

　貝塚人とアイヌ間の差はアイヌと日本人との間の差よりも大である．此点坪井の論拠は正し（五一頁）

く、さらにはこの程度の人骨計測ならば

　何等アイヌ論を証明したものではない。それは当時坪井正五郎が云つた通りであつて、此の坪井の言は今日も尚正しいのである（五二頁）

とまで言わしめる。

このように振り返ってみると、この論争の坪井にとっての本質がみえてくる。一言で言えば、形質人類学への懐疑である。

今でいう形質人類学を、日本に導入した初めがドイツ人の御雇学者ベルツであって、当時は体質人類学といっていた。ベルツは日本人の体質についても調査を重ね、タイプの違いの存在を説き、これを人類学としてアンソロポロジーの用語もこの時日本に入ってきた。坪井はこれをどう見ていたか。鳥居龍蔵が、興味深い事を書き残す。(41)

坪井は、留学以前は確かに

大島・八丈島等を巡回した当時や、角力取り等の身長や指極などの測定をしたこともあったとする。事実、一八八七（明治二〇）年四月大島・八丈島はじめ伊豆諸島人民の身長・指極・頭尾・胸囲など身体計測を行って、「伊豆諸島にて行ひたる人身測定成績の一つ」（一八八七年『東京人類学会報告』第一六号）・「伊豆諸島に於ける人類学上の取調、大島の部」（一八八八年『東京人類学会雑誌』二三号）と発表していた。つまりこの時、体質人類学に少なからぬの関心を示す坪井であった。

力士測定は、医学士・三輪徳寛の手伝いとして参加したが、面白い。三輪によると、それまで力士の測定などなかった当時、ベルツが

東亜協会報告中ニ於テ力士ナル者ノ身長及ビ体重ハ非常ニ大ナルモノ

と注意を促し、

学術的ニ力士ヲ測定シタル人ヲ聞カズ

また、記録もなかったために行ったという。そもそも「学術的」の内容が面白い。

世人中或ハ力士ナル者ハ平常ノ日本人トハ別族ナル人類ナラント想像シ居ル位ニテ力士族トデモ謂フベキ者アル様ニ思ヒ居ル者モアリ

当時の人種に対する認識の一端に触れて興味深いが、まじめにそのように思われていた時代であった[42]。そして一八八七（明治二〇）年の一月、六日間で三七一人の測定を、坪井の助けを得て行ったと記されている（一八八九「力士測定の成績」三輪徳寛『東京人類学会雑誌』三五号）。

しかし帰朝後の坪井は、大きく姿勢を変化した。

決していたしませんでした

そして、

かく頭蓋いじりして何の利益ありや

といい、

体質のことは講義中に話すくらい[43]

であったという[44]。

またこのようなこともあった。医科大学の某教授が坪井に、ベルツを東京人類学会の特別会員にでもと勧めた際にも、

強いて当方から殊更に入会を乞う必要もない。若し氏にして強いて入会する意思があるならば、氏から直接に入会せらるるがよい

と言ったという。西欧の学問を忌み嫌うというより、体質人類学を、いってみれば信用しない、あるいはさげすむような坪井であったと解釈できる。

一方、鳥居にして「体質人類学の大家」、と言わしめた小金井はどうか。元来解剖学を専門としつつ、留学先のドイツにおいてワルダイエルから頭骨測定などを学び、興味を持って帰朝した。ちょうどベルツが日本で活躍する時期と重なって、直接的な関係はなかったが、その間にベルツの刊行した『日本人体質論』は

立派なもので[45]

故にそれを知った小金井は

ああ我が日本人の調査はベルツ氏に手をつけられたり[46]

と地団太踏んで悔しがったということだ。つまりそれほどに体質人類学に力をそそいだ。

ところで坪井の人類学は、「一種のシステム」をもっていた、との鳥居の表現は、良く坪井の学問を表わしている。そして

世の学者中解剖、古物、土俗等の一方に偏した人はありましたが、正しく人類を学問から見、それに向って一つの正しいシステムの下に講義をせられた学者は我が坪井氏一人であります

といい、

氏の人類学は正しい科学的、哲学的系統を具備して居ります[47]

と続ける。この坪井のいわば総合的な視点をもつ人類学にとって、体質人類学などはその一部にしか過ぎなく、それ以上にその成果には懐疑的でさえあり、日本列島人類の本質に迫ることなど到底出来ぬと考えていた。

さて、論争の意義は何処にあったか。形質人類学の前に、総合的に積み上げる坪井の人類学（＝総合人類学的方法）が崩れることは、許されなかった（第８図）。

モースのアーケオロジーに対しての、それとは別とする坪井のこだわりと、この点で良く似ている。小金井の形質人類学。ともに坪井にとって、範囲の狭い学問ではあり得なかった。逆にこのことを強く訴えるため、例え「甚しき没分暁的言語」といわれる場面があろうとも、この論争に、やはりつまずくわけには行かなかった、とその心情を復元したい。

小金井は北海道調査を振り返った手記の中に、坪井のことについては一言も触れていなかったと、これはいくつか

の研究者の指摘するとおりの事実である。

　両者の間がうまく行かなかった[48]

という感情的なすれ違いの原因が、そもそも学問観・方法論の違いがあって、の事ではなかったか。かみ合わぬ議論もここにある。そうした中での、

　小金井氏は解剖学を離れて考古学土俗学に入って来られた

との言に込められた坪井の思いは、形質人類学何者ぞ、といった我が意を得たりをにじませる。

なお補足的に現生のアイヌ種族に対する、この時の対照的な二人について触れておく。

小金井は

　アイヌは無気力人種である

から、かつて土器や石器を使用し、竪穴に住んだことを忘れてしまったという。あるいは、アイヌの窮状を知りつつも

　アイノ人種は一種の頽廃人種であります

といい、

　未開人種は文明人種の為に段々破られて仕舞つて滅亡する

のは必然だから、

　純粋のアイノ人種としては何れ滅亡するであらう[49]

と冷徹だ。

　一方、坪井は。一八九九（明治三二）年の北海道旧土人保護法成立の翌一九〇〇（明治三三）年、教育運動を開始した。[50] 海保洋子に詳しいが、[51] 坪井も積極的にこの救済事業に関わった。[52] こうした事業に対し、アカデミズムの

優越意識(53)

といったエゴイズム的な評価も確かに出来るが、

国家主義だろうとお情け慈善だろうと、当時においては彼ほどアイヌ救済を熱心に説いた者は数少なかった

と、これは小熊英二の評価であって、(54) 支持したい。教育への信頼と、人種差別への反対。これは後に述べるように、実に坪井の人種観の真理であった。例えば皮膚の色に象徴されるような人種の違いは、優劣の差ではないと、はっきり言い切る坪井である。(55) してみると、坪井と小金井の違いは大きい。

より深層に根ざした違いが、両者の学問観に現れている。それはそのまま坪井の人類学の広さであって、小金井の体質人類学に対する、はるか高い立場を広く知らしめる必要を強く認めた。論争の意味はここにある。

三　濱田耕作と（型式学的方法の萌芽をめぐる）

1　その背景

土器にしても石器にしても同一人種の作、との証には、両者の類似性を説くが早道である。坪井は「北海道石器時代土器と本州石器時代土器との類似」（一八九五『東京人類学会雑誌』第一一六号）の中で、石器の比較も肝要であるとしつつ、次のように土器の優位を説明する。

土器形状の意匠や土器紋様の意匠の比較は、人をして関係の有無を強く感ぜしむものでござります（四五頁）

土器は可塑性に富む粘土によって作られる故、一定の空間・時間の中においては同一の様相を醸し出し、それ故時間空間の目安となって、今、考古学研究の重要な柱となってその細分研究が進行している。類似の背景までも坪井は、

細工人が手本と成る品物を見て居なければ出来る筈がござりません（四九頁）

と説明している。土器の、型式学的研究の走りとなる様な認識を示す一言である。

第19図　濱田耕作
（1938年６月18日の写真）

さて、濱田耕作の号は青陵、「日本近代考古学の父」といわれる。一八八一（明治一四）年（〜一九三八）の生まれであるので、坪井より一八歳の年下となる。大阪岸和田藩の、上級藩士の家系に生まれた。第三高等学校（現・京都大学）を経て、東京帝国大学で美術史を専攻し、卒業して京都帝国大学考古学研究室初代教授に就任し、やがて総長にまでも登り上がった（第19図）。

その濱田の書いた論文が、新たな論争の火種となった。一九〇二（明治三五）年、若干二一歳の時である。

その論文の、直前の様子を知らねばならない。一八八八（明治二一）年、アイヌ模様と貝塚土器の模様とは違う、と説明した論文を坪井が書いた（「本邦石器時代の遺物遺跡は何者の手に成たか」『東京人類学会雑誌』第三一号）。アイヌの木彫や衣服の模様と、貝塚土器の模様とでは、曲線の形が違っており、また土器表面の縄紋と、アイノ木具の「点」（坪井の表現）は似てはいるが、アイヌの場合魚鱗を模し、貝塚土器は編み物を押し付けているので相互の縁は無いとした。この見解に対する批判が出ていた。翌八九年、佐藤重紀「アイノ澤遺跡探求記」（『東京人類学会雑誌』第四六号）、翌九〇年、山中笑「縄紋土器はアイヌの遺物ならん」（『東京人類学会雑誌』第五〇号）などがそれである。

答える形で、坪井は一八九六（明治二八）年、「アイヌ模様と貝塚模様との比較研究」（『東京人類学会雑誌』第一〇九・一一〇号）を書いた。個々の紋様を「分子」に例え、ただし分子の分類での相互比較は困難として、その配置こそが大切であると考えた。文章に例えると、分子は「詞」、配置は「文法」であるとする。その配置法に三つを認める。散布模様（その好例が日本婦人服の裾模様や日本家屋の襖模様）、並列模様（その好例はアイヌの糸巻きの彫刻など）、連続模様（そ

の好例がレースの模様）で、貝塚土器には連続模様が、アイヌには並列模様が多く、従って

　同一人民の手に成つたものでは無い（二一七頁）

と結論付けた。この内容で、正直当時の読者のどれほどが理解が出来て、納得したのか疑問であるが、兎も角、自説の為の模索を続けた。坪井にとって、北海道と本州の土器製作者は同一であると説明できても、それがアイヌとしての同一性であるという可能性も残してしまう。アイヌは土器を作らなかった、とはしていたものの、使われている模様も貝塚土器とアイヌ模様では違うのだ、とのより強力な説明がなされた時に、アイヌと先住民は異なるという自説の補強は完璧となる。そのような思惑の元に書かれていた。

濱田はここに疑問を抱いた。

2　濱田の疑問と坪井の答え

先の坪井の論文も含め、以下が濱田と坪井のやり取りである。

坪井正五郎　一八八八「本邦石器時代の遺物遺跡は何者の手に成たか」『東京人類学会雑誌』第三一号
佐藤重紀　一八八九「「アイノ」澤遺跡探求記」『東京人類学会雑誌』第四五号
佐藤重紀　一八八九「陸奥上北郡「アイノ」澤遺跡探求記」『東京人類学会雑誌』第四六号
山中　笑　一八九〇「縄紋土器はアイヌの遺物ならん」『東京人類学会雑誌』第五〇号
坪井正五郎　一八九六「アイヌ模様と貝塚模様との比較研究」『東京人類学会雑誌』一〇九・一一〇号
濱田耕作　一九〇二「日本石器時代人民に就きて余か疑ひ」『東京人類学会雑誌』一九八号
坪井正五郎　一九〇二「コロボックルに関する濱田氏の疑問に付いて」『東京人類学会雑誌』第一九八号
濱田耕作　一九〇二「再び石器時代人民に就きて」『東京人類学会雑誌』第二〇〇号

坪井正五郎　一九〇二「再び石器時代人民に関する濱田氏の問に付いて」『東京人類学会雑誌』第二〇〇号
濱田耕作　一九〇三「日本石器時代人民の紋様とアイヌの紋様に就て」『東京人類学会雑誌』第二一三号
坪井正五郎　一九〇三〜一九〇四「日本石器時代人民の模様とアイヌ模様との異同」『東京人類学会雑誌』二一三・二一四・二一六号
濱田耕作　一九〇四「日本石器時代人民の模様とアイヌ模様に就て坪井先生に答ふ」『考古界』第三篇一一号・第四篇第四・六号

「日本石器時代人民に就きて余か疑ひ」、これが濱田が最初に疑問を挟んだ論文である。

我が石器時代人民がアイヌなりや将たまたアイヌ以外のコロボックルなる種族なりや等の問題は、頗る重要にして而かも最も困難なる問題なり、されば甲論乙駁未だ其の何れに適帰すべきかは余輩後進の屢々惑ふ所にして

と、恭しく始まるものの、その内容は坪井を鋭く突いた。

所謂コロボックルなるものがアイヌ以前に（或は同時に）此の国土に住せりとせば、我が天孫人種の遺跡遺物とコロボックルの遺物遺跡が現今我が国土の至る所に発見さるると同時にアイヌの遺物遺跡も発見せられざる可からず（四九〇頁）

アイヌの遺物遺跡のみが全く湮滅してしまったとは考えられない。コロボックル論者は、この疑問にどのように答えてくれるか、を趣旨とした。

坪井は、正直この問題には困惑したのではなかろうか。「コロボックルに関する濱田氏の疑問に付いて」では、アイヌの祖先は如何なる生活を仕て居たか、彼らの用ゐた利器は如何なる物で有つたか、とは、アイヌに関する事で、コロボックル論とは自ら別の問題であります（五〇〇頁）

と、辛うじて火の粉を振り払いのけた、との印象を拭えない。

これで納得できようはずはない。二ヵ月後、心中を表わすように濱田は論文「再び石器時代人民に就きて」を投稿する。再度の繰り返しではあったが

アイヌにして石器を使用せざりしならむには、彼等が本土に残したる遺物は何処に之を求むべきや、未だ調査の効挙らずとするか、将た又アイヌの遺物は腐朽して湮滅せりとするか

と、わざわざ傍点を付って強調し、

是れ恐くはコロボックル論には自から別ならむと、余輩の根本的疑問は茲に存するを以って、希くは先生等の我が甚しく尊厳を冒すを寛恕して、再び教示を玉はんことを（七二頁）

と丁寧な姿勢で結んでいる。濱田の熱意をそこにみる。

坪井は「再び石器時代人民に関する濱田氏の問に付いて」として、早速同号に答えを載せた。その答えを要約するとこうである。アイヌの遺物は既に現存しない場合がある。それは使えるものは移住先に持って行き、棄てられたものは

酸化腐敗

してしまったろう。アイヌの今の持ち物を見ても、

総てが変質して跡を留めない物から成り立つて居ります。

変質とは「酸化腐敗」を意味している。さらに鉄を用いる以前、仮に石器を使用していたとしても、それがまだ発見できないでいる場合と、その石器が極めて簡単なつくりであれば

足許に転げて居ても眼の前に置いて有つても容易に気付きますまい

と片付ける。発見される石器は石器時代人民のもので、精密に研究した上でアイヌのものが有るならばそれがアイヌの石器ということになろうと、つまり本質に迫る答えに遠かった。これを濱田は、「言語上の争」(56)と形容している。

然りであろう。

ないと言い、わからないと言う坪井であるが、これで精一杯に違いなかった。しかし、質した側が、このちぐはぐな答えに満足できようはずはなかった。濱田は熟慮し、抽象的な議論から、具体的な追求の手段・方法を模索した。そして両者紋様の比較を練り上げた。

坪井先生の懇篤なる教示を忝ふすこと前後二回なりき。去れど余の不敏なる未だ全く其の蒙を啓く能はざるものありし

かくて論文、「日本石器時代人民の紋様とアイヌの紋様に就て」となった。表題の通り、アイヌ紋様と石器時代人民紋様を比較して、類似・相異の点を確認し、総合的に判断すべきと前置きする。類似の点がある以上、それは坪井の「偶然の暗号」と片付けることはできないはずで、歴史的・人種的関係があったと考えるべきと主張する。とすればアイヌ説こそ妥当であると、初めて自らの意見を述べて、この関係に触れてゆく。その類似点からみる。

エレメントたる渦線、曲線

エレメントの配置及び組成の方式

によって

全躰の調子に於いて著しき一致を来せり

アイヌの紋様が直線的であるのは木器だからで、

自から木理と刀法等に束縛され土器の如く自由に曲線を書く能はざるありよって必然的にアイヌ紋様に直線的な紋様が多くなる。同一の素材であったら

更に一層の相似を致せしやも知るべからざる也（八五頁）

と、材質の問題と鋭く絡めた。

相異はどうか。アイヌに幾何学的な紋様の多い点が最たる相異、と認めて進める。アイヌが長らく日本人と接する中で、アイヌ紋様にもその接触の影響があったとしたらどうだろう、とした次の一文は重要である。

現今のアイヌの紋様が石器時代のそれと相異するもの多きも決して怪むに足らざる可く、両者もと同一のものたりしとするも三千年をへだつれば今日アイヌの紋様の如く変化するを頗る自然とすべきに似たり（八六頁）

つまり、かつてはアイヌは石器時代人民と同じ紋様を描いていた。しかし例えば埴輪に見るように、直線的紋様を好む日本人との接触により、さらに長期にわたるうちでの変化を加え、徐々に幾何学的・直線的な紋様への変化の様も、むしろ全く自然なことである、と説明した。

これは濱田の慧眼だった。今ではその変化の様は、型式学的な変化として周知である。その結論も振るっていた。

其の類似の点を以て其の同一人民たりし所以に帰し、其の相異の点を以て長き年代の間に於ける外部＝主として日本人の刺戟（内部の自発的変化もあれど）によりて惹起されしものなりとし、最後の北千島アイヌの紋様は両者の中間をつなぐべき連鎖たる（八七頁）

いまだ、日本に科学的な方法たる型式学的方法の入る前の発言として、目を見張る。そしてこの時、人種的な問題として、

アイヌが石器時代の人民の後裔なり（八五頁）

との発言にも、注意の目を注いでおきたい。

これに対して坪井は、「日本石器時代人民の模様とアイヌ模様との異同」と題して、『東京人類学会雑誌』誌上に三回に渡って連載している。濱田の論文には具体的な資料の提示が乏しく、

両種模様の比較を読者の想像に任すと云ふのは「適当」の事とは考へ難い（二一四号、一二五頁）

というような、確かに難点はあったにせよ、この反論も結局は「言語上の争」の感を拭えない。濱田が類似と考えた

諸点も、見方によっては違うという。例えばアイヌの鱗紋は縄紋の転化と考える濱田に対し、坪井は全く系統上の関係はない、とするが如くである。そもそも、アイヌが石器時代人の後裔との立場で紋様を見れば、その類似は当然であると切り捨てる。加えて、日本紋様の影響を認めることもなく、むしろ紋様上の不一致点を一一項目に渡って指摘した。

濱田の、これは執念といえる。ひるまず「日本石器時代人民の模様とアイヌ模様に就て坪井先生に答ふ」を書いて、三回に渡って連載した。投稿の先に、濱田の心情を汲み取れる。それまでは、『東京人類学会雑誌』であったが、この三回は『考古学雑誌』の前身『考古界』と代えている。

『東京人類学会雑誌』の編集、つまり、原稿にいち早く目を通すことのできる立場に坪井はあった。よって坪井は、反論を素早く書いて同じ号に掲載できた。全く時間差の無い同じ号に、濱田の意見と坪井の反論が載る。これがそれまでのパターンであった。濱田としては複雑な思い、たまったものではなかったはずだ。すぐに坪井に批判されては、濱田の論文が世人の正当な評価を受けにくかろう。考えた濱田のとった策が、『考古界』への投稿だった。

何れの説の穏当なるかはただ局外者の冷静なる批判を待ちて知る可きのみ（四篇六号、一四頁）

と、悲痛な心情を吐露している。

さて、基本的な内容は変わらなかったが、豊富な資料の提示があって、説得力を増していた。土器か木器かというような素材の違い、そもそもアイヌの木器は平面で、土器は局面という素材形状の違いにまでも注意を払った。具体的に、平面形状をなす石器時代遺物として土版・岩版を取り上げて、木器紋様の比較を行い、アイヌの円柱墓標の彫刻紋様を展開して、土器文様との類似を見るなど、土器・土偶などの豊富な資料に工夫も凝らして解説した（第20図）。そして、

アイヌと石器時代人民との間に何等の差異を認むる能はず（四篇四号、五頁）

を、再度の結論と導いた。

さらに、以前にも注目したアイヌの鱗紋と土器の縄紋の関係も、その脈絡を再度強調したうえで、

> 施されたる器物の性質により差異あるが如く見ゆるのみにて決して根本的に其の紋様の性質に差異あるに非ざるなり。されば余は未だアイヌの鱗紋と石器時代の縄紋との間の系統的関係あるを推察するの不当なる理由を認むる能はず（四篇四号、一一頁）

と、「系統的関係」と当然その間にある「時間差による相違」について、強い意識を促した。そして最後を、次のように締めくくる。

> 万一先生が再び教示を玉ふの栄に接するあらば石器時代人民模様の如何なる種族の模様に似たるか、其のエスキモーの模様との関係は如何等に就きて積極的に論倒して余輩が蒙を啓かれんことを望むや切なり（四篇六号、一六頁）

第20図　濱田の石器時代人民模様（上）とアイヌ模様（下）の比較の一部

ある種自信を覗かせるほどの、当時にして紋様分析の力作であったと評したい。

坪井がこれを読んでどのように感じたのかは、反論の提出はついぞ無くて分からない。或いは「やられた」、と思ったのではあるまいか。

3　この論争の意義は何処にあったか

濱田の紋様論に、三回にわたる反論を繰り返すなど、坪井にとっては大変厳しい追求だったことは事実であろ

う。ただし多くの刺激たり得たことも想像できる。

アイヌ婦人の入墨と貝塚土器模様との類似は、コロボックルから学んだ故と述べるように（「日本石器時代人民の模様とアイヌ模様との異同」一一三号、八九頁）、アイヌとコロボックルとの関係には一層の心血を注いでいった。系統を同じくするか違うのか、微妙な問題をはらんでいた。このことが、後の坪井の考え方に微妙な変化を生んでくる。

さて次の、濱田の発言には目を見張る。

弥生式土器なるものがアイヌの者として考ふるには貝塚土器のそれよりは一層困難なるを思ひ[57]

と。アイヌが遺したものは何か、という疑問を抱く濱田にとって、紋様を持たぬ弥生土器より、多くのアイヌ紋様に似た紋様を持つ貝塚土器を、当然の如くに相当させた。では弥生土器の製作者は誰であったか。弥生土器研究が始まったばかりの当時、石器を伴う時代ということはわかっていても、人種の帰属などはもとよりうやむや、扱いに苦慮した存在だった。濱田にしても同じであった。このように弥生土器の扱いが、人種問題の新たな展開のきっかけとなることを、しかし今ここでは指摘に留め、一旦この論争の意義に戻る。

意義は濱田にあった。紋様の時間に伴う変化と、他からの影響による変化の存在は、型式学的方法を知る今、極当然の知識である。当時、縄文土器の分類される萌芽もあった。陸奥式、厚手式、薄手式などであるが、これらの違いは時間に基く違いではなくて、住む場所、生活環境に起因する、いわば「同時代異部族説」を有力として、時間的視点は捨象されてしまっていた。そのような時代の中で、残念ながらその時点で濱田の見方は、見てきたように報われなかった。しかし、濱田の視点や考えの正当性が、間もなく自覚できるようになってゆく。

型式学的方法を、濱田が何時知ったのかは判らぬが、やがて京都帝国大学助教授に就任し、一九一三（大正二）年から三年間、一九一六（大正五）年三月まで留学のためヨーロッパに出た。

二年間をイギリスのロンドン大学でペトリー（W.M.Flinders　Petrie）[58]教授の指導を受け、

> 確固たる考古学の研究法をたたきこまれた[59]

と、進んだ方法論の、きっと多くを学んだに違いない。帰国後の一九二二（大正一一）年、『通論考古学』を書き上げた。考古学研究のバイブルの名が褪せることない[60]名著と謳われ、今にある。その中で「特殊的研究法」として、層位学的方法・型式学的方法・土俗学的方法の三つの柱を上げている。特に「型式学的方法（Typological method）」を

> 人類の製作品は生物界の現象と同じく、一の新しき型式（type）は必ずや古き型式より変化し来れるものとなると云ふ進化論的原則より出発するものなり。此の方法により吾人は一の型式と他の型式との先後を相対的に推定することを得

と解説している。かつて自らの実践した土器の紋様分析の有益性を確認できた、と喜ぶ濱田の姿を想像したい。

その型式学的方法の確立こそ、グスタフ・オスカル・アウグスティン・モンテリウス（英：Oscar Montelius, 典：Gustaf Oscar Augustin Montelius（1843 — 1921））になされた。一九〇三年、『オリエントとヨーロッパにおける古代文明期』の第一巻「研究法」（Montelius, Oscar (1903). Die Methode(in:Die älteren Kulturperioden im Orient und in Europa). Stockholm: Asher.）を書き上げていた。その書を、濱田は一九三二（昭和七）年、『考古学研究法』（岡書院）と、独立した一冊として翻訳・出版することになる。強い思いの結果であるに違いない。その冒頭の訳者序に、こう記している。

> 私自身が考古学々徒としての生涯中、従つてこの書ほど深く且つ強く私の学問に影響したものも、他に多く其の例がない

偽らざる心からの、を強く感じる。若き日の情熱の思いの丈をぶつけて、コロボックル論争の渦中で産んだ紋様論。しかし厚い壁に阻まれて、あるいは挫折を感じもしたろう。しかし、むしろ正しい方法だと認めてくれるような光明を放つ、モンテリウスであったのではなかろうか。そのような思いのこもった一文のように思われる。この書によって、日本考古学研究のなかにも型式学的研究法が、方法論の太く強い柱となって普及した。

4　土器の変遷論と人種論

濱田は後に、それまでの論争の本質であった、いわば「人種交替パラダイム」[61]を否定する。それが土器の型式学的研究の延長にある事は、土器論の成果を含めて一層の意義を見出せる。

留学からの帰国直後のことである。一九一七（大正六）年、大阪河内で国府遺跡の発掘調査が始まった。ここでは縄文式土器と弥生式土器が共伴していた。迅速な報告書の作成を心掛けたといわれる濱田は、早速『河内国国府石器時代遺跡発掘調査報告書』（一九一八 京都帝国大学文学部考古学研究室）を刊行し、両者の関係に目の覚めるような見解を開陳した。

> 縄紋的土器（中略）と弥生式土器との関係を見るに、此の両種の土器は従来全く別種のものとして論ぜらるること常

だった。すなわち

> 常に異人種の所産と解す可きものなりとの前提の下に、この両種土器の伴出併存をも説明せんと（三八頁）

と、従来の見解をまとめた次に、土器の変遷は一つ系統、すなわち原始縄紋土器を土台にそれが弥生式土器と、アイヌ縄紋土器に分かれたのだと図式を用いて解説した（第21図）。

となると、必然的に土器製作者の問題に関わってくる。一般的に縄紋・弥生式土器の「伴出併存」は、二民族の雑居ないしどちらか一方民族からの輸入を示し、層位を違えた上下層からの発見は、人種の交替と考えられた。しかし、同一地点における短期間の人種の交替や、異人種の雑居は不自然であると考えた濱田は、

> 同一民族が時代により種々の事情により土器の製作上に変化を生じ、別種の土器を製作するに至れり（三八頁）

との解釈を、最も自然と考えた。原始縄紋式から弥生式土器までは同一民族の作という。

では最初に原始縄紋式土器を作った人種は誰であったか。濱田は言う。

然らば此の原始縄紋土器は人種としてアイヌが挟有せしものか、或は後に弥生式土器を作りし人種の所有に帰す可きか。或は将た両者共に他の別人種より得来れるものなるか。是れ頗る決定に苦しむ問題にして、余輩は今ま之を明言するに躊躇するものなり（四〇頁）

慎重な姿勢を保ちつつも、いよいよ土器の系統性を材料に、原始的縄紋式土器は

弥生式土器の製作者と同一人種が古き時代に於いて製作せる土器なりと解すと欲す（四一頁）

と踏み込んだ。

さて、同じ報告書の中で、アイヌ説を採る小金井が人骨分析を行っていた。嘗ての濱田であったら、迷わずアイヌ説を一系として躊躇はなかったはずである。しかし、ここに一考の余地をはさんであった。

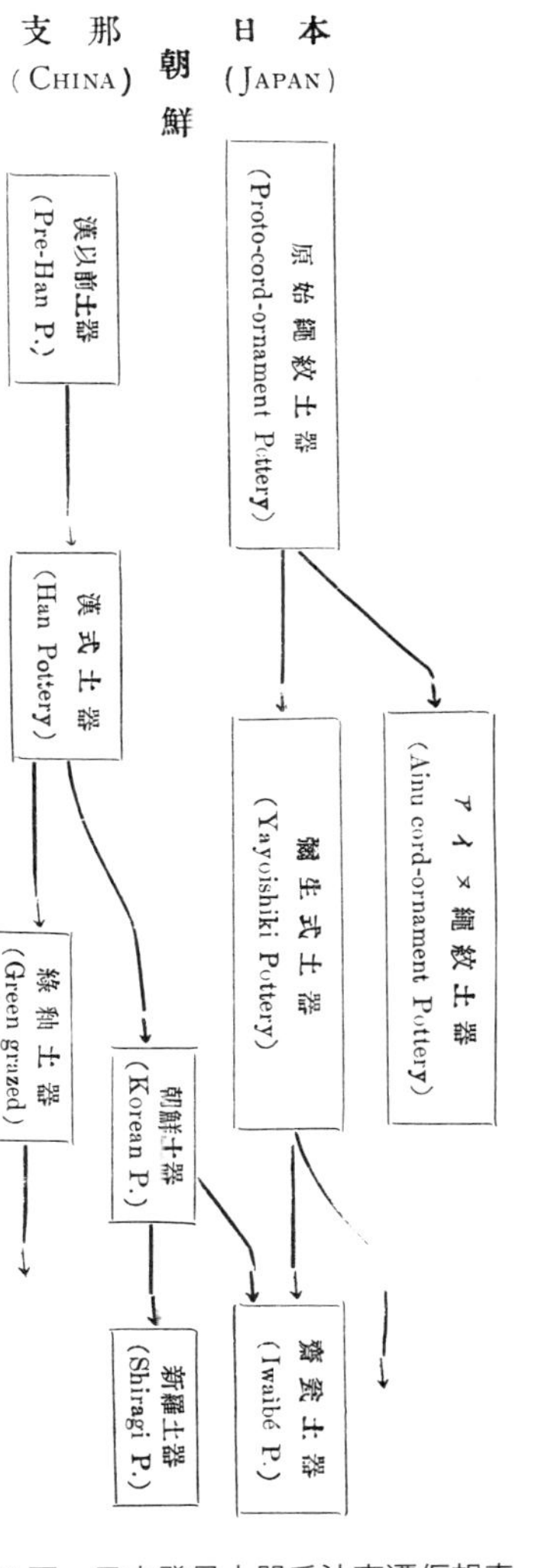

日本（JAPAN）
朝鮮
支那（CHINA）
原始縄紋土器（Proto-cord-ornament Pottery）
アイヌ縄紋土器（Ainu cord-ornament Pottery）
彌生式土器（Yayoishiki Pottery）
齋瓮土器（Iwaibé P.）
漢以前土器（Pre-Han P.）
漢式土器（Han Pottery）
朝鮮土器（Korean P.）
新羅土器（Shiragi P.）
綠釉土器（Green grazed）Pottery

第21図　日本発見土器手法変遷仮想表

やがて「他の諸遺跡の事実をも併せ考へて」自らの考えをまとめてゆく。一九二一（大正一〇）年、『薩摩国揖宿郡指宿村土器包含層調査報告書』（京都帝国大学文学部考古学研究室）で、下層の貝塚土器と上層の弥生式土器との関係を、次のように明言する。

此の両人民は決して人種的に無関係のものであるとは見ることが出来ない。新来の石器時代人民即ち弥生式土器の製作者は、矢張り大体に於いて前代の石器時代人民の後裔であって、それに多少の新しい要素を混和したにせよ、決して別人種と見る可きものでは無く、ただ文化の点に於いて新しいものを加へ、或る程度の進歩変化を生じたものに過ぎ無かったと想像するのである

そして

私は人種の実質の時々刻々変遷しつつあることを一方に認めると共に、他方に於いては前住人民の血液の長く後住人民間に遺存することを高唱し度い（四七頁）

と。人種交替なる認識は、もはや濱田の思考から消え去った。この考えがやがて、学史上名だたる「原日本人説」へと繋がってゆく。具体的な見通しとして、

大體アイヌ的人種と南方馬來的人種との混成は非常に古く行はれたので、之が所謂「原日本人」(Proto-Japanese)なるものを作り上げたものと思はれます

そして原日本人の成立を、

一部の人が信ずるよりも非常に古く、西紀前数百年或いは千年にも遡る可きものであらうと考へるのであります[62]

と述べるに至った。

原日本人説についてこれ以上は触れないが、以後の人種論の主流となるこの説は、坪井との論争やその過程で醸造された、ヨーロッパに実在した型式学的方法の基盤に基き生まれた考えであることを強調できる。コロボックル論争

の遺産の一つに位置付けまいか。

5　坪井の変化

「日本石器時代人民の模様とアイヌ模様との異同」（『東京人類学会雑誌』第一一三号）で、

所謂コロボックル論者の中に石器時代人民とアイヌとは別種族で有ると極めて掛かつて、其立脚地から両種模様に異同を解釈しやうとする者が有るならば、濱田氏の指摘を待つ迄も無く、私に於ても之を不穏当で有ると評します（八九頁）

と、坪井の言ったこの一文には驚かされる。自らを論争の第三者的な立場に置いたような発言である。坪井の本心だとすれば、石器時代人民とアイヌが繋がっている可能性を持っていた。ひいては人種交代を、必ずしも意図した立場ではないとも汲み取れる。

例えば坪井は、アイヌ婦人の入墨と貝塚土器模様の類似が、

コロボックルの風から学んだ故（八九頁）

とも述べており、その繋がりを確かに否定はしなかった。

文様などを比較した上で、人種的つながりを考えるとして、坪井は先住民コロボックル説の可能性を主張はしたが、実は一八九五（明治二八）年頃より若干そのトーンを違えている。ちょうどこの年は、後に詳しく触れるが

読者諸君コロボックルなる名を以て単に石器時代の跡を遺したる人民と呼ぶ仮り名なり（『風俗画報』「コロボックル風俗考」）

と発言するその真意こそ、微妙な変化にあるのでは、と勘ぐることも出来なくない。

一方で、一九二〇（大正九）年の濱田自身の言葉も意味深長である。

故坪井正五郎博士のコロボックル説の如きも、其の矮小なるエスキモー的人種たるを唱道せられし点をほかにして、現代アイヌと日本人以外に之を帰せられし点において意義あるものなるを覚ゆと言った。[63]縄文土器を使った人種は、純粋なアイヌではないと、従来のアイヌ説を葬っていた。アイヌも弥生土器を作った石器時代人民の後裔とし、

大體アイヌ的人種と南方馬來的人種との混成は非常に古く行はれた結果の人種が「原日本人」とする濱田の考えからすると、「南方馬來的人種」こそ石器時代人民で、彼らをコロボックルと称するならば、坪井の思いと近くなる。濱田の先の発言の理由に繋がる。

先住人種と後続人種につながりあるのか、あるいは交替か、実にコロボックル論の根底に根ざす課題である。坪井にとって不可避であったはずである。

第二節　広義のコロボックル論—坪井人種論の変遷—

広義の、と括ったこの節を二つに分けて考える。一つが、コロボックル自体に関する坪井の認識とその変化。そして、その延長に存在する日本人との関係。もう一つは、当然必要な人類・人種の用語の定義や概念である。もとより先の狭義とした論考に重複し或いは併行しながら、この点を見据えつつ人種論を前進させる坪井であった。

一　コロボックル人種に関する認識とその変化

坪井自身のコロボックルに対する認識の変化には、結果的に質的な変化を伴った三つの画期を認めたい。三つとは、アイヌ口碑のコロボックル資料集成と考古資料との連結段階、具体的な人種設定段階、日本人種との関係言及段階で

ある。漸次的に変わる思考であり、明瞭な画期の設定は難しい。敢えて二段階の始まりを一八九五（明治二八）年前後、三段階の始まりを一九〇二（明治三五）年前後として記述を進める。

1　アイヌ口碑のコロボックル資料集成と考古資料との連結段階

コロボックルとは、アイヌの口碑に登場するに過ぎぬ人種であった。その主導者として、核心を模索する作業は必須であった。一八八八（明治二一）年夏の、北海道調査旅行もそのためだった。そしてまた、考古遺物の詳細な観察や、関係の整合性の構築、これもこの時期の重要な柱となった。本格的な取り組みは、北海道調査直後の三年間の英仏留学から帰国した、一八九二（明治二五年）の後である。

一八九三（明治二六）年には、「日本全国に散在する古物遺跡を基礎としてコロボックル人種の風俗を追想す」（『史学雑誌』第四〇・四一号）・「コロボックル所製器具図解」（『史学雑誌』第四四号）、「アイヌの入れ墨」（『東京人類学会雑誌』八九・九〇）などと、「恐るべきスピード」(64)で、その論拠を積み上げてゆく。そして一八九四（明治二七）年の「石器時代人民に関するアイヌの口碑の総括」（『東洋学芸雑誌』一四八・一四九）は、この時期までのまさにタイトル通り総括となる論文である。特にここで、

本邦の石器時代人民は一種類で有つた（一四八号、二九頁）

と明言する。アイヌの口碑を裏付けるべくの、北海道調査の戎果を強調した。アイヌに伝わる多くの伝説と用語、その伝承に基づくコロボックルの生活や道具、それらを紹介して、伝承と遺跡や遺物が、コロボックルの遺産として矛盾はないと総括した。「コロボックル」が最も呼びやすく採用した、とも述べている。

この論証の過程で、考古遺物への見方も確かにしていた。例えば「重ねてアイヌ木具貝塚土器修繕法の符号は貝塚土器のアイヌの遺物たるを證する力無き事を述ぶ」（一八九〇『東京人類学会雑誌』第五四号）は、山中笑が、縄紋土器

の補修方法である補修孔は、アイヌの木製器の補修孔と同じである、従って縄紋土器を作った人種とアイヌ人種は同一であって、コロボックルではない[65]、と否定した考えに対する反証である。坪井は目を世界に向けて、あらゆる国・人種が修復の方法として用いる手段であることを紹介し、よってこうした方法が

　同一人種の手に成つた物たるを證するには足らぬ（三六八頁）

と述べる。広汎に養われた資料や知識の集積、グローバルな視点からの見識を知る。

もとより考古学的な資料の扱いや、その基本的な方法を認識していた。実際に発掘する際の遺物の扱いや注意を具体的に喚起する。

　地層の関係に由つて遺物の時代を知る事
　遺物存在の有様を見て遺跡の性質を知る事
　何品と何品とが伴ふかを惜める事
　遺物の位置に由つて製法用法等を知る事

さらに

　是等の場合に遭遇したらば単に遺物採集計りを目的とせず、遺物存在の状にも注意して、其場で直に之を備忘録に書き留めなければ成りません

と[66]。採集した遺物には、きちんと注記をしなければならないことまでも注意している。発掘調査のイロハが、こうして坪井によって出来ていた。事実の正確な認識という、科学者としてのスタンスに細心の注意が向けられて、この一事が万事に渡ったことを想像できる。

さて坪井は、コロボックル人種の提唱に、極めて強いプライドを抱いてその歩みを踏み出した。久米邦武が、大森貝塚で得たモースの人種観を

インヂャンの一種コロボックルの遺したる[67]

と解釈して発言したことを受けた、論文「石器時代の遺跡に関する落後生、三渓居士、柏木貨一郎、久米邦武、四氏の論説に付きて数言を述ぶ」[68]は、特に顕著な場面である。

コロボックルとはアイヌ語なり（二六五頁）

と始まって、アメリカインディアンの部落は多いがコロボックルという名の部族はいないし、そもそもアイヌ語を使う部落はないことを指摘して、遺物なども

何の関係もなし（二六六頁）

とその間系をきっぱりと否定した。最後には

モールス氏か大森貝塚を発掘されし頃には未だコロボックル論なるもの有らざりし（二六七頁）

と、コロボックルの唱道者こそ自分であって心外であるが如くに言っている。同時にコロボックルへの強い執念を垣間見る。以後の坪井は、北アメリカのエスキモーなどとの類似を提唱するようになる。つまりこの時、坪井はまだその人種的な系統についての見通しに乏しかったかのようにとれなくもない。意識はもちろんあったであろうが、あくまでも先住民を、ようやく想定できたに過ぎない段階としておきたい。

2　具体的な人種設定段階（一）

コロボックルなどは、所詮実態のない空想上の人種である、等は、当初からの批判であって、実在するならどの人種に相当するのか指し示すべし、も当然な批判の内容だった。みたように、ダーウィニスト坪井にとって、さればコロボックルとはと、その人種的系統に思いを巡らせていたはずだ。極めて厳しい課題であったが、ようやく坪井もこの問題に具体的に向かうことになる。少しずつ、そのような発言が増えてゆく。

一八九三（明治二六）年「日本全国に散在する古物遺跡を基礎としてコロボックル人種の風俗を追想す」（『史学雑誌』第四〇号）では、グリーンランドの住民が、雪に反射する陽の光から目を守る遮光器を用いることを紹介し、それが青森県亀ヶ岡遺跡の土偶の目の形状とよく似ることに着目し、コロボックルもこの遮光器を用いたのではないかと推測した。しかし、指摘以上に踏み込むことはしていない。続編（四一号）では、鳥を捕獲するエスキモーの道具が、遺跡から出る切り目ある石片や角片に似ているとするが、これも指摘に止まっている。また、コロボックルに漁労の道具があるなら舟であったと推定した上、

　コロボックルの遺跡が南の方琉球より北の方北海道まで散布して居る所から考へれば彼等は海を渡つて往来したに相違無し（二頁）

とする。それが人種移動の方法であったとまではいっていないが、列島の移動手段や範囲の広さを示唆している。そして

　広く世界の歴史を調べ諸人種の移住抔の事を考へんとする人々は尚更此人種の事を研究して然る可き事（八頁）

と述べている。「此人種」とはコロボックルを指し、エスキモーとの関係をあくまでも暗示的ニュアンスではあったが提示して、具体的な人種研究に向けて本腰を入れて取り組む覚悟を伝えている。なお、この論文では、コロボックルの分布にも言及している。土器や石器は日本列島

　南は琉球より北は北海道まで殆と諸国之無は無しと云ふ有様（四〇号、二頁）

と認め、太古列島全体にわたるコロボックルの居住を確認した。

翌一八九四（明治二七）年、「日本に於て石器土器を採集し研究するに付きて注意すべき諸件」（『史学雑誌』第五編第七・八号）を著して、極めて重要な視点を示す。

　日本全国も世界を土台にして見れば一地方に相違ない（八号、二頁）

「世界の一地方」としての「日本」とは、極めて科学者然の発言である。

此の日本なる一地方に現存する古物遺跡は何者の手に成つたか

「何者の手」とは、人が列島に沸き上がるはずがない以上、どこから来たのかと、いよいよ核心に迫ってゆく。

現存石器時代人民中で日本の石器時代人民に最も類似して居るのは何者かと云へば疑ひも無くエスキモーやチクチの如き北地住民でござります（五頁）

と。「類似」という表現にその確かさをためらうが、前年より確実に一歩を進め、より明確な形で開化の度の低い現存エスキモーを登場させて、石器時代人民と関連付けた。なお人種の想定に当たって、

管見に基する予想の為に左右をされず、自由に公平に思慮を回らす時には我が日本の石器時代の痕跡を遺したる人民は抑も何者で有るかとの問題に充分に答弁する事が出来ませう（五頁）

と、神妙な一文を書いている。学問に対する客観・忠実な姿勢とも、実は小金井との論争の最中の発言でもあり、自らの懐の深さを示すとも受け取れる。いずれ科学者の本分たるスタンスに違いなく、それが坪井の本心であったと信じたい。さて、「世界の一地方」としての「日本」という認識は、以後の坪井の重要なキーワードとなってゆく。

一八九五（明治二八）年から、『風俗画報』に一〇回にわたり「コロボックル風俗考」が連載された。その第一回目の緒言を、意外な表現で切り出した。

読者諸君コロボックルなる名を以て単に石器時代の跡を遺したる人民と呼ぶ仮り名なり(69)

と。ここには大切な意味が込められた。「コロボックル」の名のみが先行する弊害を認めた上、避けるための方策こそが必要で、故に客観的な用語「石器時代人民」へとシフトさせたのではあるまいか。人種議論は公平な土俵の上で展開できると、本質論を望む坪井の学問的判断と解釈したい。そしていよいよ、坪井の人種観の中での「繋がり」意識の強化、すなわち世界の中での位置付けを行うための、重要な戦略の一つとしたと推測する。さて結果、この論文

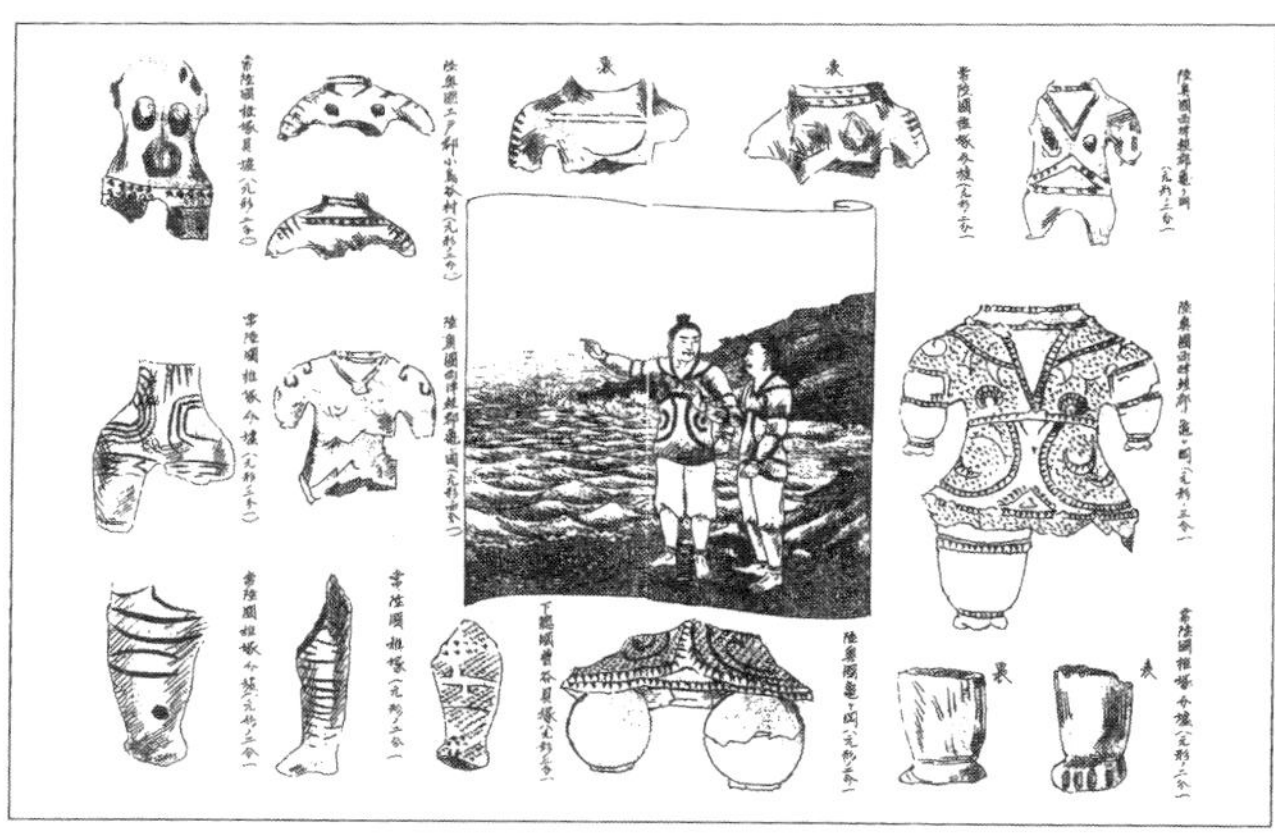

第22図　コロボックルとその風俗

ではエスキモーとの「類似」を強調していた（第22図）。そして確かに同じ年の「北海道石器時代土器と本州石器時代土器との類似」（『東京人類学会雑誌』第一一六号）では、もはや「コロボックル」と一切使われていなかった。

一八九六（明治二九）年の「北海道手宮に於て発見されたる古代彫刻」（『史学雑誌』第七編第四号）でも、注目すべき発言がある。北海道高志国手宮にある奇妙な彫刻は（第23図）、モースやミルンの時代から注意され、それを刻んだ人種や時代が問題とされた。その彫刻を、ミルンはアイヌ、渡瀬はコロボックルとする次の一文は興味をひく。

如何にも相反する様ではござりますが、其実何れも石器時代人民の手に成つたと云ふ意見で有るのでござります。ミルン氏はアイヌと石器時代人民とを混じて居られ、渡瀬氏は此二つを別人種と考へて居られるので、此の如き名称の違ひを生じたのに過ぎません（一三三頁）。

「本邦の石器時代人民は一種類で有つた」とする坪井である。アイヌかコロボックルかの論争さ中で、「名称の違ひ」程度に片付けられる問題ではなかったはずで、この真意は何処にあったか。人種の繋がりを考えたとき、アイヌが石器時代人からの血を引いている、と解釈すると納得できる表現ではある。以後に触れる課題である。

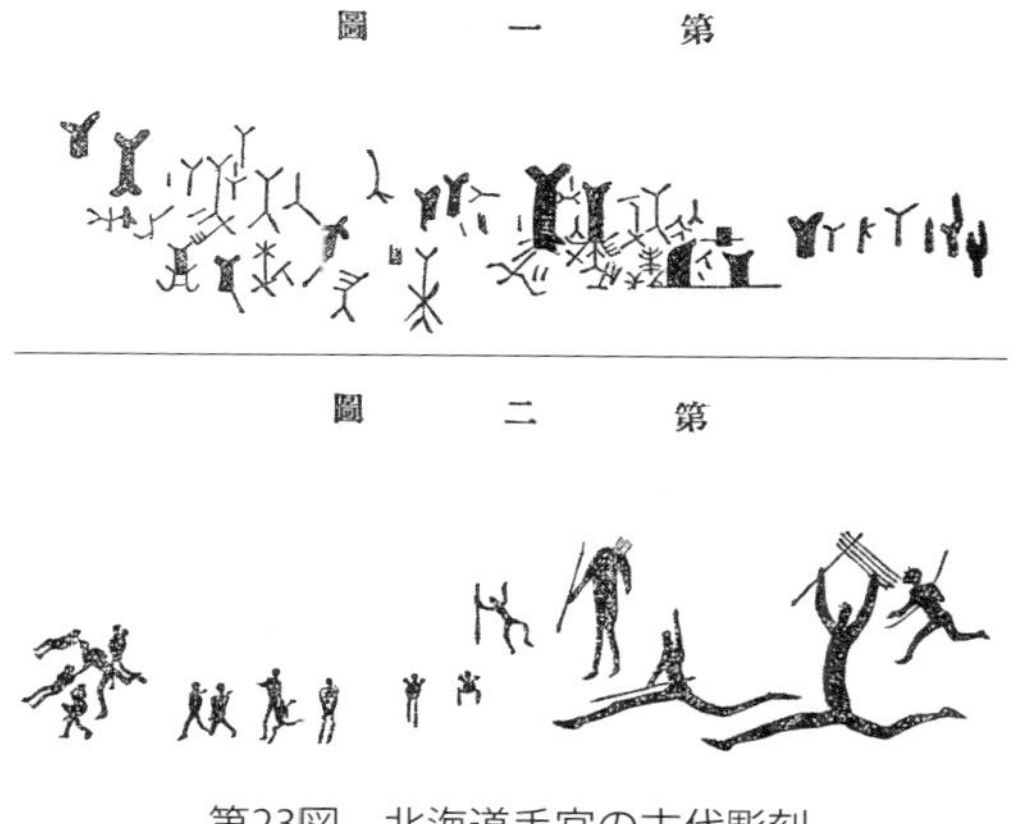

第23図　北海道手宮の古代彫刻

3　具体的な人種設定段階（二）

一八九七（明治三〇）年に「主要なる日本石器時代人民とアイヌとの人種的関係の有無」（『東洋学芸雑誌』第一九一・一九四・一九五号）、が発表された。「コロボックル人民」ではなく、

主要なる日本石器時代人民

となっている。その全文中も、口碑以外でコロボックルの名は使わなかった。そして最後に

日本石器時代人民はエスキモーに似たものと思つて居るのでござります（一九五号、五二四頁）

と、その人種を明言した。「類似」の段階から、また一段を踏み込んだ。

次の一八九八（明治三一）年の、「石器時代総論要領」（『日本石器時代人民遺物発見地名表』東京帝国大学）では、より一層具体性を加えてゆく。人類学によって明らかにすべきこととして、

日本ニ於ケル先史人類ノ多寡盛衰、移住ノ方向、多種族トノ関係、初メテ現レタル年代（二六頁）

と挙げる坪井は、その移住の方向を

「コロボックル」移住ノ方向ヲ精ク調査スル事ハ容易ノ業ニ非ズ。彼等ハ元来何レノ地方ヨリ日本ノ地ニ入り込ミタルカ（二二頁）

と迫まってゆくが、

今之ヲ明言スル事甚ダ困難ナリト雖モ、北海道ト本州トノ古物遺跡ヲ対照シテ、其新古ニ由リテ判断スルニ、彼等ハ最近ノ移住ニ於テ南方ヨリ北方ニ向ヒシ事更ニ疑ヒ無シ（二一～二二頁）

に止まった。「最近ノ移住」とは、列島にやってきてからの以降のことで、列島全体に石器時代人＝コロボックルが蔓延していたその後、北方へ向かったということをはっきりさせた。そして、コロボックルとエスキモーとの関係を、次のように発言してゆく。

「コロボックル」ト「エスキモー」トノ関係ヲ約言スレバ左ノ如シ。「エスキモー」ハ最モ好ク「コロボックル」ニ似タル人民ナリ。然レドモ総テノ点ニ於テ同様ナルニハアラズ。未ダ「エスキモー」ヲ以テ純然タル「コロボックル」ノ後裔トハ断定スベカラズ。或ハ「コロボックル」ト他種族ト混交シテ「エスキモー」ヲ生ジタルモノ

ヤモ知ルベカラズ。或ハ一大種族ノ一部、先ヅ分カレテ「エスキモー」ノ本ヲ作リ、他部我ガ日本ノ地ニ入リテ「コロボックル」ノ本ヲ作リタルヤモ知ルベカラズ（二四～二五頁）

北辺の地で、東西にコロボックルとエスキモーに分かれたとも推定できる。さらに、次の一文は示唆的である。

本州、北海道、其東北ニ横ハル諸島、北亜米利加ノ北端「グリーンランド」、地理学的ニ連接シテ彼我交通ノ途有ルヲ思ヘバ、両者ノ間ニ何等カノ親密ナル関係ノ存スベキハ実ニ疑ヒヲ容レザルナリ（二五頁）

大陸との関係を抜きには、できなくなった。それに続く一文も意味深い。

日本ト云フヲ以テ直ニ範囲狭シトスル勿レ。石器時代人民ト云フヲ以テ唯野蛮ノ一種族ニ関スト即断スル勿レ。日本石器時代人民ニ関スル研究ノ結果ハ廣ク人類学ヲ益スルモノナル事ヲ忘ル可カラズ（二六頁）

世界の中の日本、という意識、視点がさらに強調されてゆく。

４　具体的な人種設定段階（三）

一九〇〇（明治三三）年には確信的となる。「主要なる日本石器時代人民とエスキモーとの類似」（『東洋学芸雑誌』第二二六号）。遂にタイトルにまでもエスキモーが登場した。幾つかの類似点、共通点を挙げて、石器時代人民をエスキモーに該当させた。確かに坪井は、火食か生食か、或いは土器を作るか否か等、石器時代遺物がエスキモーと異なる点も漏らさず伝える。故に、

私は主要なる日本石器時代人民とエスキモーとは同一種族で有るとまで言ひ切る者のではござりません（二九九～三〇〇頁）

と、わずかに余地を残したものの、エスキモーとの比較の重要性を

深く心に銘して居る所

といった。

一九〇三（明治三六）年の「コロボックル、エスキモー相類説一根據を増す」（『東京人類学会雑誌』第二〇三号）では、そのタイトルの通り両者の関係を説く根拠を一層固める。

私は兼ねてコロボックル即ち日本の主要なる石器時代人民とアメリカ極北地方の住民たるエスキモーとの種々の点に於て類似して居るとの説を唱へて居るので有ります

と書き出して、不一致と思われた土器の有無、特にエスキモーの土器欠落に関する二つの報告を紹介する。まずバロウ（北アメリカ西端極北）辺のエスキモーは昔は土器を作っていたが、薪を得られない環境、あるいはこの地に来るに及んで作られなくなった、というムルドッフの報告。また、現在もベーリング海峡附近ではエスキモーが土器作りを行っているとの、ネルソンの報告である。さらにそこには土偶も含まれ、

コロボックルの遺物中には多くの土偶も有りますが、エスキモーも又之を作ると云ふのは大に注意すべき事実で有ります

と喜んだ。そして、

東部のエスキモーは土器を知らず、西部のエスキモーは嘗て土器を作つたとの口碑を有し、更にアジヤに近い地に居るエスキモーは現に土器を作つて居り、アメリカとアジヤの中間に横はるセント、ラウレンス島には古住民の遺物として土器が発見される。段々の変化誠に面白いでは有りませんか。私はコロボックルとエスキモーと相類して居るとの説が一層強く成つたと信ずるので有ります（一七七頁）

こうした漸次的な変化を把握できることこそ、人類拡散（坪井の言う移住の方向）を知る醍醐味、と感じた坪井も想像できる。

こうしてエスキモーとの類似探しに精を出す。一九〇六（明治三九）年「諸人耳飾り分類上日本石器時代人民所用

品の位置」（『東京人類学会雑誌』第二四二号）、もその一つである。耳飾は世界中にある事を述べ八種類に分類するが、その実それらは

本源の考へから段々に分れ出た（二九三頁）

と、土器にみられた漸次的な変化を耳飾りに代えて論述した。日本石器時代人民の耳飾は、アフリカ東部や南アメリカ東部及び西部の製品が類似して、その間のジャヴァ・マダガスカルあるいはベーリング海峡地方に「縁故有る」と続き、特に東部エスキモーにも日本との「縁故有るべき」の強い製品と認めている。なおこうしたいわば、単一起原拡散的な考え方は、後に述べる人類そのものの単一起源拡散説と同じである。

そのような経過を経て、それまでは他に任せることの多かった、遠方の土俗調査を坪井自ら行った。一九〇七（明治四〇）年の七月、樺太調査に赴いた。その時の成果を、すぐさまその年一二月一四日に講演し、翌一九〇八（明治四一）年には『史学雑誌』（第一九編七・一二号）誌上に活字となった。この論考は、坪井の石器時代人民論の一つの到達点を示し得る。題して「樺太に於ける石器時代人類に関する研究」。論文中には、石器時代人民の足取りたる伝播経路にも詳しく及ぶ。

私の思ふ所では亜米利加の北の方、或は亜細亜の北東の方、此の辺の寒い所の人間の一部がまだ北海道にも日本の土地にも他の者が居なかつた時分にドンドン這入ツて来て一旦南の方に行ツた者が他種族に接し亦北の方へと逐込まれて、さうして帰り道に或る者は樺太に行き、或る者は千島に行き、或る者はアリウト諸島に行き、さうして又一部分は元の方に帰ツたものであらうと考へるのであります（一二号、四二頁）

北から侵入していったん南に下り、他種族に接して再び北上した、と推測した。

そしてさすが坪井と思わせる。坪井説に従えば、当然南に下った本州の方に古く長く石器時代人が住み、再び北上した北海道や樺太が新しくなる。その根拠も掴んでいた。

貝塚の方に沢山ありながら今の海に無くなッて居るのがある、それに反して今の海に沢山あるもので貝塚に発見されないものがある（一二号、三二頁）

と、これはモースの所見に登場するが、本州の貝塚の「貝の古さ」を実に良く示す。一方

樺太に於ては現在の貝と、それから貝塚から出る貝とは何も相違を認むることが出来ない

と、樺太の貝塚はあまり古くないというのである。そういえば以前、坪井は貝塚の規模にも注意していた。本州の貝塚の規模の大きさ（特に厚い貝層）に注目し、それを時間の長さ古さによると考えた。一方北海道調査で見た貝塚の貧弱（特に薄い貝層）は、時間の短さ故と考えた。

これつまり、北辺から一挙に南下して本州に広がり（＝長時間）、再び北上して最後北辺の地に生活痕跡を遺した（＝短時間）、ことの立派な証になり得ている。本州と北海道との人のくらした時間の長短の説明であり、同時に同一人種の移動の軌跡の論拠といえた。なおその具体的な年代観も示している。樺太の遺跡年代を、竪穴廃絶後にその場に成長した木の年輪から三四百年前と推定し、また本州の遺跡には

何千年になるかも知れない（一二号、三二頁）

と、相当の古さを予測した。(70) さてこの論文の最後に、

今後尚ほ調べなければならぬことは能く石器の性質を見て他から出るものと比較し、又土器の性質を見て他から出るものと比較することでであります（一二号、四二頁）

と、大変気になる一文を残している。耳飾に周辺地域との類似性をみた坪井である。周辺地域との石器の対比。旧石器時代の石器は、大陸との相似形をよく示す。明治四〇年を画期とした背景は、樺太調査を契機としてこの時、坪井が再び旧石器問題に発言を強めてゆく。後述の焦点がここにある。

最後に、弟子でありながら坪井に反旗を翻した、鳥居の意外な発言に注目したい。

私もアイヌ論者の一人で、是は先師（坪井 ― 筆者註）の説とは反対になりますけれども、如何にせん北千島のアイヌ研究の結果何うしてもアイヌでなければならぬという事実を発見し、つまりは坪井博士の説は、今ではもう受けいれられておりません[71]

とは、坪井の亡くなったしばらく後の昭和一〇年の、いわば従来通りの発言である。しかしその翌年、鳥居はこうつぶやいた[72]。

私は近ごろになって、我が石器時代の文化に対して、Arctic Culture（北極文化 ― 筆者註）の方に考えが傾き始め出して来て、坪井先生の説をなお一度見直して見たいような気になって来た。殊に以上のバルケット ― スミツ博士の著書に接して、何だか私の考説を確かむるようで、一層その感が甚だしくなって来たのである[73]

鳥居の頭の中に一瞬、エスキモーが頭をよぎった。

この時の鳥居の心情や思いを、自ら偽る必要はない。心より、として良いのであろう。しかし、この時すでにアイヌの流れは大きくなり過ぎ、鳥居にして流れを戻すことに、もはや時を逸していた。そして鳥居もこれきり、この発言を繰り返すことはなかった。

以上、坪井のコロボックルに対する見方をいわば編年的に概観し、その認識の内容の把握に努めた。しかし、実は少なからずの疑問や矛盾も存在している。そのことと、日本人種についての坪井の考えには、微妙に密接な関係を有するものと考える。

二　日本人種について

1　坪井の矛盾

坪井の考えの疑問や矛盾は、実はそのことが、困難の予測される日本人種論の語りの上で表裏の問題となっている。まずは疑問点を羅列してみる。

疑問1　アイヌのことはアイヌ論者に聴いてくれ、という坪井であったが、ではアイヌをどのように考えていたのか。避けて通れなかったはずである。一八九三（明治二六）年、「日本全国に散在する古物遺跡を基礎としてコロボックル人種の風俗を追想す」（『史学雑誌』第四〇・四一号）では、アイヌの伝承に基づいて

アイヌは元来日本列島に居ったので有るが日本人種の為め追はれて北海道の地へ来たので有る。其頃には北海道の地にアイヌでも無く日本人種でも無く一種異なつた人民が住んで居つたが（中略）アイヌに接したる後アイヌと不和を生じて終に北の方へ移つて行ったので有るとのことでござります（四〇号、二一〜三頁）

と考えている。コロボックルが時間的に先行していたとしても、アイヌと併存した時期もあったと認識していた。となると、ではアイヌも石器時代人種と言えるのだろうか。

もう一つの、先にも紹介した北海道手宮の彫刻を遺した者に関する意見も気にかかる。ミルンはアイヌ、渡瀬はコロボックルとしたその本質を、

如何にも相反する様ではござりますが、其実何れも石器時代人民の手に成ったと云ふ意見で有るのでござります。ミルン氏はアイヌと石器時代人民とを混じて居られ、渡瀬氏は此の二つを別人種と考えて居られるので、此の如き名称の違ひを生じたのに過ぎません（一八九六『史学雑誌』第七編第四号）

という。その理解が難しい。アイヌとコロボックルが同じとしなくては整合できない。しかし、列島には

石器時代人民は一種

とする、以前の坪井の表明には矛盾するからである。いずれにしろ、アイヌとは何者かが見えにくい。

疑問2　北方から南方に下った際に、石器時代人民を追った種族は誰だったのか。アイヌは

日本人種の為追はれ

他種族に接して追われ（「樺太に於ける石器時代人類に関する研究」一九〇八『史学雑誌』第一九編第七・一一号）

と、疑問1の論文にある一方、石器時代人民は

との論文もある。追った種族とは日本人種か南方人種か、南方人種ならばそれは何者なのか。

疑問3　一八九三（明治二六）年の「日本全国に散在する古物遺跡を基礎としてコロボックル人種の風俗を追想す」（『史学雑誌』第四〇・四一号）で、土器や石器は日本列島

南は琉球より北は北海道まで殆ど諸国之無は無しと云ふ有様（四〇号、二頁）

として、すべてコロボックルの所産と考えた。本州にとどまらず、琉球の人種までコロボックルと考えていたとして間違いないか。つまりそこまでを範囲としてよいか、疑問2とも相関する。

疑問4　一八九六（明治二九）年の「人類学研究材料としての古物遺跡」（『信濃教育会雑誌』一一二号）に、大いに注目すべき一文がある。内地にいた

石器時代人民も恐くは我々の祖先に逭はれて北へ逃げ、北海道へ渡つてから又アイヌに分かれる様に成つた（六頁）

石器時代人民がそもそも誰に追われたのかの答えが日本人種でよいのかもあるが、後段の一文こそ気にかかる。「北海道に渡ってから又アイヌに分かれ」とは、それまでの疑問を一挙に解決させるような発言である。この真相をどのように理解できるか、あるいはするべきか。

これらの疑問を解く鍵は、坪井が語る数少ない日本人種論の中に潜んでいる。

2　日本人種論へ

日本人起源論について、

それが彼の一生を通じてほとんど取り上げられなかった(74)

もとより坪井を指して、事実としよう。管見に触れた三本がある。

最初が一九〇二（明治三五）年、「人類学研究所としての我国」（『東京人類学会雑誌』第一九九号）である。

吾々日本人は馬來種族の混り込みもありまするし、朝鮮の方の混り込みもありまするし、北の方のアイヌの混りもあります。吾々日本人の中に是等のものが混つて居るといふことは、争ふべからざるものであります。（中略）太古石器を使った者はアメリカに関係がある様に見える（三五頁）

と書く。つまり、馬來種族・朝鮮の方・アイヌの三人種を柱に、多くの人種のまじわりをもつ人種であると強調している。タイトルはまさにこの状態を象徴する。坪井によるいわば混合民族説の表明である。

気になる点が二つある。アイヌの系統と、「太古石器を使った者」の扱である。アイヌがそもそもどのような人種だとは触れてない。「太古石器を使った者」を「アメリカに関係がある様に見える」とするが、エスキモーに何故言及しないのか、またコロボックルないし石器時代人民との関係が気にかかる。

こうした疑問を残しつつ、次の論文に目を移す。一九〇五（明治三八）年に、二回に渡って連載された「人類学的智識の要益々深し」（『東京人類学会雑誌』第二三三号）の初回に詳しい。世界の人種に、亜細亜・阿弗利加・亜米利加・欧羅巴と四系統のあることをまず示し、日本人種を次のように説明する。

アイヌと亜細亜系統に属する種なる日本種族と、夫れから台湾に居る馬來種族、小笠原島の欧羅巴系統の人民、

斯ういふ様に数へると三つも四つもの人種から成り立つ（四三六頁）

あるいは

我が日本種族は少なくとも馬來の種族も混ざつて居り大陸人の分子もアイヌの分子も混ざつて居る。夫れだけのみから成立つたと云ふのではありませんけれども、日本種族の内には少なくも三つの分子が混ざつて居る

つまり

三つの者が混合して成立つて居る（四四〇頁）

と整理した。ただしアイヌは

四つの系統の何れにも這入りませんで一つの別の者と認めるべき（四三五頁）

とも言っている。アイヌについての坪井の苦悩と読み取りたい。また、アイヌに関する次の一文に注目できる。

アジア系の人種も馬來人も各一つの人種

であるとしながら、

アイヌは他の人種とは違つて居る（四四〇頁）

との表現である。文脈どおりに考えるなら、他の人種が「一つの人種」であるのだから、それと異なるその意味は、「一つ」に対し「複数」あるいは「複雑」を意味する可能性を含みうる。何故筆者がここにひっかかったか。「太古石器を使った者」との関係である。アノヌが「複数人種」との解釈を妥当とすれば、「アメリカに関係ある」人種、つまりエスキモーなどの関係が見え隠れする。とすると「太古石器を使った者」と、コロボックル・エスキモー・アイヌ三者との関係説明にたどり着かざるを得ないだろう。ここでは一旦問題の指摘に留めておきたい。

なおこの論文では、次の一文に坪井の人種観が良くあらわれる。

よく日本人種は余所から来たものであると云ふ説がありますけれども、私は然うは思はない。日本種族は此の

土地で出来たものである（四四〇頁）

混合の結果列島で生まれた日本人、となるとそこに確かに暮らした石器時代人民も、血統的にはそこ（日本人種）から排除されない、ことになるのだろうか。

さて同じこの一九〇五（明治三八）年一〇月から翌〇六年三月にかけ、一〇回に及んだ講義が、『人類学講義』（国光社）と活字となって、この点がより分かりやすい。

日本人と云ふ者は何所から来たのであらう、来た先は何所であるか、斯う云ふ事を能く人は言ふ、併ながら現在の如き日本人と云ふ者は他から来たと考へるには及ばない、日本人はどうして出来たものであるか、日本人の成立はどうであるかと云ふ事ならば研究の価値がある。日本人中の或る分子が何処からか来たかと云ふことは、是は随分考ふべき事でありますが、日本人と云ふ形になつたものが必ず他から来たと考へるには及ばぬ話でありま す。日本人と云ふ者が既に出来て居つて、それが何処からか来たと云ふ様に考へるのは穏当でありません（一八三頁）

日本人は此の土地で湧出した（一八三頁）

わけでは無いと、坪井らしく分かり易くも表現している。その実は先の通りアイヌ・朝鮮・マレー三通りの分子が

云はば化学的に混じ（一八五頁）

たもので

日本種族の混合種族（一八七頁）

たるを強調する。次の一言はその結果である。

日本人は何処から来たと云ふ事を言つて居る人が有るが、私の考では日本人は日本で出来たものである、けれども種無しに出来るものでないから、其の分子は諸方から集つて来たので、日本の坩堝に入つて固まつて出来

たものが日本人であると、私は斯様に考へるのであります（一九四～一九五頁）

坪井の人種観が凝縮している。

坪井にとって、「日本」の来歴を問うことは重要な研究テーマではなかった。つまり坪井が強調したいのは、「日本民族がどこから来た」ではなく「いかに創られたか」なのである

あくまでも

「日本人は日本で出来た」ものであった

と、これは福間良明の評である。この解釈なら、「「起源」は「日本」に求めることができる論理」として、国体に大きな矛盾を来す心配は確かに無い。(75)

坪井のこの論考では、アイヌについての発言にも注目できる。アイヌに良く似たような人が、

北方にさう云ふ者が居ると云ふことは地理の上から考へても、歴史の上から考へても不思議はない（一八四頁）

これは暗に、エスキモーとの類似を指そう。そして、

歴史を見ると蝦夷が叛いたと云ふ事がある、蝦夷と云ふのは今のアイヌばかりとも言へないが、アイヌが大部分であり勢力のあつた者には相違無い、それが叛いたと云ふ事のあるのは、前に平和の交通を為して居つたと云ふ事を意味するのである（一八四頁）

国史の理解としては、かつてない格別な視点を含むといえる。そして

平和交通の間にアイヌ分子も大分に雑ざり込んだと思はれる（一八四～一八五頁）

も見逃しがたい。日本人種は先の三者の混合であるというので、厳密には誰と平和交通をしたのかには疑問を残すが、言わんとすることとして、日本人種の中にアイヌの血を交える、ということはよく分かる。

そしてアイヌの前の人種との関係にも次のように触れている。

アイヌよりも前から居つた別人種抔も幾らか混つて居るでありませう（一九四頁）

「アイヌ前の人種」とは、石器時代人民ないしコロボックルとなるはずだ。その血がアイヌに伝わった可能性を確かに説明していた。そのことを確認できる一文であるとしておきたい。この一連の発言は非常に重く、坪井の核心に迫りうる。

もう一本が一九〇八（明治四一）年の「日本人種の起源」（『東亜之光』三巻六・七・八号）と、そのものズバリのタイトルである。

極々古い時のことを考へると国境も無く只人種の分布として朝鮮風の人種が今の朝鮮地方から今の日本の或る部分に掛けて住み馬来風の人種が今の馬来地方から今の日本の或る部分に掛けて住み「アイヌ」が本州から北海道の方へ掛けて拡つて居たと云ふ様な訳で有つたので有りませう、斯う云ふ風に三つの者が接して居り終には段々重り合つて混合したものであらう（六号、一五頁）

原始的状態の中、確かに国境などあろうはずない。そのような古い時代に主に三つの血が交じわり合った、と明言した。「極々古い時」とは、石器時代を想定できよう。基本的内容に変わりは無いが、やはりアイヌの記述が気に掛かる。人種の中心が最も広くに分布したとするアイヌであるが、なぜかカッコ付きとなっている。相変わらず苦慮を交えて、坪井の心中に引っかかる深い意味を漂わせよう。

以上が今、「混合民族説」を唱えた、坪井の日本人種説である。国体の説く「天孫民族」、純潔な日本人種というイメージとはかけ離れる。国体との関係も気になるが、ここではまず先に「坪井説の疑問・矛盾」とした四点を、この日本人種論の中に解決の糸口を見つけたい。とどのつまりは、石器時代人民と日本人種との関係となる。

3　石器時代人民と日本人種との関係

疑問3と疑問2を合わせ、疑問4と疑問1を合わせて考えてみる。なお石器時代人民＝コロボックルとして、ここでは石器時代人民の名称を主に使う。

疑問3は、石器時代人民の範囲である。日本種族の中に馬來種族の血が交わる、とする以上、馬來種族も石器時代人民の一つと認める、と考えられる。南洋から列島位入口琉球に入ったと説明しており、さらに順次北上を果たすとの考えにも無理はない。従って、コロボックルの南下が何処までであったかは不明とするが、少なくとも疑問2とした、石器時代人民を北に追った「他種族」を、馬來種族として妥当であろう。

疑問1は、アイヌの人種的起源である。繰り返すが、坪井はこの明言を避けるかのようにほとんど無い。唯一を挙げるとすれば、疑問4に挙げた論文「人類学研究材料としての古物遺跡」にある

石器時代人民も恐くは我々の祖先に追はれて北へ逃げ、北海道に渡ってから又アイヌに分かれる様に成つたの一文である。アイヌは石器時代人民に繋がる人種、と文字通りには解釈できる。

以上の二点、石器時代人民には馬來種族とアイヌ種族を含む、との理解を妥当とすれば、実は他の多くの疑問の謎も解けてくる。

例えば疑問1で示した、北海道手宮の彫刻を、ミルンはアイヌ、渡瀬はコロボックルとした意見の違いを、単に

名称の違ひ

程度に片付けてしまった疑問。アイヌが「複数」ないし「複雑」な構成を示すと考えた意味。日本人種の構成として、アイヌだけが「」付きとなった意味、などである。「石器時代人民は一種」とした背景に、嘗てであればコロボックルとアイヌとの二者択一の関係であったが、両者が近い関係と考えればこれも確かに一種となる。だからアイヌは複数・複雑な存在なのだ。そして「名称の違ひ」にも相違ない。馬來種族は、坪井にとっては比較的新しい見解だった。

九州・琉球にも北方から南下した人種がいたとするには無理がある。そこにいた遭遇の相手を馬來種族とすることで、主要な石器時代人民との関係に説明がつく。そこで行われた南下した石器時代人民との、平和裡なうちの血の交わり。だから日本人種の中に取り込まれた馬來種族の血へと繋がる。

一九〇四（明治三七）年、坪井は「日本最古住民に関する予察と精査」（『太陽』第一〇巻一号）で少々気になることを書いている。

私は諸説の論拠に相撲を取らせ自ら行司の位置に立つて団扇を非アイヌ説の方に上げて居るので有ります。アイヌが勝てば無論其の方に団扇を上げます。私をば非アイヌ説の力士と見做し常にアイヌ説の力士達を倒さうとのみ心掛けて居るかの如くに思ふ人が有るならば夫れは大なる誤解で有ります。批評家の言の中には間々斯かる誤解に基するのでは無いかと思はれるものが有りますから、今後の面倒を避ける為、序を以て一言記し添へました（一八八頁）

批評家ならずして、この発言は意外である。坪井は「非アイヌ説の力士」の唯一、それが行司役であるというのだからただごとではない。アイヌと非アイヌ（コロボックル）は、決して切り離せない関係と、本気になって導いた結果と想像したい。つまり、アイヌとはエスキモーに繋がる石器時代人民コロボックルの系統に乗るかその延長に乗って同じ、あるいはコロボックルが馬來種族との交わりをもった結果の人種と考えたのではあるまいか。先の論文を穿った見方をすれば「太古石器を使った者」を「アメリカに関係がある様」とあえて、エスキモーと使わなかった理由は、ならばアイヌとコロボックルは全く同じであるとの印象を強く与えることを避けるため、といえなくもない。また、アイヌは複数あるいは複雑であると示唆する発言などの、多くの疑問にも納得できることになる。そしてそのアイヌは、日本人種の構成要素となっていた。「今後の面倒を避けるため」とはまさに、自らの発言の真意を混乱せずに見届けよ、とでも言いたげなのだ。

整理すると、日本には石器時代に南北からの侵入があった。馬來種族とアイヌに繋がる人種である。アイヌに繋がる人種はエスキモーと関係の深い、北方から南下した人種であった。本州南下の先で馬來種族と出逢い、平和理に混血が進み、あるいは、それをアイヌと呼んだ可能性を強くする馬來種族と交わった彼らは、やがて北へと広がってゆく。この間本州では朝鮮風種族他人種と交わってさらに日本人種を形成する一方、北海道では混血を弱くして、アイヌとして、本州とはまた「分かれる」形でより純粋に人種的特性を長く維持した。ざっとこのような理解を可能としまいか。

さてここからは現代的解釈として加えておきたい。「追われ」との表現が坪井の論文中に登場していた。物理的に「追う」のではなく、文化の「波及」への置き換えである。狩猟採集たる縄文文化の中に入って来た、農耕文化たる弥生文化は北上してゆく。稲作は津軽海峡越えを困難として、北海道にはより純粋に古い文化が維持されて、石器文化もやがて独自の文化へと展開した、と。ちなみに、これは石器時代の出来事であり、朝廷による蝦夷征伐は、歴史的にはずっと後のことである。このような、今に繋がるストーリーを、坪井の描いた中に重ねてみた。

日本人種論に話を戻す。日本人種の誕生に関して、坪井は先住民と日本人が交替した、つまり人種交替パラダイムという従来の認識を、頭の中では白紙に近く戻していた、と推測したい。日本最初の住民たるコロボックル（エスキモー）につながるアイヌは日本人の一種と言って、石器時代人民と日本人種の繋がりを暗示した。ただし、あくまでも暗示であって、公言となると別である。石器時代人民が、つまりコロボックルが日本人種の血につながったなどとは、国体への影響も少なくなかろう、決してストレートな言動ははばかられた。食人風習一つ取ってみても荷が重い。

坪井の立場は頭の中の真実を、そのままに言うことを許さなかった。よって本章の見解も、あくまでも坪井の言葉の端端をつなぎ、読み解いて解釈した仮説・私見に止まっている。以上の仮説の適否は、次ぎに見る坪井の人種観と強く関わる。

三　「人猿同祖ナリ」―坪井の人種観―

1　人類と人種の定義

ヨーロッパの留学から帰国した坪井の最初の論文に、一八九三（明治二六）「通俗講話人類学大意」（『東京人類学会雑誌』第八二〜八四・八九号）がある。帰国と同時に、教授の席も待っており、四号にわたる連載に思いの熱さも伝わってくる。「人類学の定義」から始まって、「人類学の目的」、「人類学の範囲」、「人類学の材料」、「人類学の研究法」、「人類学の範囲」、「人類学各部の関係」、「人類学と他学の関係」、「人類学の効用」と、まさにその「大意」を系統的に解説している。ここでのポイントを三つに絞る。一つは人類学の定義である。

「人類の理学」にても宜しく「人の事を調べる学問」と定義した（八二号、一三一頁）後に

理学とは順序の整然たる精細の研究（一一七号、八八頁）

と説明する。二つが「人類」そのものの定義である。

人類とは人で有る、人間で有る（八四号、二三〇頁）

とし、

人類学上の人類は即ち動物学上の人類（八四号、二三二頁）

であると分かりやすい。「他の活物」との違いを「外貌」、つまり生物学的な違いにあるとし、例えば外貌の似る猿類との違いは「動物学上の調査に由」ってこそ明らかになり、従って「動物学上の人類」と位置づける。三つ目が「人種」についての定義である。

「人種」なる言葉には学術上範囲を定めたる意味が籠もつて居るのでなく（八九号、四六五頁）

「分類の土台」の「群を設ける根拠」の選び方は、多様である。よって、

学者学者が各自適当と考へる数躰の群をば人類中に設けて、之を呼ぶに何人種何人種なる名を以てする（八九号、四六五頁）

これを、人種であると定義する。要するに人種の別は非常に曖昧であると言いたげで、後にこのことを分かりやすく解説してくれている。さて注目すべき一文がある。

請ふ注意あれ、日本人種とは國の名を蒙らせた名称（四六六頁）

と。この意味も後に明らかとなる。このシリーズでは、以上のように坪井の人類学や、人類・人種の概念が、整然と整理されているのだが、不思議なことに完結してない。

なお同じこの一八九三（明治二六）年、このシリーズの合間を縫うように「人類学研究の趣意」を書き（『東京人類学会雑誌』第八六号）、

フランスの俗人は、人骨研究即ち人類学、人類学即ち人骨研究と思つて居る（三一二頁）

と改めてその誤謬を指摘している。

翌一八九四（明治二七）年、「人類学の発達」（『東京人類学会雑誌』九九・一〇〇号）を発表した。前段では、宗教の教えが人類起源を巡る科学的学問の真理の追究に災いした、長い不遇の時代に触れる。ダーウィンの進化論は、この厳しい反抗にあっていた[76]。この点は、坪井の境遇とも関わって後述する。その不遇の時代を超えた科学者達の、人類進化に関する研究を振り返りつつ、ヨハン＝フリードリッヒ＝ブルメンバッハ（Blumenbach）を

人類研究に関する大著述を為さしむ

と評価する。一七七五年の研究成果の内容は、人類は動物学上の一種とした上、モンゴリヤ人種・カウカサス人種、アメリカ人種、マレイ人種、エチヲピア人種の五大人種を命名し、その種の別は環境変化によって分かれたものと看

倣していた。この点を

ブルメンバッハの著述は一人の論説として価値有るのみならず人類研究の方法を示すものとして甚有益でござります。アンスロポロジイ（Anthropology）即ち人類学なる名を以て人類研究一般を総称する様に成つたのもブルメンバッハ以来の事でござります（三八一〜三八二頁）

と強い感銘を抱いている。後には、「人類学の祖」（一八九五「人種問題研究の準備」『東京人類学会雑誌』第一〇八号、二一九頁）とまで評するように、強い影響を坪井に与えた。そこから得た人類に対する認識を、六つに箇条書きにして坪井は示す。

一、人類は動物の一なる事
二、総ての人類は動物学上一種なる事
三、総ての人類の現状は同一様では無く、人種の別なるものが存在するとの事
四、人種の別は周囲の有様の不同に連れて生ずる所の少し宛の変化の積つた結果なる事
五、人類は諸地方にて起つたのでは無く、一地方で起つたので有るとの事
六、人類出現の時代は従来人々の考へて居た如く数千年前抔と云ふ新しいものでは無く、遥に古いもので有るとの事（三八三頁）

人類出現の有様は、一八五九（安政五）年ダーウィンの『種の起源』（Origin of species）に基くことはいうまでもないが、以上を説明する次の一文には特段な注意を促したい。

人類は人類の有様で突然此世に現れたのでは無く、猿とも付かず、人とも付かざる一種の動物から段々と変化し自然自然と同類の一群を作し、本源の動物を遠ざかつて終に人類と認むべき者と成つたので有る（三八三頁）

縮めて「人猿同祖論」と坪井は使う。日本神話やキリスト教典にある、人類の誕生は決して一対の男女からではあり得ない。

世界ニ現存スル人類ハ躰質種々ノ点ニ於テ相違シ居レドモ太古ニ遡リテ考フレバ祖先ハ皆同一様ノモノナリ

これが「最モ信ズベ可キ人類起源説」である、とする考えこそ

人猿同祖論ニ他ナラズ(77)

と、人も猿も元を正せば同じなのだと断言している。人類の本源地は一つであるとも補足している。坪井の人類に関する基本的な、極めて重大な認識である。もとより日本人種にも、決して例外でないはずである。モースに受けたその考えを改めて強く自覚して、こうした観方が終生変わらなかったことを知る。一九〇八（明治四一）年、華族人類学会での講演を活字にした「人類学講話（一）〜（八）」『東京人類学会雑誌』（第二六五〜二六八・二七〇・二七三・二七五・二七六号）が示す。

猿が人と鳥獣魚介等との界目に位して居るのであります（二六八号、三七〇頁）

と「人猿同祖」を示唆した上に、

総ての人類は同一属で有ると云ふ事に成るので有ります（二七六号、二二七頁）

と、人は皆同じであることを説いている。さて、聴いた華族の反応はいかがだったか。

そして人類学は、

人類学上の研究とは、人とは何ぞ、人は如何に存在するか、人の今日有る所以は如何との事を精しく穿鑿する事で有（三八四頁）

る、と短い中にも凝縮されて、以後の発言の出発点となっていた。

またこの論文では、「人類」と「人種」を明確に意識して区別した。九九号の時点での人類は一種か多種かを、

人類を一種とすれば其一種の者が如何にして人種の別を生ずるやうに成つたか（九九号、三四四頁）

と、必ずしも明らかでない。しかし、一〇〇号では先の引用「二」にあるように「人類一種」、そして「五」の「人

類は一地方で起つた」ことを明言する。そして人間総体を人類、その細分を人種とはっきりさせた。また、九九号では人種の別を生ずることの「説明は容易には出来ません」というにとどまったその答えを、一〇〇号では「四」として、周囲の環境への適応にあると、その要因も明らかとした。

同年の「人類学と近似諸学との区別」（『東京人類学会雑誌』一〇一号）では、さらに人類や人種の定義を進める。

人類の研究は系統上動物学の中に入る可きは勿論の事で有ることを強調し、しかし人類研究は

> 他の一種の動物の研究よりも遥かに精細に成つて一般動物学と釣り合ひを失ひ終に離れて一つ立ちの学問を形作つた（四二五頁）

と、動物学からの独立の意義にも触れている。箕作から独立した所以もそこにある。

そして、人類学と人種学の違いについて簡明である。

> 人類学は人類なる一団躰に付いて調べるので有りますし人種学は人類中に人種なる者を仮設して其調べをするもの（四二六頁）

で、

> 人種学は人類をば幾つかに小別けして之に何人種何人種と云ふ名を与へ、彼様に作り設けた諸人種に付いて諸性質の異同及び相互の関係を調べる事（四二五頁）

と。

2　人種の別は系図調べ

坪井はやがて、そもそも人種の別に分けることに疑義を感じてゆくことになる。所詮人種の別は、東京府と神奈川

県の境界を定めるようなもの、だと分かりやすく例えをあげて、だから

　人為の分類で有つて多少随意的のもの故、人類に関する自然の道理を考へる所の人類学に対しては余り価値が有りません

と言い放つ。とどのつまり

　人類学が進むに連れて人種学の価値は段々に下がり今日では有るか無しの姿と成りました（四二六頁）

と、遂に人種の区別や、そもそもその意義がないとまで言い切った。しかし、流石に言い過ぎたと感じたか、

　人種と云ふ事の観念を明瞭にして置くのは最も肝要（四二二頁）

と、翌一八九五（明治二八）年「人種問題研究の準備」（『東京人類学会雑誌』第一〇八号）で、丁寧に人種の別を説明している。人種を分けるには、皮膚の色や言語など、当然ながら多数の観点が存在しうる。よって

　人種と云ふ言葉の定義は澤山有（二二一頁）

が、

　帰する所は、或る性質を通じて有する人類の団躰

と定義出来るとした上で、「或る性質」の大きく二つを認識する。

　第一、人種別は諸地方人民間に存する諸性質の異同を示すものである。第二、人種別は諸地方人民の系図を示すものである（二二一～二二二頁）

と。第一とは現象的な異同を知ること、その異同から相互の関係を導くことが第二となる。

　そして坪井は、人種について、

　人類の祖先は悉く同一様のものであって、

人類本来の相違ではな

く、諸地方において発達した結果であるので、だから人種の別に大きな意味をもたないと考えた。

人種別なるものは諸人民の血筋に近いか遠いかを示すもの、即ち系図を示すものと考へるのが正当でござりませう、理学的の人種別は実に諸地方人民の系図たるべきものでござります（二一二頁）

と、人種別の意義をあくまでも「系図調べ」でしかないことを繰り返して明らかとする。

一八九八（明治三一）年には人類の拡散を、ズバリ「人類の移住」（『東洋学芸雑誌』二〇一・二〇三号）と題して触れる。人類一源論を強調して

諸地方に住んで居る人類は同じ祖先から血統を引いた者で、人類は元来何れも相互に好く似た者で有つたのが、代を重ね住地を変へるに従つて、少し宛の変化を積み、遂に今日の如き人種的相違を現すに至つたと見れば少しも無理は有りません（二〇二号、三〇五頁）

その人類起源地を「熱帯地方」とも示唆している。

翌一八九九（明治三二）年、「人種的諸性質の異同は根本的のものなりや否や」（『東洋学芸雑誌』二一五号）では、人種の増減について言及した。そもそも

人種的性質を體格に関するもの風俗に関するもの（三三〇頁）

と分けるところに、坪井による遺伝（生物学）的・文化的、すなわち今でいう人種・民族の別の認識を確認できる。後者を後天性、前者を先天性とも表現している。いずれも静止することなく、時を経て変化するので、

人種の別は根本的のもので無い（三三一頁）

としたうえさらに一歩を進めて、一種族間の系統的変化の他に

異種族雑婚の結果として様々の新種族

が生じる可能性も伝えていた。

> 種族の数は増す事も有り減る事も有る

と、種族の滅亡、合併減少する場合のあることを示すのである。そして、

> 現今存する如き人種の別が昔から有つたとはどうしても云はれない（二三三頁）

との示唆的な言に繋がっている。

人種別の意義はない、とする見方も含め、この時代の坪井の人種観は意義深い。

3　「世界の人類は皆続き合ひ」

一九〇三（明治三六）年の「人種談」（『東京人類学会雑誌』第二〇五号）では、人種の異同・系図について、より以上分かりやすく説明している。

> どこの者は何から分れたとか、どこの者は何と何の寄合であるといふ歴史があつたならば、頭の形はどうであるとか、髪の毛はどうであると云ふことは言はぬでも宜い（二六三頁）

人種間の関係を調べ上げることを系図調べといって、それが分かれば細かな身体的な特徴は問題ではない、と説く。その上で

> 古い人の司人種と云ひ別人種と云たのは今日とは違つて居る、今日の考へでは系図上最も近いものを同人種と云ひ、遠いものを別人種と言ふのである、併し此近い遠いは何を以て定めるか（二六七頁）

と踏み込んで、

> 人種の異同は、縁故の遠い近いと云ふだけであるが、決して絶対的の性質相違を本として論じられるのではない（二六七頁）

とし、

人種と云ふ事にはどれ丈の価値（ねうち）があるかと云ふを知らず（二五五頁）

と下す。これが坪井の人種に関する核心と見る。そして人種は、

今日ではずっと連続して居ると云ふ事が分かつたので、相互の関係は、或は兄弟、或は従兄弟、再従兄弟の関係の様なもの（二六九頁）

と例えて分かりやすく、別の言葉で

世界の人類は皆続き合ひで其中に遠い親類とか、近い親類とかの別があるに過ぎない（二七一頁）

とも表した。「世界の人類は皆続き合ひ」と、ここに坪井は行き着いた。

人類の分類や人種について、その後も角度を変えては発言している。

人類の群が団躰として認められる其根本に於て種々の相違が存する

その

人類中に幾通りの団躰が認められるので有るか其事を明かに

した論考が、結果的に最晩年となる一九一〇（明治四三）年、「人類中に認めらる、種々なる集団」（『東京人類学会雑誌』第二九〇号）として発表された。以下に示す六つに分けた。

・地域団—棲息地に重きを置いて設けた人類団躰
・統一団—国名を負わせて分けた人類の一群。従って「同一種類の者のみから成って居るのでは」ないとする。
・信仰団—宗教を以って分けられた人類団躰
・称呼団—地方や国、宗教でなく、例えば「蝦夷」などのように他認、自認の称呼によって識別された部類

以上を、「他との関係からして設けられた団躰」とし、一方で、「人其者に関して設けられた団躰」として以下の二つ

をあげている。

・習俗団 ― 言語風俗習慣の如き後天性を基とした人類集団

・天性団 ― 生まれつきの性質、あるいは血縁的縁故に基く人類団躰

坪井の学問的定義としての「人種」は、自ら

> 人類の自然分類を作らうと云ふには、何所までも天性団を単位として研究を積まなければ成らないので有ります（二九一頁）

とするように、もとより「天性団」に違いない。その意義の深さは、この集団にのみ"Somatological unit"と英訳を付すことからもよく分かる。直訳すると、「人類生態学的集団」となるのであろう。加えて、習俗団についての記述は意味深い。

> 容貌躰格は同様とは云ひ兼ねるが習俗に於ては慥に同一部類で有るので日本民族は一つの習俗団を形作つて居ると云うべきで有ります（二九〇頁）

先天的な違いと、後天的な違いに基く人類集団の分類。今にいう「人種」と「民族」の違いが明確に定義された時である。

やがて時代は、「人種」という用語を「民族」に代えて利用する。

> 日本政府の下に生活して居る者総體（二九〇頁）

という、政治的色彩を含みつつ、「日本民族」「大和民族」との使われ方に象徴されるような、いわば帝国主義膨張の重要な素地となってゆく。そのことを坂野徹の研究が詳しく語る。(72) ここでは坪井の人類学に基く、人種概念の一応の完成と捉えてまとめておきたい。

4　故の先住民族論と日本人種論の整合

坪井の先住民、日本人種、人種についてたどってきた。もとよりそれぞれが独立していよう筈は無い。その相関から坪井の意図を探ってみる。

坪井は人類学会設立当初より、『人類学会報告』創刊号に

凡テ人類ニ関スル自然ノ理を明ニスル

と明記して、人類学の目的を認識した。総体たる「人類」の「自然の理」の解明こそを大志とした。

ヨーロッパへの留学は、白井との論争が落ち着いたその直後のことで、アイヌの口碑のコロボックルに熱くなっていた頃だった。一八九二（明治二五）年一〇月に帰国し、それ以後、渡欧前とは違った坪井であった。一八九三年の「通俗講話人類学大意」は、これからの意気込みを示す論文だった。ただし、人類の定義に比して、人種分類の意義について、歯切れの悪さは確かにあった。またこのとき別な論文では、コロボックルとエスキモーとの関係を匂わすようにもなっていた。

翌九四年、「日本全国も世界を土台にして見れば一地方に相違ない」（『史学雑誌』第五編第八号（二頁））と、「世界の一地方」としての「日本」、という見方を開陳していた。そのことは人種の認識と相関した。あまり価値はないという。そしてこの年、コロボックル＝エスキモーの立場を、明確にしつつの時でもあった。

一八九五（明治二八）年には「人種」とは「諸人民の系図」であって、人種の違いは血筋の遠いか近いかの違いでしかないとした。九四年にはコロボックルの使用をやめ「石器時代人民」と使うようになっており、この年九五年にはアイヌもコロボックルも「石器時代人民」に同じであると解釈できる発言をした。

一八九六（明治二九）年には、石器時代人民が北海道でアイヌに分かれたと認識した。こうした経過を踏まえると、この発言が坪井の決して思いつきではないと納得できる。

一八九八（明治三一）年の「人類の移住」は、人類一源論を強調し、一起源地からの拡散を説くが、この年エスキモーの日本への経路を明らかにした。

一八九九（明治三二）年には「人種の別は根本的のもので無い」と繰り返し、「異種族雑婚の結果」としての「新種族」の発生の背景にも触れた。

一九〇二（明治三五）年には日本人種がアイヌ・馬來・支那の混じり、「異種族雑婚の結果」に誕生したと、遂に日本人種について口を開いた。

一九〇三（明治三六）年には「世界の人類は皆続き合ひ」と説明し、一九〇七（明治四〇）年のエスキモー人種が具体的に北方より列島に入り、マレー系、大陸系とその三者が「化学的に混じ」「日本人は此の土地で湧出した」様に日本人種が構成されている事に、最早ためらうことをしなかった。後にはこのことを「大鍋に入れられるに至つた様なもので有る」とも形容していた[79]。

こうした坪井の見方を知ると、改めてアイヌとコロボックルの関係に抱いた坪井の構想がおぼろげながらも見えてくる。アイヌを石器時代人とした場合、以来三千年、南下・北上の間の事情も含めて、全く変わらなかったとは思われにくい。つまり純粋な石器時代人＝コロボックルとの間にはどうしても若干の距離が認められ、これこそが遠い近いの関係だった。言葉を代えると、同じとも違うともいえない両者であると、坪井は考えたのではなかったか。濱田が、また一瞬であれ鳥居が、石器時代人民についての坪井の考えに意義を見いだした理由も、ここにあったとできまいか。そして、彼らの血は、日本人種に繋がった。

生涯単発の論文では、先住民と日本人種とは別であるかのような表現をする坪井であった。しかし、「事実の発現を掩（おお）ふ事は出来ません」、を強く確信した坪井を思う。日本人種は日本列島に住む人々を指すが、列島にやって来た幾多石器時代人種の血を交えつつ成立した、と。してみると、一九〇五（明治三八）年の「日本人は日本で出来た」

にも理は叶う。つまり、人種交替パラダイムを脱却した日本人種観を伝えていた。

このように、人猿同祖から始まり、日本は世界の一地方、世界の人類は皆続き合ひ、諸民族の系図、あるいは異種雑婚、これら坪井にまつわる人類人種に関するキーワードをたぐりよせると、一つの筋が見えてくる。日本人種と云えども、石器時代人から繋がっていると。とすると、列島に最初に人が来たときはいつであったか、当然そこが問題となる。

5　日本人種論の足かせ

ただし、先住民とした石器時代人民と日本人種との関係を、言葉に明言するを避けていた。最後まで、表向きには先住民と日本人種を切りはなしていた。石器や土器を使うような開化度低く、食人風習すら持ったような人種との繋がりを、民衆や国体は受け入れ難い。坂野徹の言うように、

「われわれ」＝「日本人」はそうした「未開」と一線を画すること[80]

を、近代日本は求めていた。帝国大学教授、という立場が許さなかったであろうことを含めて、後に触れたい。

肝心なことは、当時の社会的・政治的背景の中で、坪井自身が真実をどこまで学問的に忠実な成果として発言できたのか、を確認することと考える。帝国版図が拡大する中、比例して周辺諸族を取り込んでいった日本であった。それを如何に合理的・効果的に正当化できるか、確かに人類学者にも関わった。

一方では、先行する西洋文明に対する劣等意識の克服がある。西洋社会を頂点とするヒエラルヒーへの劣等感も、開化期を迎えたばかりの日本にあって当然だった。その克服として、「人種別は諸地方人民の系図」とは、確かに政治的な効果もあろう。人種の別は、所詮は遠い近いの違いであって、それが決して優劣を決めるような意味は無い、との考えは、劣等意識を払拭する、極めて有効的な認識だとはよく分かる。言葉を代えて、それを空間的な平等性と

いえるとすれば、時間的な平等性にも当てはまろう。文明の進度の違いも、それは人種の本質的な優劣ではあり得ない。まして先住民という表現を、不毛とすることも明とする。

さて、坪井の人類学者としての成果については、結果論的には社会的・政治的と連動したとみなしても、科学者としての精神やその探究心は、もっと純粋であったと見なしたい。人種論や日本民族論の提言も、学問的な追求の中から必然的に出た、科学的な概念であると推測する。総じて、與那覇潤のいうように

「帝国意識」への傾斜によるものではない[81]

と意見を同じく考える。

研究者としての純粋な探究心は、次章で触れる二つの、解決困難な問題への対処に顕著である。

註

（1）本村充保　一九九六「アイヌ・コロボックル論争に見る坪井人類学」『考古学史研究』第六号、一一頁

（2）坪井正五郎　一八九五「コロボックル風俗考　第一回」『風俗画報』（一九七一『日本考古学選集二　坪井正五郎集　上』築地書館再録、五〇頁）

（3）坪井正五郎　一八九八「石器時代総論要領」『日本石器時代人民遺物発見地名表　第二版』東京帝国大学、二一頁

（4）前掲（2）に同じ

（5）　アリウト人蝦夷人ニ遂ハレ蝦夷人日本人ニ遂ハレシナラン（八頁）

と本文中に書いた渡瀬の考えは、ミルンの報告（Notes on the Koro-Poku-Guru or pit-dwellers of Yezo and the Kurile Islands."Trans. Asiat. Soc. Japan"Vol. 10 1882）を下敷きにしたものであると、工藤雅樹（一九七九『研究史　日本人種論』吉川弘文館、八三~八四頁）が指摘する。ミルンの足跡は北海道全体から千島に及ぶ広きに渡り、コロボックルは千島アイヌ

の祖先であると考えていた。

渡瀬がコロボックルに関する知見を坪井に紹介したのが一八八〇（明治一三）年と、坪井の『小梧雑誌』によって知ることが出来る。従って渡瀬自らは、少なくともそれ以前よりコロボックルを認識していたことになる。このことを含め、『小梧雑誌』が坪井の大学卒業の翌年まで定期的な刊行が続いたこと、一八八二（明治一五）年一一月号に渡瀬が「札幌近傍古物遺跡」を、さらに一八八三（明治一六）年の三月号にじ同く渡瀬が「札幌の穴居跡」を寄せたことなどを、八木奘三郎（一九一六「坪井博士とコロボックル論」『人類学雑誌』第三一巻第三号）が紹介している。

（6）坪井正五郎　一八八八「石器時代の遺物遺跡は何者の手に成たか」『東京人類学会雑誌』第三一号

（7）工藤雅樹　一九七九『研究史　日本人種論』吉川弘文館、九九頁

（8）なお色丹島の住民は、一八七五（明治八）年の千島樺太交換条約の結果、日本に帰した千島列島のうち、北千島のシュムシュ島などの住民を一八八四（明治一七）年に移された。従って、小金井は蝦夷島アイヌとシコタンアイヌの同一、つまり北千島の島民もアイヌと主張した（またクリルスキーアイヌは千島アイヌであり、シコタンアイヌと同じとなる）。

（9）工藤雅樹は、モースに好意を抱く人物として飯島魁・佐々木忠次郎・石川千代松などをあげるのに対し、いわば次の世代に属する坪井や白井はそうでなかった、として二人を西洋嫌いで共通すると括っているが（工藤雅樹一九七九『研究史　日本人種論』吉川弘文館、八八頁）その二人が決して同じではなかったことを再度確認しておきたい。

（10）本村充保　一九九六「アイヌ・コロボックル論争に見る坪井人類学」『考古学史研究』第六号、一七頁

（11）工藤雅樹　一九七九『研究史　日本人種論』吉川弘文館、九二頁

（12）八木奘三郎　一九一六「坪井博士とコロボックル論」『人類学雑誌』第三一巻第三号、八三頁

（13）坪井正五郎　一九〇四「日本最古住民に関する予察と精査」『太陽』第一〇巻一号、一八五頁

（14）坪井正五郎　一九〇八「日本人種の起源」『東亜之光』第三巻六号、二頁

（15）三宅米吉　一八九〇「竪穴を遺すべき家屋の構造」『東京人類学会雑誌』第五二号、二九五頁

(16) 小金井のことは、孫である星新一（一九七四『祖父・小金井良精の記』河出書房新社）、に詳しい。
(17) 一八八八年七月の『東京人類学会雑誌』第二九号の「記事」
(18) 一八八八年九月九日の人類学会第四三回例会にて発表後、同年の『東京人類学会雑誌』第三一号に掲載
(19) 小金井良精　一八八九「北海道石器時代ノ遺跡ニ就テ」『東京人類学会雑誌』第四四・四五号
(20) 森鴎外漁史　一八九七『かげ草』所収（小金井良精一九二八『人類学研究』大岡山書店再録）
(21) 高橋　潔　一九九七「一八八八年の北海道調査旅行」『考古学史研究』第七号
(22) 小金井良精　一九三五「アイノの人類学的調査の思ひ出」『ドルメン』四巻七号。後、一九五八『人類学研究　続篇』（小金井博士生誕百年記念会）に再掲
(23) 寺田和夫　一九七五『日本の人類学』（思索社）では、翌年二度目の北海道調査を通じての数をまとめる。アイノ生体計測全体は男女一六六人（北海道アイノ一三五、カラフト一一、色丹二〇）。また、蒐集した人骨は、全身骨格八九体を含む、一六六個に達したという。
(24) せいぜい矢毒を作る時の臼杵と、煙草を呑む時に用いる火入れだけ（三九二頁）と論文中に記している。
(25) 坪井正五郎　一八九五「北海道石器時代土器と本州石器時代土器との類似」『東京人類学会雑誌』第一一六号
(26) 工藤雅樹　一九七九『研究史　日本人種論』吉川弘文館、一一五頁
(27) 小金井良精　一八八九「北海道石器時代ノ遺跡ニ就テ」『東京人類学会雑誌』第四四・四五号
(28) 坪井正五郎　一八九〇「北海道石器時代の遺跡に関する小金井良精氏の説を読む」『東京人類学会雑誌』第四九号
(29) 前掲（6）に同じ
(30)「没分暁」とは物事の道理がわからないこと、わかろうとしないこと、また、その人を指す。
(31) 無名氏（森鴎外）一八九〇「「コロボックグル」といふ矮人の事を言ひて人類学者坪井正五郎大人に戯ふる」『醫事新論』

第八号

(32) 工藤雅樹　一九七九『研究史　日本人種論』吉川弘文館、八八頁
(33) 坪井正五郎　一八八八「貝塚土偶の男女」『東洋学芸雑誌』第二〇六号
(34) 本村充保　一九九六「アイヌ・コロボックル論争に見る坪井人類学」『考古学史研究』第六号、一九頁
(35) クリルスキーアイヌとは、千島アイヌを指す
(36) 鳥居龍蔵　一九一八『有史以前の日本』一三版　磯部甲陽堂（一九七五『鳥居龍蔵全集　第一巻』朝日新聞再録）
(37) 工藤雅樹　一九七九『研究史　日本人種論』吉川弘文館、一一二頁
(38) 池田次郎　一九七三「日本人種論」『論集　日本文化の起源　五』平凡社、七頁

ここで、小金井の見解に関する、鳥居龍蔵のスタンスを紹介したい。一九〇一年の鳥居論文、「北千島に存在する石器時代遺跡遺物は抑も何種族の残せしもの歟」（『地学雑誌』）の読後、清水元太郎は、「鳥居君の千島石器時代論に付て」を一九〇一『東京人類学雑誌』一八八号に寄稿した。清水は

「唐太アイヌ」と本島「アイヌ」の躰格上の比較は同一成るべし

と私見を寄せる。この論文を印刷に入る前に見た鳥居は、即座に自らのコメントを「鳥居龍蔵附言」として、その文末に載せた。

「唐太アイヌ」と本島「アイヌ」の躰格の比較は一致なるべしと云はれたは、実際さうです

と。その根拠は、まさに迫力に欠けた小金井の体質人類学的分析に基く以外になかったはずだが、小金井との関係を強くする鳥居の立場をよく示す。

(39) 清野謙次　一九二六「津雲石器時代人はアイヌ人なりや」『考古学雑誌』一六―八など。
(40) 清野について、小熊英二は東北帝国大学の長谷部言人とともに「戦後の人類学における定説を形成し、単一民族神話の成立に重大な役割を果たすことになった」（一九九五『単一民族神話の起源』新曜社、二六〇頁）と評し、特に清野謙次（一九四六『日本民族生成論』日本評論社）を代表とした。清野はその「序」で言う。

日本人種論に於て重要なのは、現代日本人と石器時代人との関係はどうだと云ふ問題である。此両者の関係如何によりて、日本人新渡来説が生れるから、此解決に先づ主力を注がねばならない

そしてこの書こそが二十数余年にわたる清野の

一貫した研究成績を通覧し得る記述は、本書を以て嚆矢とする

とするほどで、

本書によりて日本人の故郷は日本国であることと、日本民族の独自性ある生ひ立ちとを、読者諸氏にはつきり認識していただき度い

と内容・趣旨を明記している。

(41) 鳥居龍蔵　一九三六「日本考古学の発達」『武蔵野』二三巻二号（一九七五『鳥居龍蔵全集　第一巻』朝日新聞社再録）

(42) この頃の人種概念は、以下の論文にも象徴されるように大変不安定であった。例えば穢多や非人（今では使われないが、当時のままの表現を用いた）なども別人種とされて、身体計測調査まで行われていた。

藤井乾助一八八六「穢多は他国人なるべし」『東京人類学会報告』第一〇号

箕作元八一八八六「穢多ノ風俗」『東京人類学会報告』第六号

金子徴一八八七「エッタハ越人ニシテ元兵ノ奴隷トナリタルモノナル事ドモ」『東京人類学会報告』第一三号

など、当時の「人種」の認識である。

(43) 鳥居龍蔵　一九三六「日本考古学の発達」『武蔵野』二三巻二号（一九七五『鳥居龍蔵全集　第一巻』朝日新聞社 再録、四六三頁）

(44) 当初坪井・小金井、二人の仲は良くなかったという。これも鳥居の話として残されている

坪井先生が能く云って居られたのは、解剖の人は測定の方法を教えない

（一九三八「日本人類学界創期の回想　座談会（二）」『ドルメン』再刊第二号）

と。坪井が、非常に閉鎖的な雰囲気を感じていたことを伝えている。後に両氏の間をつないだのは不肖ながら私でありました（鳥居龍蔵一九二七「日本人類学の発達」『科学画報』九巻六号（一九七五『鳥居龍蔵全集　第一巻』朝日新聞社再録、四六六頁））

と、これも鳥居が書いている。

(45) 鳥居龍蔵　一九二七「日本人類学の発達」『科学画報』九巻六号（一九七五『鳥居龍蔵全集　第一巻』朝日新聞社再録、四六一～四六六頁）

(46) 鳥居龍蔵　一九一一「小金井先生と其研究論文」『人類学雑誌』第二七巻第一号、四八頁

(47) 鳥居龍蔵　一九二七「日本人類学の発達」『科学画報』九巻六号（一九七五『鳥居龍蔵全集　第一巻』朝日新聞社再録、四六三頁）

(48) 鳥居龍蔵　一九二七「日本人類学の発達」『科学画報』九巻六号（一九七五『鳥居龍蔵全集　第一巻』朝日新聞社再録、四六六頁）

(49) 小金井良精　一九二八『人類学研究』大岡山書店、五一一～五一三頁

なお工藤雅樹は、こうした小金井に対して、

このような考えは、いわゆる社会ダーウィニズム、優者必勝の考えのあらわれであって、必ずしも小金井が最初にこの考えを人種論にもちこんだわけではなく、明治初期の外国人の説にも見られる考えではあるが、後のアイヌ説に必ずといってよいほどに密着してあらわれる考えの萌芽として記憶にとどめたいと思う

（一九七九『研究史　日本人種論』吉川弘文館、九九～一〇〇頁）

と指摘する。

(50) 北海道旧土人たるアイヌも日本国民一部なり

で始まる「北海道旧土人教育会の結成趣旨」が、この年の『東京人類学会雑誌』第一七一号の雑報覧に掲載される。

アイヌを教へよ。アイヌを導けよ。而して彼等をして他と等しく自由を得、他と等しく幸福を享けしめよを旨とした活動だった。

(51) 海保洋子　一九九二『近代北方史』三一書房中の、「第Ⅰ部　アイヌ民族篇　第六章　人類館事件」
(52) 一九〇六年七月一二・一三日に行った講演が同年、「北海道旧土人教育事業」として『東京人類学会雑誌』第二四五号に掲載される。
(53) 海保洋子　一九九二『近代北方史』三一書房、一六七頁
(54) 小熊英二　一九九五『単一民族神話の起源』新曜社、八〇頁
(55) 坪井正五郎　一八九七「短身黄色果たして恥づ可きか」『日本主義』一号
(56) 濱田耕作　一九〇三「日本石器時代人民の紋様とアイヌの紋様に就て」『東京人類学会雑誌』第二一三号、八三頁
(57) 濱田耕作　一九〇二「日本石器時代人民に就きて余か疑ひ」『東京人類学会雑誌』第一九八号、四九一頁
(58) ペトリー（W. M. Flinders Petrie 1853 ― 1942）は、エジプト考古学の創始者の一人とも言われ、パレスチナ考古学にも精通していた。
(59) 有光教一　一九七四「学史上における濱田耕作の業績」『日本考古学選集一三　浜田耕作集　上』築地書館、二頁
(60) 有光は、大学の講義で必ず『通論考古学』の通読を奨めたと書いている（一九七四「学史上における濱田耕作の業績」『日本考古学選集一三　浜田耕作集　上』築地書館、二五二頁）。また佐原真・田中琢は『考古学研究入門』の「日本語版刊行にあたって」（岩波書店、一九八二）で、『通論考古学』を専門家があげる考古学研究の最良の書として、
　これを超すものはほとんどないといってよい（七頁）
と評価する。
(61) 坂野　徹　二〇〇五『帝国日本と人類学者』勁草書房で使う（一二一頁等）。本稿でも使わせていただく。
(62) 一九二八（昭和三）年、濱田耕作による京都帝大での特別講演は、当初『歴史と地理』に掲載され、一九三〇年刀江書院から『東亜文明の黎明』と出版された（一九七四『日本考古学選集一三　浜田耕作集　上』築地書館再録）。また再録にあたっては、「日本文明の黎明」（一九二九『史学雑誌』第四〇巻一二号）も同時に再録され、ここでは日本旧石器存否にも触れ、

私は寧ろ将来の発見に向つて、多くの期待を持つてゐるものであります（二三三頁）

と述べている。

(63) 濱田耕作　一九二〇「土器と時代及び人種問題」『河内国府石器時代遺跡第二回発掘報告等』京都帝国大学文学部考古学研究室、三一頁

(64) 寺田和夫　一九七五『日本の人類学』思索社、八七頁

(65) 山中　笑　一八九〇「縄紋土器はアイヌの遺物ならん」『東京人類学会雑誌』第五〇号

(66) 坪井正五郎　一八九四「日本に於て石器土器を採集し研究するに付きて注意すへき諸件」『史学雑誌』第五編第七号、一二頁

(67) 久米邦武　一八九三「崑崙西王母考」『史学雑誌』第四一号、一九八頁

(68) 坪井正五郎　一八九三「石器時代の遺跡に関する落後生、三渓居士、柏木貨一郎、久米邦武、四氏の論説に付きて数言を述ぶ」『史学雑誌』第四二号

(69)「コロボックル風俗考」は、一九七一『日本考古学選集二　坪井正五郎集　上』築地書館に再録される。また、コロボックル名使用の弊害を、永峯光一（一九八四「坪井正五郎論」『縄文文化の研究一〇』雄山閣）も注意している。

日本石器時代人の代名詞ではあっても、実態ではなかったことに終始変りはなかった

あるいは

コロボックルという固有名詞を使用すれば、坪井の本心思惑がたとえどうであろうとも、見るもの聞く側にとってはアイヌ伝説上のコロボックル像に重なってしまうことは不可避である。また、論者自体の思索はコロボックルに束縛され、実りのある深まりや発展がかえって阻害されたばかりではなく、時にコロボックルの虚実が定かではなくなって、論議の空転をまねく場合がないではなかった

に端的であり、その通りであると考える。

(70) 石器時代人＝コロボックルの、本州や北海道での居住年代については、坪井の弟子、佐藤傳蔵による興味深い記述があるので、少々長いが紹介しておく。一八九六（明治二九）年の『史学雑誌』には読者の質問と、それに答える「応問欄」がある。そのやりとりである。

　コロボックル人種の黄金時代は今より何年前か

という質問に対して、

　少なくとも今より三千年以前なりと云へば差支無かるべし

と、古籍を挙げる。『続日本後記巻八』『三代実録巻四十八』『同四十九』『常陸風土記』などの記述によると、承和・仁和の頃にはすでに全く石器時代人のことは知らず、貝塚を遺した人民に関しても全く記録にない。こうしたことを考えると

　石器時代人民が本邦に跋扈跳梁せし時代は、少くとも之を三千年以前と做すは中らずと雖も遠からざるべし

さらに遺跡を覆う土の厚さが、

　二尺五六寸もあらば其時代の随分古きを知るに足るべし

そしてモースの貝類分析からも現生貝類との違いを補足して、その古さを強調する（第七編第四号）。三千年という具体的数字は、もとより恩師坪井の考えによるもだろう。

また、

　コロボックル人種ハ幾年以前迄生存致せしや

と、核心をつく質問に対して答える。この質問には、世界においてか、日本国内においてかという二つの答え方を認めて、

　世界では世界の或地方には日本石器時代人民の後裔若しくは多少の関係あるもの全く存在せずとは断言し難し

そして国内では、

　北海道には割合に近頃迄生存せしものの如し

として、具体的には、高畑宣一の論文（一八九四「石狩川沿岸穴居人種遺跡」『東京人類学会雑誌』第一〇三号）で紹介され

た石狩川沿岸での聞き取りにある

　三代前穴居人此地ニ住シ

そして明治一五年の開拓使編纂「蝦夷風俗彙纂後編」巻の七「小人穴居せし事」のなかの

　八九十年以前

まではいたという記録などにより、従って

　北海道に石器時代人民の生存せしは二三百年以前位ならんと思はるるなり

とする。このように石器時代人民コロボックルの具体的な経歴を説明している（第七編第六号）。

　以上によって、また本州の貝類の古さなどから、本州には大変古くから長期間の生活があった一方、

　最近ノ移住ニ於テ南方ヨリ北方ニ向ヒシ

というように、北海道への移住は最近のことはいえ、「二三百年ほど前」までは暮らしていたと言って、本州と北海道の暮らしの長さの違いにも及んでいる。

(71) 鳥居龍蔵　一九一八『有史以前の日本』第五版　磯部甲陽堂、九頁

(72) 鳥居龍蔵　一九三五「文化人類学からみた古代の日本」は、一〇月二二日に行われた、国際文化振興会日本文化講演シリーズの講演録（一九七六『鳥居龍蔵全集　第五巻』朝日新聞社に掲載、六六八頁）で、この中の一文である。

(73) 鳥居龍蔵　一九三六「我が先住民石器時代に就ての疑問」『武蔵野』二三巻一〇号（一九七五『鳥居龍蔵全集　第一巻』朝日新聞社再録、五〇七頁）

(74) 工藤雅樹　一九七九『研究史　日本人種論』吉川弘文館、一二六頁

(75) 福間良明　二〇〇三「混合民族説におけるナショナリティーの境界」『日本文化環境論講座紀要』第五号

なおこの中で、坪井のこの理論により、国学の精神としてある単一純粋性との整合が計られたとして、次のように説明する

「日本」にはそれらの要素が化合物のように融合し、一つの一体的な組織体を構成する「単一性」に重点を置く側面である。

このように「日本」を混合物ではなく化合物として捉えることで「複合性」と「単一性」を結び付けるこの論理。

(76) 実は三宅米吉も、一八九〇（明治二三）年同じことを言っている（「古物学ノ進歩」『東京人類学会雑誌』第五三号）。欧州ニ於テ耶蘇教典ノ理学ノ進歩ヲ障碍セシコト甚大ナリ、夫ノ人類史ノ如キハ長ク経典ノ創世記ヲ本拠トシ来リ世界開闢を以テ僅ニ四千年ノ古ヘニ置キタリシガ、今ヤ諸学ノ研究ニヨリテ其ノ妄想タルコトヲ明カニシタリ。史前古物学ノ若キハ其ノ発達ニ際シ宗教ノ抵抗ヲ受ケシコト甚少カラズト雖、遂ニ能ク地質学ト相共ニ実蹟実證ニヨリテ人類生存ノ年代ヲ確定シ新ニ人類変遷ノ正史ヲ構成セリ（三四七～三四八頁）。

(77) その最初は、一八九三年『東洋学芸雑誌』第一四二号誌上の「応問」だろうか、三九五～三九六頁

(78) 坂野　徹　二〇〇五『帝国日本と人類学者』勁草書房

(79) 坪井正五郎　一九一〇「日本人種の成立と朝鮮人」『東京毎日新聞』八月二六日

(80) 坂野　徹　二〇〇〇「コロボックル論争と「日本人」の不在」『生物学史研究』NO六六、五三頁

(81) 與那覇潤　二〇〇三「近代日本における「人種」観念の変容」『民族学研究』六八―一、九一頁

第五章　日本石器時代に「ない」とされた二つへの挑戦

人類学の目的は人類の発生や起源、広がりを知ることにある、と坪井は言った。では日本列島に人類が住み始めたのは、いつごろなのか。坪井の頭の中にあって当然である。

日本考古学は一九四九（昭和二四）年、群馬県岩宿遺跡の発見により、日本旧石器時代を確認し、その起源解明の扉を大きく開けた。しかしそれまでの長い時間、いくつかの疑いはもたれながらも、日本旧石器時代は存在しない、を常識とした。「ない」の一つがこれである。いつ、どのように「ない」が常識となり、それを坪井はどう考えたのか。日本列島旧石器存否問題が、この一つである。

もう一つの「ない」は、竪穴住居の存在である。コロボックルは、竪穴住居に住むことを最大の特徴の一つとした。北海道にはあっても、本州（内地）にそれは見つからなかった。「ない」、竪穴住居に対して出した坪井の答えは何だったのか。竪穴住居存否問題がもう一つである。

坪井の人種問題とも大きく関わる「ない」、この二つへの取り組みこそが、ある意味坪井の学問観を象徴する。

第一節　竪穴住居存否問題

一　本州に竪穴住居はないのか

1　竪穴住居の探究は三宅から

コロボックルが暮らした竪穴住居は、確かに北海道にはあったものの、本州には見出せなかった。コロボックルは列島全体に広がっているとした、坪井にとっての弱点だった。

従ってこの問題は、論争当初より学界あげての関心事だった。一八八七（明治二〇）年、廣澤安住が青森県三戸周辺で、

丸ク七八尺ヨリ一丈余ニモ凹ミタル処

を往々見る、と関心を示し、「アイノノ遺跡ノ事」と題して『東京人類学会雑誌』第一一号に載せている。坪井自身も、『東京人類学会雑誌』第三二号の「第四年会演説」に、羽柴氏からは竪穴に類した漁業小屋、田中芳男からは日向に竪穴の存在がと、それぞれ情報の提供のあったことを紹介している。しかしこれらは、

北海道の竪穴との関係は如何なるものなるか尚精き穿鑿を要する

範囲を出なかった。

一八九〇（明治二三）年、佐藤重紀が「陸奥国上北郡の竪穴」を、『東京人類学会雑誌』第五一号に報告した。最北端とはいえ、本州では初めての知見となった。蛯澤村の丘岬に径四間、深さ五尺ほどの計二二個の竪穴を、また中志村でも五個の竪穴を確認し、採集された貝塚土器も合わせて報告された。徐々に広がる意識の中で、三宅米吉が筆をとるに至った。

小金井良精が参戦し、コロボックル論争が熱を帯びたそのさなか、ヨーロッパ研修に日本を離れた坪井にとって、竪穴住居問題への取り組みは大きな心残りだったに違いない。しかしこの間、坪井に代わって人類学会の幹事を担った三宅こそ、併せて坪井の意思を継ぐかのように、この問題に意識を注いだ。

古代住民の状態を観察するの材料として竪穴の研究は最必要なるものなり

と、一八九〇（明治二三）年「竪穴を遺すべき家屋の構造」（『東京人類学会雑誌』第五二号）と題して発表している。

我が国に現存する竪穴は往時何人の作りし所なりやの問題は已に久しく議論の焼点（ママ）となりたりと雖未其の帰着を得ざるがごとし（二九四頁）

と、コロボックル問題を含んだ、その目的をはっきりとさせている。三宅は、構造の詳しい紹介とともに

古今何れの地方何れの人民に之ありや或いは之ありしや等の穿鑿を為すこと緊要なり（二九四頁）

と、今の考古学研究法でいうところの分布論的な視点をもって、

外国の類例を探りてカムチヤツカより新旧二大陸の各処を跋渉し遠くグリインランドにまで到れり（三〇七頁）

と、実に広汎に竪穴住居の分布地域を網羅した。結果、竪穴家屋に暮らす人種を、

而して其土屋住者の散布は重にサイベリヤ（シベリア　―　筆者註）の諸種族とエスキモウ諸族とにあることを見たり（三〇七頁）

と導いた上、次のように日本との関係を考察する。

我が国に於ては其の言ひ伝への如何は姑く舎き已に其の実蹟の在るあるを思へば、古へ亜細亜東北部に於ける土屋住者の蔓延決して軽軽看過すべきの事にあらざるを知るべし（三〇八頁）

三宅なりにエスキモーとコロボックルの関係を推測した。いやむしろはっきりしていた。竪穴を指して、

之を作りしものは何人ぞ（二九五頁）

コロボックル説とアイヌ説の二説があるとし、

其の是非は固より未言ひ易からずと雖アイヌの口碑としては前者は後者より広く行はれ且古伝の正しきものならん（二九五頁）

前者とはコロボックルを指して、三宅はその可能性を訴える。「古伝の正しきものならん」とする立場こそ、坪井と同じと確認できる。むしろ後にコロボックル＝エスキモー説を唱える坪井であるが、時間的にはこの発言を早くして

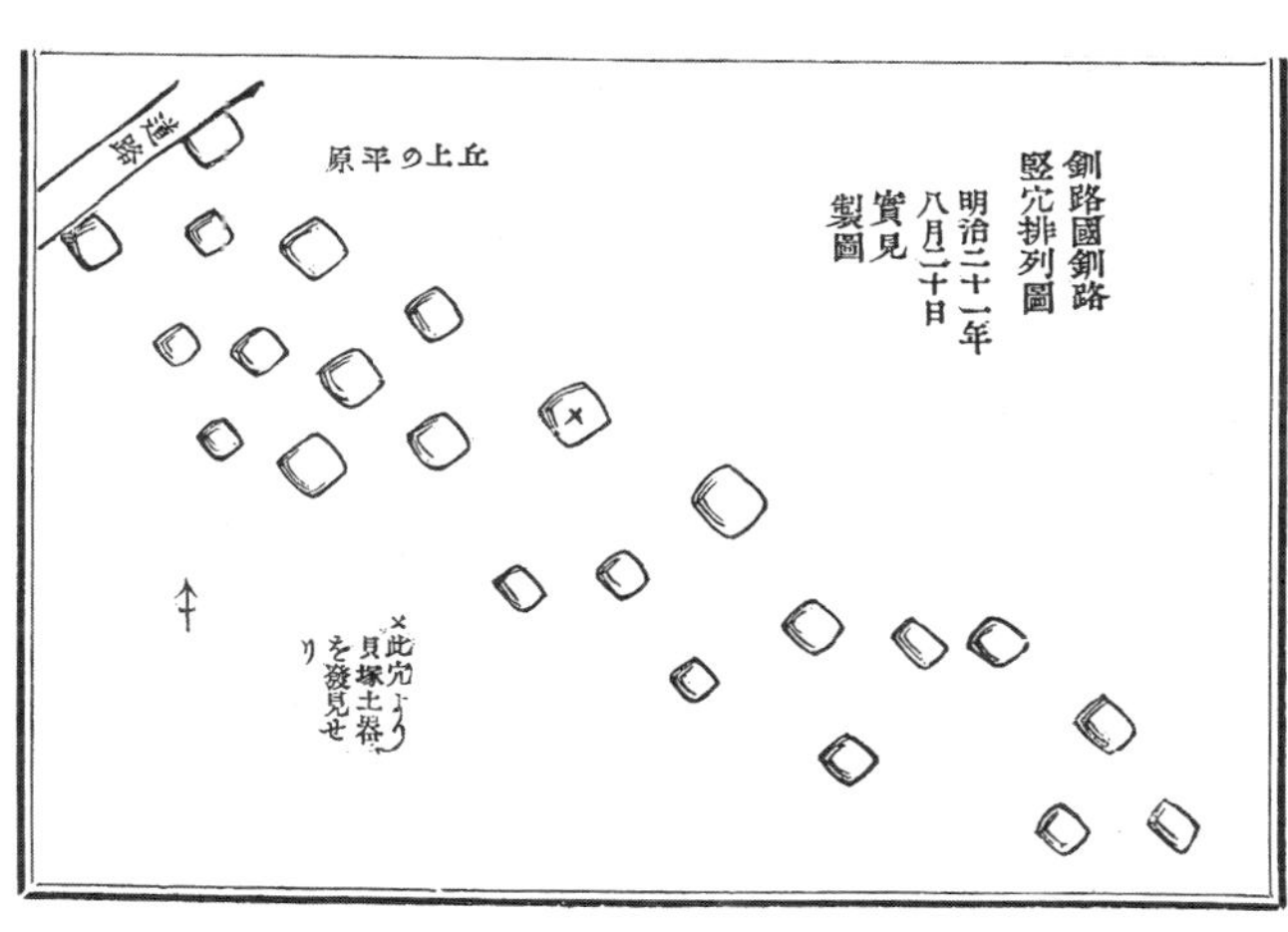

第24図　「大人践跡」を竪穴と考える参考とした釧路の竪穴

いる。

竪穴住居確認の意義が、この一本の論文にも良くわかる。それ故に、内地からの発見を気がかりとした。併し、三宅も懸念した。

　内地本島に竪穴ありや否やは久しく半信半疑の間にありて判然せざりし（二九五頁）

2　竪穴住居は一体何所へ

坪井も必死になって探したはずだ。大櫛貝塚は、一つの可能性を秘めていた。『常陸風土記』にある

　大人践（ふむ）跡

とは何か。人の歩いた跡とすれば一つ二つであるわけはなく、数多く連なるはずだ。大人の足の跡とされた窪みの連続は、まさに北海道の竪穴の群と同じでないか（第24図）。「常陸風土記に所謂「大人践跡」とは竪穴の事ならん」（一八九三『東京人類学会雑誌』第八号）を書いて

　竪穴は今日でさへ北海道諸地方には存して居るのでございますから、常陸風土記編集の頃には大櫛近傍に遺つて居つたとするも敢て怪む可き事では有るまいと思ひます（四〇二頁）

と予測した。全くその通りであったが、この頃には竪穴は全て埋ま

りきってしまっており、如何せん実体が伴わなかった。

一八九七（明治三〇）年には、後で詳しく出てくる坪井の助手を務めた佐藤傳蔵（一八七〇―一九二八）が、陸奥地方の調査の際、西津軽郡森田村にて計八五個所という多くの竪穴住居を発見していた。翌年「日本本州に於ける竪穴発見報告」（『東京人類学会雑誌』第一四五号）と題して発表したが、本州にも竪穴住居有り、とはなり得なかった。それらはあまりに本州の端にあり、北海道の範疇とされて、注目されるに弱かった。

北海道諸地方には発見されるも、本州から発見されぬ竪穴住居。

是は疑も無く土地開墾の行き届いて居るか否かに由るので有ると信じます(1)

当時の坪井の、精一杯の答えであった。

一九〇三（明治三六）年の鳥居の発言は追い打ちをかけて(2)、コロボックル論者の胸に迫った。

コロボックルの口碑は、果たして日本内地の遺蹟にも引用することが出来るか否やを疑うものである（五三五頁）とし、

それ以南に至っては、未だ竪穴、しかも竪穴らしきものを認むることは出来ぬ。これらの地方は未だ山間僻地にして、開耕は充分ではないから、竪穴のあればあるべき筈である。然るに未だ何らの事実だも存在して居らぬ確かに津軽海峡附近や青森にはあるが、

とどのつまり、

もはや日本内地に於いては竪穴の存在の望みは絶えて仕舞うのである（五三五～五三六頁）

だから、北海道・千島の竪穴との連絡・関係は全く無く、コロボックルの関係を説くことなどは到底出来ない。アイヌに伝わる口碑が、日本内地の石器時代に関係があるか否かは疑わしいといわれて、反論の余地などありえなかった。坪井や佐藤の期待も、鳥居の前に潰された。

そもそも、北海道に竪穴住居の存在が、誰の目にも明白であったことには理由がある。寒さゆえに非常に深く掘り

下げられて、加えて寒冷の厳しい気候は腐植土の発達を阻害して、今に至るも埋まりきらずに、窪地となって見分けがつくからである。それに比べて本州の竪穴は深くないため、完全に埋まりきって平となり、表面からの確認などは不可能だった。当時を理解するには、このような背景を知っておかねばならないだろう。

したがって、今でこそ本州でも竪穴住居の存在を当たり前としているが、当時にあっては、もはや竪穴の発見に、そもそも存在自体に望みをつなぐを厳しくした。坪井はその可能性を、視野を広げて模索した。(3)

二　ならば杭上住居の可能性

1　杭上住居への古くからの関心

坪井のイギリス・フランスへの留学は、一八八九（明治二二）年五月〜一八九二（明治二五）年一〇月までの約三年と半年にも及んだ。この間、特別な師に就かなかったと公言する坪井であったが、見聞の拡大は計り知れない。その一つに、杭上住居があった。

一八九二（明治二五）年、帰国後最初の論文に、イギリスでの強い刺戟を漂わす、「考古学と土俗学」（『東洋学芸雑誌第』一二四号）(4)がある。世に人類学は大いに益せんとの意気昂揚が、ちりばめられた巧みな言葉に現れる。

> 過去は未来の案内者なり
> 我々人類の現況を会得し、我々人類の将来を予知するには、我々人類の過去を考へなければ成りません
> など。そのために
> 諸国人民の風俗習慣を調べる学問を土俗学（Ethnography）と云ひ
> 特に肝要にして且つ面白き元始社会人類の有様は比較土俗学と先史考古学との合力に因つてのみ窺ひ知ることが出来ます（二二六頁）

第25図　坪井が描いた杭上住居

（南米ヴェネェズエラの例）

と、その連携に力をこめる。

考古学と土俗学の関係を示す具体的な実例に、杭上住居を取り上げた。その発見は一八五三（嘉永五）年のことである。スイッツァランドのツリヒの湖の水が減じたときに、無数の杭が発見された。考古学の研究は、これらが古代人民の杭上住居の遺跡と推測させ、その後もフランス、イタリア、イギリス、ドイツでも発見されて、資料の普遍化と確実性が増していた。その状況は、現存ニューギニア、南アメリカ、ボルネオ、セレベスなどと一致して、すなわち土俗学の応用から、

古人日常生活の情況は現然として脳裡に浮かんで来るのでござりませう（四〇頁）

と解説した（第25図）。土俗学と考古学の結合の必要性を説く坪井。斎藤忠も

彼の考古学研究の一つの特色は、土俗学の知識を活用させたことである[5]

と評するが、坪井の土俗学に影響を与えた人物こそ、イギリスの人類学者E・B・タイラー（Edward Burnett Tylor）であることもよく知られている[6]。

「考古学と土俗学」発表の翌一八九三（明治二六）年には、この論文への反響が直ちに出た。『東洋学芸雑誌』（第一三七号）誌上に設けら

れた「応問欄」に、杭上住居とはいつの時代のことか、との質問が寄せられた。

遺跡の盛時は西暦紀元前数百年と申して宜しからん但し其始まりは更に古きものと御承知ある可し（一一〇頁）

と坪井は答えた。日本の神代には存在したと意味していた。一八九五（明治二八）年の『史学雑誌』（第六編第一号）に、ヨーロッパ人類学の足跡を「人類学年表摘要」とまとめたが、その中に一八五三年発見の杭上住居を漏らしてなかった。当時の日本にほとんど無縁と思われた杭上住居、よほど脳裏を離れ難かったか、坪井は随所で紹介した。

2　杭上住居に着眼したもう一つ

日本には無縁と表現したが、しかし坪井はそう思ってはいなかった。日本人種を混合人種と考えた、その一つにマレー人を認めた坪井は、その根拠とするように、日本家屋はマレー風だと指摘する。一九〇五（明治三八）年の『人類学講義』での一文である。

日本の家は牀（ゆか）が高く出来て居る、地面の上に直ぐに座るやうに出来て居るのでなしに、どの位の高さかあつて、下は風の通るやうになつて居る。是はマレー風の構造である。古い風を伝へて居る社などに付いて見ると椽（たるき）が高く出来て居て、一層マレーの構造と似て居る、マレー風の家は多く海岸に出来て居つて、水が来ても差支ないやうに出来て居る。椽を高くしたのは其の元を質せば海辺の家から来たものであらうと思ひます、家の内の構造で今座敷に床の間と云ふものがありますが、其の起源に付いては説が有るにもせよ一體の構造から言ふとマレー人の寝る所と似て居る。今では日本の床の間は座敷の飾りとなつて居りますが、是は元来寝る所であらうと思ふ、斯う云ふやうに家屋の構造にマレー風の点がある（一八八～一八九頁）

そして、

木造の家は遺りにくい（一九〇八「日本人種の起源」『東亜之光』第三巻八号、二頁）

との言葉には、二つの意味が籠もっている。一つは、だから今まで発見されない。もう一つは、だから今後も発見しにくいと、予防線の意味である。「椽を高くしたのは其の元を質せば海辺の家から来たものであらうと思ひます」とは、まさに杭上住居（水上住居ともいう）の由来である。日本人種の一分子たる、マレー人種の持った習俗[7]は、やがて日本に伝わって石器時代の住居となり、ひいては日本風建築が成立したと、坪井の考えを復元できる。竪穴家屋の発見や存在自体に望みを欠いたその当時（註3で指摘した経緯はあっても、多くの認識にはなってはいない）、「遺りにくい」ことは承知の上で、杭上住居の発見に期待を抱く坪井であった。

実はその問題を含み、後に「曽根論争」が勃発する。論争そのものは後に触れるが、この流れの理解のために、その時の「杭上住居」についての坪井の考えを先行して見る。

3　杭上住居にこだわった意味

一九〇九（明治四二）年の「石器時代杭上住居の跡は我国に存在せざるか」（『東京人類学会雑誌』第二七八号）で杭上住居を分類し、続けた次の一文に、坪井の考えが凝縮される。

或る高さに床を設けたのから始まつた（二九一頁）

とする杭上住居は、水中に作られるようになった後、

乾いた地上にも作られる様になつて来たので有ります。日本風の家屋の如きも実に第二類の中に籠めて好いと思ひます。所謂掘つ立て作りは単純杭上住居に比すべきもの土台石の上に作られたる家は框付き杭上住居に比すべきもので有ります（二九一頁）

ちなみに第二類とは、杭の下端に横木を付け、上部も框（かまち）（＝枠）の様に連結させてその上に家を作ったもの、と分類

している。

坪井は、その痕跡をとどめにくい杭上高床住居に思いを込める。ヨーロッパではその後、レンガや石造建築に移行して、杭上住居の片鱗を少なくした。それに引き換え日本では、そもそも木造を本流とする日本風家屋の起源は、どこにあっていつのことか。杭上住居の日本での発見に期待をかけて当然だった。坪井の心中、杭上住居の存在こそ、石器時代人民の住居形態と日本風建築の遡源の両者をつなぐ道でもあった。日本人種一系の、根拠足り得るからに他ならないが、もとより口外ははばかった。

このような推測にも、全く根拠が無いわけではない。一八九八（明治三一）年、坪井の弟子・八木奘三郎が、坪井校閲の元に『日本考古学　上巻』を著わした。その中に

南洋ニューギニーの土人は有名なる水上の家屋に起臥すれ共又地上の家にも住居せり、又、エスキモーの如きも寒暑に伴ふて家屋の構造を異にす、去れば我石器時代の人民も冬夏自ら風を換ゆるの習はし有りやも圖られず殊に関東以西四国九州を初め薩南の諸島辺に居住せる者は斯る穴居の必要なかる可しと考ふ（五九頁）

と記述がある。「穴居の必要なかる可し」、当然坪井の意思も含んで書かれたはずだ。

竪穴住居の発見されない、そもそも存在しない理由であって、一方では杭上住居への期待を高めた。そして、「日本風家屋」との表現に、先住民と日本人種との繋がりを実にさりげなくも表現していた。

4　日本石器時代に杭上住居を求めて

ヨーロッパの杭上住居は、泥炭層の発達地に発見された。同じような場所が日本にあった。青森県亀ヶ岡遺跡である。江戸時代の昔より、多くの遺物の出土で知られた。一八八九（明治二二）年、若林勝邦[8]に初めて学術的なメスが入れられた。

若林は早速同年『東洋学芸雑誌』（第九七号）に、「陸奥亀岡探究記」と題して報告している。この調査に対する坪井の期待の程を、留学中のイギリスからの便りが伝える。翌九〇年、『東京人類学会雑誌』第五二号の「ロンドン通信」に、「若林勝邦氏の亀岡行」と見出しをつけて、

亀岡なる地の慥なる報告が始めて世に顕れました

若林氏は命を全うして帰京され

と喜んだ。余談であるが当時、本州の北端に行くなどという調査は、同じ通信の中でと表現するほどの難事であった。さて、亀ヶ岡への期待の一つは、豊富な遺物の中に先住民を想定できる資料を見出すことだ。若林は、土偶の装飾等からアイヌ説を否定した。坪井の喜色を想像できて、その後の坪井への刺激となった。もう一つの期待が、杭上住居の発見だった。しかしこの時、残念ながらその発見は叶わなかった。よほど坪井は無念であった。若林に続き六年後の一八九五（明治二八）年一〇月と九六年五月の二度、今度は佐藤傳蔵に期待を込めて派遣した。佐藤は地質学者であったが人類学・考古学への造詣も深くして、いやむしろ

人類学に多少関係のございます地質学科を修

めたほどの人物として、泥炭層遺跡の調査に打ってつけとした。この一八九五年は佐藤が大学卒業の年で、博物館へ転出した若林の後任として、人類学教室の助手としての勤務を始めた年である。[9] その最初の仕事に、大きな期待も背負っていた。

ただちに、一八九六（明治二九）年、「陸奥国亀ヶ岡第二回発掘報告」（『東京人類学会雑誌』第一二四・一二五号）、「陸奥亀ヶ岡の地形地質及び発見物」（『太陽』第二巻一六号）と報告した[10]（第26図）。所見の要点をまとめてみる。

太古は海なりしと思はるる低地（水田）なり

のような泥炭層遺跡は、西洋諸国には珍しくはないが、国内ではこの亀ヶ岡をして「唯一」と称し、まずその成因を、

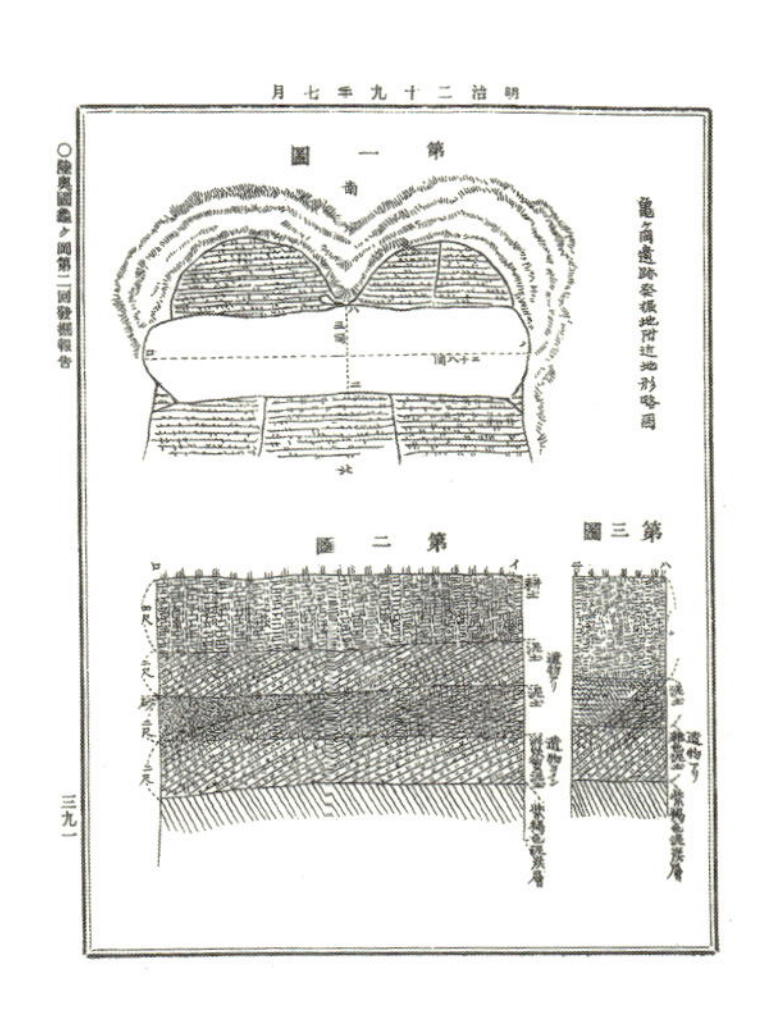

左：地形地層　右：遺物の一部

第26図　亀ヶ岡調査の詳細な報告

湿地での生活は困難なはずで、大量の遺物は海嘯（津波）によって運ばれた、と推定した。そして、杭上住居の可能性にもしっかり触れた。

> 此場所を以て通常の住居跡にあらずとせば、瑞西の古代若くは今日南洋のニューギニアの如く水上住居を為したる遺跡なるや。若し水上住居の遺跡なりとすれば其證拠たる材なかるべからず。瑞西ツーリヒ湖よりは多くの材を発見し、此材に依て其水上住居の遺跡なることを確かめたりしが、亀ヶ岡よりは今回は固より従来も未だ曾て水上住居の遺跡たる證跡を発見する能はざりしなり（傍点は佐藤）(11)

杭上住居の証左を、佐藤も得るには至らなかった。しからば、石器時代の当時は高台であったこの場所が、大きな地すべりを生じて陥没させたのではないかとの考えも、断層がないことによって否定され、結局先の津波説に落ち着いた。後に触れる信州諏訪湖底曽根遺跡発見の報が、坪井の元に届いたのは、それから一二年も経った一九〇八（明治四一）年の暮れである。報に接して、すぐに杭上住居に結びついたとして、この経過の中で納得できる。坪井はすぐに現地に向かうが、未だ曽根の現地を見ぬ前に書いた論文こそが、先の「石器時代杭上住居の跡は我国に存在せざるか」である。その中で坪井は言っている。

陸奥亀ヶ岡の石器時代遺物存在地には杭上住居の跡が有るかも知れぬと云ふ事は曾て研究者間の話題に上つた事も有りましたが、其考へに基いての特別の調査も行はれず、其考へに関する賛否の議論も余り盛んに成らずして今日に成つたので有ります。注意する人が少ければ尚ほ更考究を要する（二八六頁）

杭の残存に期待が持てる条件も備わって、杭上住居の発見に亀ヶ岡こそ絶好の検証地と、期待した坪井の思いを改めて知る。若林、続く佐藤もその確証を得ぬままに帰ってきた。かすかな望みをひきずって、次には自ら自身の手での思いもきっと強くした。やがてその好機が、信州諏訪に訪れた。自ら赴くに、苦にせぬ容易な距離でもあった。なお佐藤による遺跡の解釈には、さながら曽根論争と瓜二つであって驚かされる。また佐藤自身、このあとも重要な役割を果たすことになる人物として登場する。

第二節　日本列島旧石器存否問題

一　旧石器時代の認識と否定

1　ロンドン留学中の小さな議論

坪井が、ロンドン留学中の事である。小さな議論が、『東京人類学会雑誌』誌上に展開された。旧石器問題に関わる、恐らく我が国では最初の、石器の新古に関わる認識を深めたやりとりではなかったか。重要な議論だと思われる割に、研究史に注目の度合いが少ないようにも思われる。

議論の主は二人。三宅と坪井である。坪井はイギリスでの留学中、一八九〇（明治二三）年に、エジプトの「石の小さな欠け」、後に「原始式」と称した石器を「ロンドン通信　エヂプトの石器」と題して『東京人類学会雑誌』第五三号に紹介した（第27図）。

すかさず三宅が反応した。同年の『東京人類学会雑誌』第五四号に、「随筆ぬきがき　石器以前ノ石器」と題した。石器には、打ち欠いただけの石器＝古石器と、磨きをかけた石器＝新石器がある。この違いは時代の前後と知られるが、さらに古石器より古い、つまり「石器のはじめの石器」の存在を指摘した。「石器のはじめの石器」あるいは「石器以前の石器」とは、自然或いは人為的破壊によって鋭い稜が作り出され、物を断つ道具＝刃物、として使われた石器を指すとし、

人智ノ最低度ニ於テハカクノ如キ自然石ヲ用ヒシコトアルベキハ殆疑ヒナキ（三八六頁）

と解説した。故に、見分けは難しいとしつつも、そのポイント三点にも触れている。

①石器も長く使うと、使用による欠けなどの痕跡を残す。これを見逃さぬこと。

②こうした石器は、比較的石材の豊富な土地に予想されるが、その土地に無い石材が有った場合は石器と疑ってみること。

③古石器の出る地層より、尚下の地層から出土した石には気をつけよ。

重要な指摘に違いない。さらに次の一文には驚嘆する。

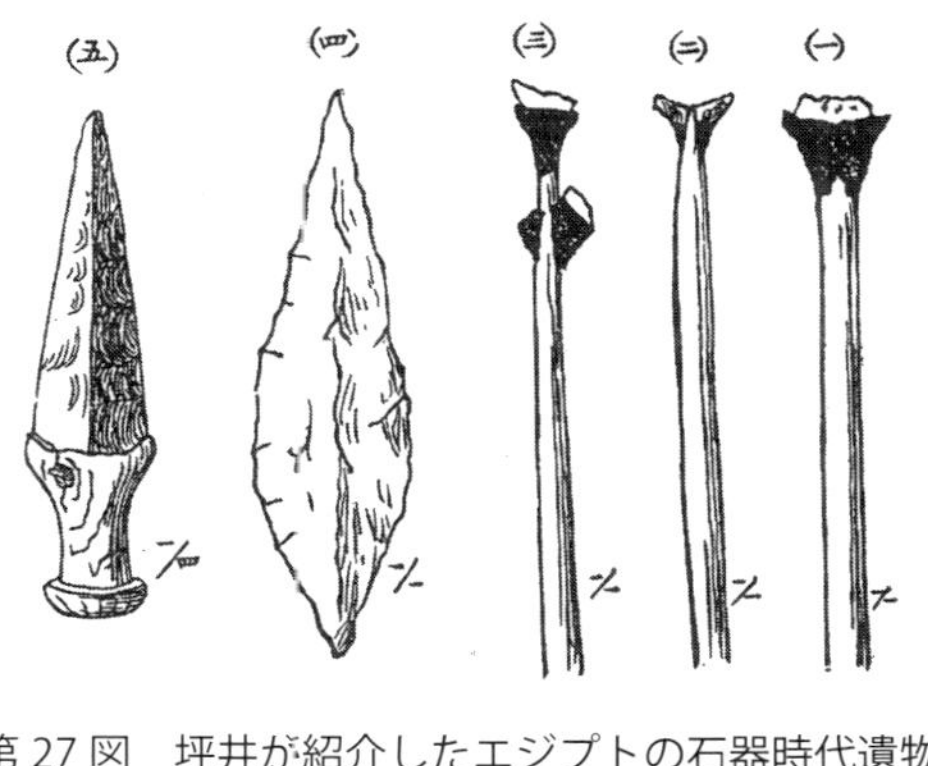

第27図　坪井が紹介したエジプトの石器時代遺物

以上ハ余ガ想像説ナルガ、已ニコレラノ穿鑿ヲナシタル人アルヤモ知レズ。兎ニ角人人ココニ注意スルアラバ或ハ大ニ発明スル所アランカ（三八六頁）

日本の旧石器を期待した最初の一文ではなかろうか。『日本史学提要』の最後に、ジョン・ラボックを紹介し、旧石器時代の存在に興味を示したその関心は、本物だった。

坪井はイギリスからただちに応じた。翌一八九一（明治二四）年の『東京人類学会雑誌』第五八号の「ロンドン通信」で、三宅に対して三つのテーマを設けて熱く語った。その一が「新石器、古石器」で、これは三宅に対する若干の補足である。新石器、古石器の別は認めるが

然るに是等は相混じて発見されるのみならず実に同時代の遺物たる事は考古学上の実地探究をした者は誰も疑はない

というは正しい。つまり、世の中にはネヲリシックを磨製石器、パリヲリシックを打製石器と、勘違いしている人がいて誤解を招きやすい。ネオリシック・ピリヲット＝新石器時代、パリヲリシック・ピリヲット＝古石器時代（ジョン・エヴァンス一八五九年）は、石器自体を新古に区別するものではなく、あくまでも時代の名称である点を強調して正している。

もう一つが「石器以前の石器」なる名称の適否である。石器の前の石器というのは「不都合を生じ」るので、「自然石器」が良かろうと提案し、あわせてこれに続く石器を「人為石器」あるいは「故造石器」と区別した。その自然石器は古代エジプトや、イギリスにもあり、一方アウストラリヤ土人やウードの人種など、現存石器時代人民中にもみられるとして、作り方にまで言及した。したがって、必ずしもその順番通りに、自然石器→人為石器とは限られず、複合する場合のあることも述べるなど、後に坪井の旧石器論の集大成ともいえる、一九〇九（明治四二）年の論文「原始石器（Eolith）及び原始式石器」の下敷きの観を呈している。そして注目すべきは、人類学教室の

中の幾分かは「自然石器」で有つたかもしれません（一三八頁）

と注意を促すことである。

「自然石器」は「人為石器」（或は故造石器）に先立ちても存在し又混じても存在する

ことを確認し、三宅の言を引用しつつ

「兎ニ角人々ココニ注意スルアラバ或ハ大ニ発明スル所アランカ」とは至極御同意、私は貝塚、土器塚の実地探究をする人々も注意有つて然る可き事と存じます（一三八頁）

との一文には、旧石器発見への望みの大きさを充分認める。いやすでに、その存在を認めていたのではないかと、筆者は疑う。少し以前のことに遡る。一八八四（明治一七）年の「じんるいがくのとも」第一回の寄り合いの際、佐藤勇太郎が「ゐちご　ひゃくづか　いはしろゐぞづか　そのほか」、松原榮が「しなの　十二ざわ　の　やりいし」（『よりあひのかきとめ一』）と発表した。佐藤は、大河津の堀割の際に発見された石器を「つくりかた　あらく」、よって「このせきき　は　ふるき　もの　なるべし」と注目し、松原も出身地、信州松本の遺跡で、発見された石器を「やりいし」と紹介していた（第28図上段）。「自然石器」を思わせるような形状で、あるいはこうしたものから連想して、その可能性をある程度確信的に推察していたものではあるまいか。

そして後、佐藤は『人類学会報告』創刊号に、「越後三島郡百塚」と発表して、先の自らの資料と、松原榮の信濃十二澤の資料も合わせ、改めて詳細な紹介を行った。念入りな実測図をそこに付したが、『よりあひのかきとめ一』の図のそのままではなく、丹念に書き改めた。何れの図も前者とは反対側の面の実測である事を、その輪郭が示して書き換えの根拠となっている（第28図下段）。改めてとはそのことで、よほど貴重な資料と判断したと考えたい。その貴重な理由が次である。坪井が、確かに次のように言ったと紹介するその言句には、極めて重要な意義を含んでいる。

坪井正五郎曰（中略）如何ナル古物ト共ニ出ヅルカヲ知ラザレバ断言ハシ難ケレド製造ノ粗ナルニヨレバ通常ノ

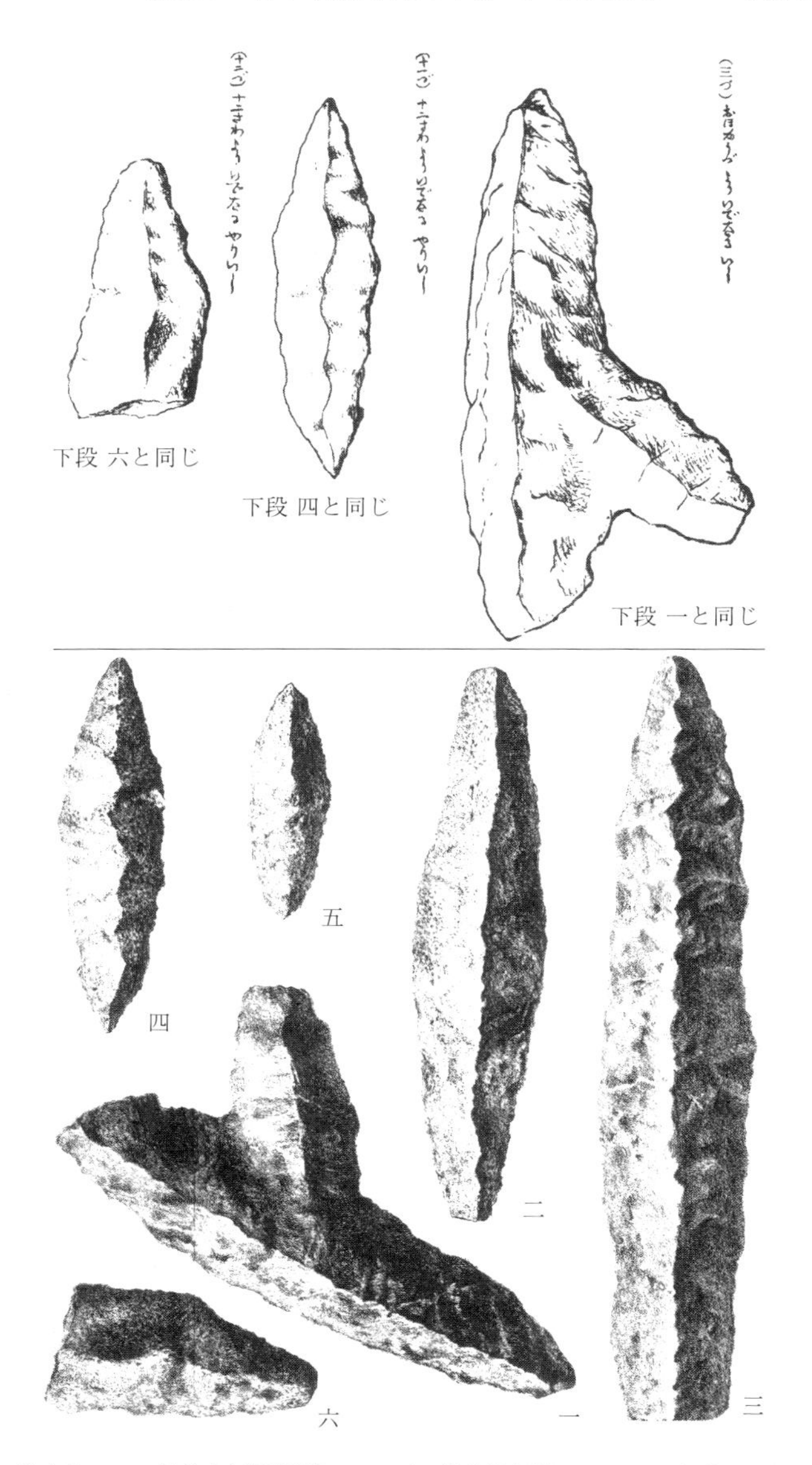

出土地　一：越後大河津掘割　二・三：越後渡部村　四〜六：信濃一二澤

第28図　坪井が非常に古いと考えた石器

石斧類ヨリ更ニ古キモノト思ハル（七頁）

そしてこれらの資料は「本会ニ寄付サレシ」ともある。坪井は人類学教室に寄贈されたこれらの石器を直接じっくり観察し、「石斧類」より古い恐らくは「自然石器」と考えた。この発言は、まさしく旧石器の存在を確信に近く意識している。同時に、坪井の観察眼の鋭さを知る。

三つ目が「製法を土台としたる石器分類　石器製造技術の進歩」で、これも「原始石器（Eolith）及び原始式石器」の素をなす。自然石器を、純粋自然石器・破製石器、故造石器を打製石器・磨製石器（これは坪井をして「私の常に用いる言葉」）に分けこれを製造技術進歩の順番として解説した。

以上であるが、ヨーロッパの最新の情報を得た坪井の、旧石器への非常に強い関心と研究を伺わせる、重要な論文と位置づけたい。

この議論は、まだ終わらない。三宅は早速、『東京人類学会雑誌』第五九号に「新石器、古石器」なる一文を寄せた。指摘されたいくつかには納得できぬも、基本的な石器の整理については認めるとして、古石器、新石器中にある打製石器も、実は時代によって違っているはずだと、つまりは型式学的な視点を認める重要な見解を示している。また

自然石器ハ人為石器ニ先ダツテアツタト云フコトヲ見ルニハ自然石器ノミヲ用ヒシ時代ノ自然石器ガ肇要ナリ（一五七頁）

と、その論証に必要な根拠を示した。そして、

要之ニ余ハ普通ノ磨製打製石器以前ニ尚欧米ノ所謂亀甲石ノ類ノ如キ打製石器アリシガ尚其ノ以前ニハ自然石ヲ其ノ儘若シクハ只破壊スルノミニテ刃物ニ使ヒシナラン、其ノ頃ノ遺物若シアラバ、之ヲ見出スニハ頗困難多カルベケレドモ必シモ見出シ得ズトモ限ラネバ「兎ニ角人人ココニ注意スルアラバ或ハ大ニ発明スル所アランカ」ト云ヘルナリ（一五九頁）

と、重ねて旧石器の発見への期待を寄せる。この亀甲石とは、旧石器時代のルヴァロア型の石器を指すのであろうか。まだ終わらない。坪井はロンドンから『東京人類学会雑誌』第六四号の「ロンドン通信」中に、「三宅米吉氏へ御挨拶」として

精製の石器なりとも地質学上、古石器時代に属する地から出れば古石器で有るし粗製石器なりとも地質学上新石器時代に属する地から出れば新石器で有る

「両時代ノ石器ヲ比較スルニ大躰ニ於テ其製造ニ大ナル違ヒアルナリ」とは固より私の信ずる所でござります（三五四頁）

と、三宅の言を引用して、自らの考えも同じである事を述べている。基本的には従来のやり取りの確認といえるが、坪井が旧石器時代の認定に層位学的・型式学的方法を認識していたことが良くわかる。

大変内容の濃い、この議論はこれで終わり、坪井は帰国の途についた。そして、一八九一（明治二四）年のこの発言を最後に、それから何と一六年も旧石器に関する口を閉ざした。再び坪井が旧石器問題に口を開いた一九〇七（明治四〇）年「古今の石器時代人民」（一九〇七『東洋学芸雑誌』第三〇四・三〇五号）、そして一九〇九（明治四二）年の、「原始石器（Eolith）及び原始式石器」と続くこれらについては後ほど触れる。

実はこの沈黙の間の一八九七（明治三〇）年こそ、日本旧石器不存が決定付けられた年である。坪井も三宅も関心を注ぎ、期待もかけた日本での旧石器の存在が、何故どのように否定されてしまったのだろう。

2　日本旧石器時代が否定された時

日本旧石器の不存は、いったいいつから定説になってしまったのか。

発端は一八九四（明治二七）年、山崎直方（なおまさ）の論文「貝塚は何れの時代に造られしや」（『東京人類学会雑誌』第九六・九八号）

に遡る。山崎（一八七〇－一九二九）は帝国大学理科大学の地質学科を卒業し、後東京帝国大学理科大学教授に就く地理学者で、「日本近代地理学の父」と呼ばれる。その山崎、地理学者らしく第四紀は氷河期のこと故、その時にゾウなどが対馬海峡を渡って来ることができたなどの認識を示しつつ、ここでは具体的な論拠は省略するが、日本の最古人類の起源について、

断言して曰く東京近傍にありし貝塚人種は洪積世の最後より沖積世の始めに当り生活せしものなりと（九八号、三三〇頁）

力を込めて発信した。

同じく地質学者の、神保小虎（一八六七－一九二四）の発言が続く。神保も帝国大学地質学科を卒業後、鉱物学教室が設置の際にはその主任教授に就任していた。後に曽根論争でも登場してくる。その神保は、一八九六（明治二九）年刊行『日本地質学』（金港堂）の「本邦ノ石器時代ト地質時代トノ関係」なる項目中に、

本邦石器時代ノ人類ハ洪積世ノ終ヨリ沖積世ノ始ニ生存セシモノナリ（一九七～一九八頁）

と山崎発言を後押ししていた。

二人とも洪積世の終わりとはいえ、つまり旧石器時代には人類がこの列島に存在したと、確かに活字に残していた。[12]ところが、すかさず翌一八九七（明治三〇）年、佐藤傳蔵はその論文「神保氏「日本地質学」中の人類学上の記事を評す」（『東京人類学会雑誌』第一三二号）で、その終わり頃とはいえ洪積世に人類有り、を見過ごすことなく否定した。

氏の説も亦山崎直方氏と同しく本邦石器時代の人類は洪積世の終より沖積世の始に生存せしものと倣すものの如し。吾人は何故に我日本の石器時代の人民を以て已に洪積期時代に存在せりと倣されたるや其理由を知るに苦むなり（一九〇頁）

とはじまって、

未だ洪積層中より遺物遺骸を発見するあるを聞かず。神保氏は関東平野台地の最上層を為すものは黄褐色のろーむ土にして洪積世の終りに成りたるものと為すも実際台地の最上層は黄褐色のろーむに非すして黒色の沖積的土壌なること（中略）神保氏の引證せる国分寺停車場近傍の線路切断図に石器併に土器の破片を存在するは決して此黄褐色のろーむ層にあらずして黒色の土壌中なり。（中略）是豈に我邦の石器時代人類を以て洪積期人類となすの證と為すべけんや。（中略）洪積層中に存在すると云ふに至ては余輩の寡聞なる未た之を聞かざる所なり（一九〇～一九一頁）

地質学者然とした佐藤の、地層に対する誠に的確な指摘であるには違いない。ローム層中の出土でないと、ピシャリと言った。そしてローム層中に確認された遺物は無いと強調した。

これを大きな契機として、日本での旧石器時代の不存が常識化されたことを、濱田耕作が述べる。一九一八（大正七）年、『河内国府石器時代遺跡発掘報告』（『京都大学文学部考古学研究報告』京都帝国大学）に書く。

曾て山崎直方氏佐藤傳蔵氏デニケル氏等によりて、洪積紀人類の存否問題として取扱はれたるのみにして、爾来一般の学者は我国の石器時代住民は沖積紀以降のもの、即ち新石器時代以降のものにして、其以前の住民の存在を認めざるに帰著せしものの如かりき、是洵に故あることにして、我が石器時代人民は如何なる人種なるにもせよ、史籍傳説等より考へて、其の歴史時代を距ることしかく大ならず（二九頁）

史籍傳説なる厚い壁も当然あって、旧石器時代に人類の存在などあろうはずが無い、は常識となった。

それをあえて常識と表現したことを証するような発言もある。歴史界に多大な影響を与えた、久米邦武の『日本古代史』（早稲田大学出版部）が、一九〇七（明治四〇）年に刊行された。佐藤の論文を知ってか知らずかこう書いた。

近年人類学に於て古代の遺物によりて原人の消息を求めつつあり、海に近き河流の両岸小高き岡に（地質学の洪積層）貝塚を存じ（一一頁）

この一文を見逃すことなく、間髪を入れずに鳥居が噛み付いた。

もしも氏の如き書きぶりをせらるるならば、かつて某氏が誤られたように、これすなわち洪積期時代の人類などいう最も笑うべき説も出で来るのである[13]

と。

某氏とは山崎や神保を指すのであろうが、それにしても、日本における旧石器時代の存在が「笑うべき説」との表現は、日本旧石器不存神話の普遍を象徴して余りある。

何事につけ、論争華やかなりし時代であったが、山崎や神保に反論の形跡はついぞ無い。佐藤の論文こそが、基本的には以後岩宿発見までの六〇年にもわたる日本旧石器不存を決定付けた。「実体は明らかでないのに、長い間人々によって絶対のものと信じこまれ、称賛や畏怖の目で見られてきた事柄」を神話と言う。だとするとまさにこの時が、日本旧石器不存神話の始まり、といえることになるだろう。

そうした意味で、その立役者・佐藤傳蔵（第29図）の名にも、改めて考古学史の中で光を当てる必要がありそうだ。

二　鳥居龍蔵の人気と年代観

第29図　佐藤傳蔵

1　鳥居の日本人起源観

当時の日本には、旧石器時代などが存在してはならない、といった空気があった。なぜだろうか。鳥居は、坪井に比して遥かに記紀はじめ、神話世界への依存度を高くしていた。だからとは言わぬが、鳥居の人気は高かった。『有史以前の日本』（一九一八　磯部甲陽堂）はベストセラーになるほどの人気を博し、自ら今日になっては何人といえども、私の説を疑う人はいない[14]と言うをはばからなかった。つまり、国民に対する強い影響力を持っていた。鳥居の考えを知ることが、日本旧石器時代の存在が強く否定されることになった背景を探る近道である。なお鳥居は、先住民アイヌ説の旗頭となり、後、日本人種を

固有日本人

あるいは

真正日本人（ジャパニーズ・プロポー）

と称していた。

日本人種の由来から、鳥居の年代観が明らかとなる。まず朝鮮半島の様子である。彼の地では石器時代人民がそのまま今日の朝鮮人になったと、その系統的な連続性を認識している[15]。では、日本人種はどこから来たか。鳥居の視点が次である。

内地の石器時代遺跡は、アイノの石器時代のものと、吾々祖先の石器時代の二種あると、日本の石器時代に二つのあり方を認めたことを特徴とする。

当時まだ、弥生時代に金属器や米作りを認知してはいなかった。従って石器時代に二つがあった。「内地の石器時代」＝「吾々祖先の石器時代」とは弥生式を、「アイノの石器時代」とは縄文式を指した。そして、

内地人の祖先の石器時代と朝鮮人の石器時代とはすこぶるよく似ている（五四一頁）

ことに注意した。縄文石器と朝鮮半島の石器は大きく異なるのに反し、弥生式磨製石器の圧倒的な多さを含めたその様相に、朝鮮半島との強い類似を認めていた。そして土器も、南朝鮮の調査に縄文式土器は全くなかった一方で、弥生式に通ずる土器文化を確かに認めた。今にして朝鮮半島と本邦弥生式の、土器と石器の類似はその通りであり、こ

の点の鳥居の慧眼は流石と言える。このような両地方の関係を、

よし父母あるいは兄弟姉妹の関係はなくとも、伯父・甥・姪・従兄弟ぐらいの関係は存在しているほどの類似点を持っている

と称し、

これらの類似は、その土地の接近したぐあい、また日本のいわゆる神代のころに神々が朝鮮を以て母の国と称えていたほどの関係から考えて見ても、単に偶然とは思われない。（中略）余はむしろ深い人種的関係が存在するものと認めるのである。それゆえ、日韓両民族の関係は、石器時代のことから研究してかからなくてはならない（五四一頁）

と、日本人のルーツや人種を考えた。結果的に、

朝鮮北部および満州から、日本海沿岸、ことに出雲の海岸にやってきたツングース満州族を主とするモンゴロイドである。この新石器時代人を日本民族と呼ぶのは、現日本民族の真の始祖は彼らであると信ずるからである[16]

と導くに至っていた。

朝鮮と日本との間には、新石器文化にかなり大きな相違があるが、弥生式文化には一脈通じるものがあり、この点は注目する必要があると述べられた。これは当時としては非常な卓見というべきである[17]

との江上波夫の評価にうなずける。

朝鮮半島からやってきた日本人の祖先を「固有日本人」とする考えこそ、鳥居の日鮮同祖論の根拠であるが、ここでは触れずに先に進み、鳥居の考えを一九二四（大正一三）年の『武蔵野及其有史以前』[18]を中心にまとめてみる。鳥居はあくまで、神話世界との協調の中で建国までのストーリーを完成させる。つまり、高天原にいた天津神と、地神などとも呼ばれた国津神とをうまく整合させる形で整理する。まず、弥生式土器[19]を用いた者を「土着の先駆者」と呼

び、国津神に対比する。

天孫が日向に天下る時出迎えに来た猿田彦尊も僕は国津神であるといって居る（二三八頁）

というように。そして、天孫降臨以前にいた彼らを「イロポプラション」つまり「ぼつぼつ移住」した者達であると

した。よりわかりやすく

一家あるいは夫婦あるいは友達又は一村だけが、あの島へ渡って行こうじゃないかと互いに誘い合って来て、草

を掃い木を伐って住居を定める。（中略）我々の祖先先駆者の来た時は大きな民族式移動でなくして、このイロ

ポプラションであろう。これが段々発達して国津神となったのである（二三九～二四〇頁）

とも説明した。やがて

天孫降臨は大きな移住（二四〇頁）

で、建国の後継者と称した彼等は、

おそらくは中国からきた文明度の高い単独または多数の外来の補佐や助言者をもつ氏族長とか軍長[20]

と考えた。結果、この

建国者の後継者たちは始祖を見ならい

始祖とはもとより国津神を指し、やがて

朝廷を樹立[21]

したのだと考えた。

鳥居が日本に認めた二段階の波による、国造り・建国ストーリーは、具体的な人種の移動を想定しつつも、記紀と

の調和の中でこのような形で作られた。このストーリーの裏付けに、内地の考古学的資料との整合性も怠らなかった。

弥生式土器を作った

これらの人々は後に引き続いて原史時代（古墳時代）となったのである。この原史時代はまた引き続いて歴史時代に入り、遂に今日の吾人に至ったのである。（中略）古い弥生式土器（新しい弥生式土器は原史時代にも生きて居る）から祝部土器に引き続いて繋がって居るのであって、この点に於いて天つ神も国つ神も考古学上からいえば同じ系統のものであるという事が出来る[22]見事に考古資料をつなげている。

2　鳥居の年代観と旧石器時代の否定

鳥居の日本人起源観を見てきた理由は、神話の世界に当てはめられた史観が、ではいかなる年代を当てはめるのかに大きく関わるからに他ならない。基本的に国体は、国津神以前に先行して、他の人種の歴史が長くここにあることを好まなかった。この点の鳥居の考えは、大いに気になる。

金属器を持たぬ、石器使用の弥生時代の民族を日本人に含めると、必然的に

我々の祖先が石器時代から日本に入って来たということは、従来の歴史とどういう関係に出て来るか。こういう問題が起こって来る

とした。「こういう問題」とは。次である。『古事記』や『日本書紀』に登場する我々の祖先は、すでに農耕や金属器、鍛冶の方法を知っている。スサノウノミコトが出雲に降りたときにも剣を持った。とすると、

我々の祖先の方に金属器は用いられて居ない。これから見るとこの方が神代よりも古いことになって仕舞う[23]

我々の祖先と考えた金属器を用いない弥生式の民を、だからこそ国津神を対比させる必要があったが、肝心なことは石器時代の歴史を古くすることに対する危惧である。国津神に対比させた鳥居のスタンスは、建国起源の前六六〇年を当然の前提として、石器時代たる弥生式時代を考えることを道理とした。となると、石器使用という同じ土俵に立

ったアイヌ先住民とて、弥生式時代を大きく上まわって古くはできない、なる心情が働いて当然だった。

こうした鳥居の立場を理解した上で、鳥居の年代観に迫ってみる。国津神たる弥生時代の始まりを、例えば次のように言っていた。

最初はアイヌが日本の大部分に住まって居ったので、そのアイヌの石器時代の中期または後期に我々の祖先が入って来たのであろう(24)

と。しかし、一九二四（大正一三）年の「歴史教科書と国津神」（『人類学雑誌』第三九巻第三号）(25)での論調には目を見張る。それまでの認識を改めて

アイヌが石器を使って居ったころに我々の祖先も来て、やはり石器を使って而して段々に進歩して遂に立派な国を建てた（五五〇頁）

そして

今日各地に残って居る古い弥生式土器 ― 石器時代の遺蹟というものは、この国津神といわれる人々の祖先の遺したものといってよろしいのである。この国津神は我らと同族であって、早くから此処に移住して来たものである（五五二頁）

との整理までは同じである。さらに詳細な観察により、アイヌの遺跡が日本のいたるところにあるといっても、

畿内や中国地方及び九州の西北部などを調べて見ると、そうはいえない。アイヌが石器や土器を残した所の遺跡はごく少ない。むしろ我々の祖先の残したものの方が多い。こういうことは何事を物語るか

として続けた、次の一文こそ見逃せない。

我々祖先はアイヌよりもむしろ早く日本に来て居りはせぬかということである。これは決して想像ではなくして事実である

加えて、弥生遺跡が東北や信州・飛騨の山中はじめ、甲州・武蔵その他、此処彼処に散らばっている状況を、

これらの事実も何を物語って居るかというに、やはり奥羽のみならず今列挙したような地方に於いて、これまで先輩諸学者の考えて居るよりも、我々の祖先が早く這入って来て居ったということである（五五三頁）

とダメ押しする。これは凄い発言である。

確かに鳥居はそのずっと以前より、

コロボックル論者のいわるるには、日本の石器時代の年代は少なくとも二千年を経過して居るといわるるのである。この年代は歴史として見ればよほど長いといわねばなりません[26]

との発信も、こうした背景の中で理解できることになる。日本人民と先住民の移住はほぼ同じか、やや日本人民が先行していた。これが鳥居の描いた、いわば驚愕の理論であった。わかりやすくは、アイヌの縄文土器より、国津神の弥生土器の方が古い、と言っているのである。となると、その理屈に基づく理想とする年代観は、必然的に前六六〇年を大きく上まわってはならないのである。当時にしてせいぜい二六〇〇年前後ということになる。縄文土器は、従ってそれより新しくならねばならなかった。後述するが、坪井の三〇〇〇年説などはとんでもない、と言った鳥居であるが、その気持ちも、以上の流れを汲むと納得できる[27]。

そして肝心なことは、こうした鳥居の心情、「日本人の由来や誕生＝建国」をもって始まりとしたいは、鳥居のみに止まらず、もとより冒頭触れたような政府の強力な国策のもとに行われた教育の成果として、当時の多くの日本人の抱いた普通に近い感覚ないし感情ではなかったか、ということである。

確かに白井も、東京近傍にある土器・石器の年代を

今より千年前後迄

としていた[28]。総じていえることは、日本人の感情は国家起源以前の古い時代の長きにわたって、かりそめにも日本人

以外の人類の存在を好まなかった、ということである。旧石器時代の存在などはとんでもない、を当然とした。ただし鳥居のように、アイヌが遅れて入って来た人種だとしたならば、日本人の土地にやすやすと入って来れたアイヌの人々ということになり、これまた大きな矛盾であるに違いない。

三　坪井の考え

1　日本石器時代住民はいつから

坪井の年代観については、経緯も含めて鳥居の紹介に詳しい。根拠をミルンが古地図を利用して算出した年代観に基づいて、[29]

ジョン・ミルン氏は二千六百四十年と計算して居るが、それでは呼びにくいので、後に坪井博士が何の意味もなくこれに足し加えて都合のよいように三千年とせられたのである[30]

正確には意味の無いことはなかった。

二千年以前とせば、我が国起源よりも新しくなる、寧ろ三千年とせばよかろう

と坪井が言った、と鳥居は伝える。[31] 鳥居のように、国家起源より新しくする事を断じて拒否する坪井であって、ここにも鳥居との対照を見る。なお加えていうと、坪井はかなり早い時期から三千年なる数字を臭わせた。天地開闢人類起源についても書かれている、三千年前に編纂されたインドのマヌ法典を引き合いに出し、

三千年とは誠に古い様に聞こえますが、天地開闢は扨置き、人類起源に対しても、之程の年数は実に僅なものでござります

と、これは一八九二（明治二五）年「地理学上智識の拡張が人類学上研究の進歩に及ぼせる影響」（『東京人類学界雑誌』第八〇号）での発言である。

年代研究の構築などは、当時にして極めて困難な課題であった。ミルンの説はその目安を知る、科学的根拠となりえていた。なお古籍から年代観に触れた興味深い考察については、第四章註70に触れてある。

この坪井の年代観に、最も顕著な反応を示した鳥居の意見を紹介しておく。鳥居は

　ジョン・ミルン氏のこの計算が間違って居れば、三千年という計算は根本的に間違って来るのである[32]

と、その信憑性への疑義を現わし、あげく

　大森貝塚の二千六百四十年ということも当てにならない。いわんや三千年ということなどはいよいよ当てにならないので、いわゆる嘘から出た誠とか、そういうことであるかも知れない

あるいは

　この計算が何らの価値のないことが知れるのである[33]

また

　私が東京帝国大学理科大学助手時代に坪井先生より直接聞いた所であり、当時私は先生に向つて大に抗議した位であつた[34]

と、つまり強烈な不快感をにじませて、徹底した反対振りを示している[35]。

鳥居の説が当時に一般的といえるなら、三千年という年代には、途方もない古さを国民に抱かせたという状況が理解できよう。かたや坪井は、この石器時代の初めを、どのように捉えていたのか。旧石器時代を視野に置いた可能性を含め、人類がこの列島に渡って来た、その時に対する坪井に認識に迫りたい。

2　坪井の日本旧石器への深い関心

列島人類起源に大きくかかわる、旧石器時代存否問題の坪井の見解はいかがだったか。イギリスへの留学中や帰国

直後に、旧石器研究に多大な関心を寄せ、その発見に期待も込めた。そして十数年の空白の後、最晩年の論文の大半を旧石器問題に費やした坪井であった。

さてこの空白期に何があったか。この間、旧石器の存在を立証できる可能性を秘めた遺跡があった。先に旧石器を否定した、とした佐藤傳蔵の引用文

> 未だ洪積層中より遺物遺骸を発見するあるを聞かず

の直前には、実は次の一言が書かれていた。

> 田小屋野遺跡を除いては

と。亀ヶ岡遺跡の隣、陸奥田小屋野の遺跡（現・青森県つがる市。史跡）である。

佐藤は一八九五（明治二八）年の亀ヶ岡調査に際し、田小屋野でも調査を行って、重大な所見を手にしていた。

> 田小屋野に於ては全く之に反して黒色土壌の所よりは全く（遺物が―筆者註）出ること無く爐拇層中より出るなり。夫れ爐拇層は従来地質系統上洪積層の上部としても知られ居る所なるに、今田小屋野に於て爐拇層より出るは果して田小屋野近傍に於ては洪積期に於て人類生息せしの證と為すべきか。然と雖も之を欧羅巴諸国の洪積層中より出る遺物と比較するに大に其性質を異にするなり(36)

ローム層中に遺物を認めた、というのである。

もとより佐藤は慎重であったが、ありえぬこととして抹殺することはしなかった。次の一文に明らかである。一八九六（明治二九）年の『東京人類学会雑誌』第一二七号の「雑録覧」に、四国人類学会発会式にあたっての佐藤の講演、「壚拇層中石器時代の遺物」が載る。洪積層上部のローム層に、確かに遺物を含むことも認めた田小屋野を紹介しつつ、旧石器の発見に期待感さえ覗かせる次の発言に目を見張る。

> 其発見の場所僅に一箇所に止まるを以て余は容易に洪積器（ママ）人類の遺跡と云ふか如きことを断言するを欲せず。

四国人類学会の開会式に臨み、専ら奥羽地方のことを述るは越人に向て秦人の肥瘠を説くか如く極めて縁遠きの感あるも、此事たるや実に日本人類の古さに大関係を有するものにして且つ四国の地たる余の未た足跡を印せざる所なるを以て或は同様の事実四国にも存在せざるとも断言し難ければ以上の言にて会員諸君探求の一助ともならば余の幸實に甚だし（三一頁）

と、ローム層中での遺物の有無に、注意を促しているのである。確実な資料の追加こそと、考古学の正論を貫いた。戦後の岩宿までの長い道のりを考えると、もしかしたら旧石器の存在を確認できた大きなチャンスに違いなかった。旧石器を否定した、佐藤自らがその機会をうかがっていたのであるから。しかし、地中深きロームの中に、調査のメスが入りようも無いその時代、資料の追加など期待自体が無理だった。改めて旧石器研究における佐藤の存在を認識できるが、結局、田小屋野の一例を以って旧石器の断定は不可能だった。(37)

さてこの一件を、坪井はどのように捉えていたのか。この点についても、佐藤がしっかり残してくれる。陸奥亀ヶ岡遺跡の調査を、佐藤に命じた坪井であったことは先に触れた。この調査は、

それ迄日本で分つて居ない新しいことがわかりました（一九一三「故坪井会長を悼む」『人類学雑誌』第二八巻第一一号）

と明かし、それを

全く故会長博士の其処に御注意下すったおかげという。その新しく分かった点としてあげた一つが、

亀ヶ岡は泥炭層の中から色々な遺物が出ると云事であります（六七四頁）

そしてもう一つが、洪積層の台地にある田小屋野の調査で、ロームの中からの石器時代遺物の発見であった。

洪積層の中のロームの方が即ち俗に赤土と申す物の中から遺物が出るといふことは今まで全く知られなかつた事実で御座いますが、田小屋野の遺跡を調べたらそれが其田小屋野のロームの中から遺物の出るといふ事実を

目撃するの機会を得ましたのであります、此点も外国では方々に例が有る様でありまするが日本としては珍しいことでこさいまして、斯ういふ事を知ることの出来ましたのは全く博士が特に此方面の物に注意された御蔭であると信じて居る次第であります（六七五頁）。

「此方面の物」と、坪井は日本旧石器の問題に特別な注意を払っていた。留学中の三宅との論争、その中で述べた坪井の期待は真であった。この十数年の空白の間にあった田小屋野。佐藤同様、次なる証拠、をこそ求めた坪井ではなかったか。

田小屋野から一〇年、次が発見されぬままに過ぎ去った。そして、信州諏訪湖底曽根遺跡が発見された。

第三節　信州諏訪湖底曽根遺跡との遭遇とその意味

一　曽根遺跡の発見と曽根論争

1　曽根遺跡の発見と坪井の関心

曽根遺跡とは、長野県諏訪湖の湖底に沈んだ遺跡である（第30図①）。なぜ湖底の遺跡を発見できたのか。まずそこから説明しておきたい。そのためには、当時の諏訪教育会を知らねばならない。

日本の屋根の、その真ん中にある小さな諏訪盆地である。高い山々に閉鎖されるかのように囲まれて、加えて冬の寒気はこの上ない。こうした環境が人々の気質も培った。諏訪気質とは、良くも悪くも頑固で一本気、そんな強さを指している。

明治の近代化の一環の教育制度の確立であるが、一八八二（明治一五）年、諏訪ではすぐさま諏訪教育会を立ち上

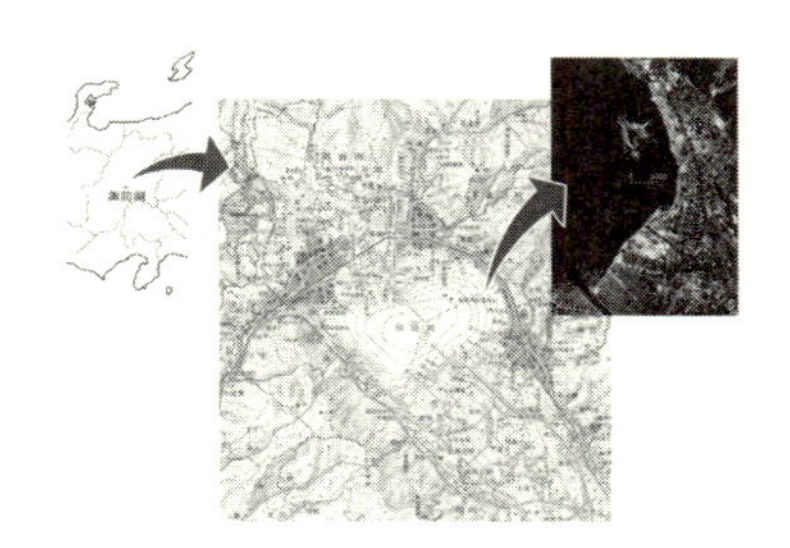

①曽根遺跡の位置

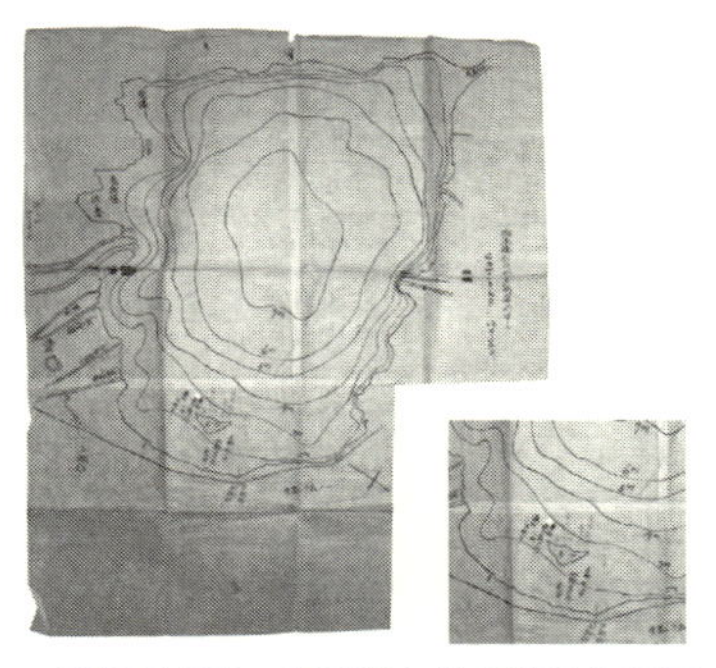

②坪井直筆の諏訪湖と曽根遺跡位置図
（右：遺跡部の拡大）

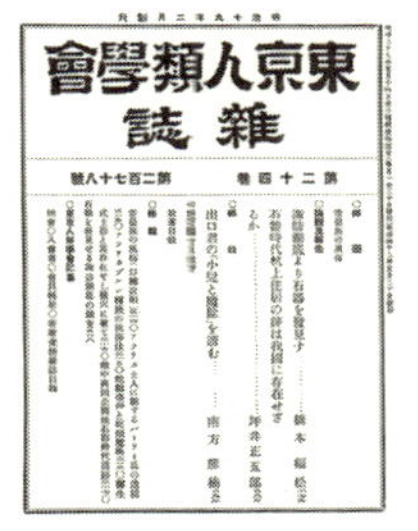

東京人類學會雜誌

第二十四巻　第二百七十八號

諏訪湖底より石器を發見す……橋本福松

石器時代杭上住居の跡は我國に存在せざるか……坪井正五郎

出口君の「小兒と魔除」を讀む……南方熊楠

③坪井と橋本の論文が掲載された
『東京人類学会雑誌』第 278 号

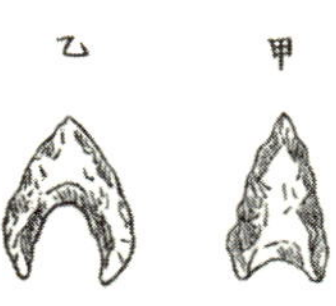

④橋本が最初に発見した２点の石鏃の図

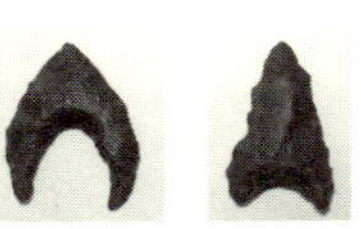

⑤保管されていたその石鏃
（左：長さ２cm　右：長さ 2.3cm）

⑥石鏃が収納されていた箱
（直径：6.2cm × 高さ：2.8cm）

⑦収納箱の中にあった標本ラベル
（6.4 × 4.1cm）

⑧曽根遺跡の調査の様子

第 30 図　諏訪湖底曽根遺跡の調査

第31図　橋本福松

げた。長野県全体の教員組織発足が一八八六（明治一九）年のことであるから、その素早さがよくわかる。日清・日露の戦争を勝ち抜く日本。とりわけ諏訪の養蚕業の発展は、その貢献を著しくした。一九〇九（明治四二）年には、生糸輸出は中国を抜いて世界一となっていく。最盛期には日本の外貨獲得の五割を稼ぎ出し、国を率いる自負や自信を高めていた。

　諏訪教育会は、その礎こそ教育と、高い理念も持っていた。徹底的に地域を知り、そこから地域産業を起こして発展できると考え、当時「理科教育」、今で言う科学的ということになろうその教育に力を注いだ。惜しみなく金をつぎ込み、中央からも多くの学者を招聘した。

　一九〇二（明治三五）年、日本旧石器の可能性を説いた山崎はまだ大学院の学生だったが、その山崎を招いて地質調査を行った。これを契機に、翌年にはやはり東京帝国大学の佐々木祐太郎に請うて、土性調査を行った。そして一九〇六（明治三九）年、ヨーロッパから最新の湖沼学を学んだ、日本陸水学の創始者子爵・田中阿歌麿（一八六九―一九四四）が、本国初の山中湖での湖沼調査を終えて後、諏訪湖の調査に白羽の矢を立てた。諏訪湖の深ささえもわからなかった時代であった。諏訪教育会は、これを好機と見逃さなかった。共同での、全面的な地域研究の実施となった。その時、田中の助手となるべくの、いわば地元調査員として、高島尋常小学校の代用教員・橋本福松[38]が選ばれた（第31図）。現・長野県伊那市西春近に、一八八三（明治一六）年に生まれた熱血教師と伝わっている。毎日諏訪

てよい。

湖に通いつめ、観測の日々が始まった。生徒から付けられた「コキチ」（諏訪湖気違い）のあだ名は、その勲章といっ

諏訪湖研究の一環として、諏訪湖の深度・湖底の状態の調査があった。一九〇六（明治三九）年八月、厳密に言うと前後二八四回の深度錘測、つまり二八四の測地点に渡る調査であった。その時である。その一地点に曽根があった。諏訪市大和地籍の沖合約五〇〇m。他の地点は例外なく泥土で柔らかいのに、そこだけは堅い。なぜであろうか。観測すべきは山ほどあって、疑問の場所の再度の調査を行うまでに、さらに二年が過ぎ去った。一九〇八（明治四二）年のことである。発見の様子を自ら次のように記している。

去る昨年の十月廿四日午前に漁夫を指揮して蜆鋤簾で掻ぎ上げた者を見ると粘土、砂、火山礫、黒曜岩等が主なるもので（中略）廿四日の当日に於ても一二個の鉄石英を採取することができたのである。抑も此ソネから鉄石英の出ることは前述の、黒曜石と供に不審を起こすべき事で、更に廿四日には普通の燧石即ち Flint の二三片をも拾い上げたのである、一躰これはどう云ふ訳であるか何故に此処に此等の岩石が有るのであろうか、夫等の岩石が何れも大さ十糎を出でぬ処の破片であつて更らに此等の岩石は何れも石鏃製造の材料とすべきもので有る処から考へて見ると恰も彼石器時代の人間が石鏃を製造した遺跡の如き観がある処から推し量つて見ると、或は此処が嘗ては水面に現はれて居た場所であって矢張石鏃を製造した遺跡ではないかと思はれる、否確に石鏃製造の場所であつたのである、果然廿四日には此ソネより僅か三十分許の間に於て二個の石鏃を拾ひ上げたのである（中略）扨て斯かる小さきものが僅か三十分許の間に於て、しかも二個迄も彼の目の粗なる五分目鋤簾によつて掻き上げられたのは実に僥倖（ぎょうこう）（思いがけない幸い ― 筆者註）であつたのである　即ち之れによつて考へて見れば実に此ソネには多数の石鏃が存在して居るのである（二八〇〜二八二頁）

発見の報を投稿して、翌年『東京人類学会雑誌』第二七八号に掲載された論文のタイトルは、ズバリ「諏訪湖底よ

り石器を発見す」で（第30図③・④）、先の引用文もここにある。

学問に対する執念こそが、この大発見に繋がった。まさかの発見に驚いた橋本は、早速田中に報告したが、田中の手にも到底おえず、すぐさま坪井へ投げかけた。受けた坪井は、

去る頃湖水研究家田中阿歌麻呂氏から信濃の諏訪湖で二個の石鏃を得た人が有るとの話を聞きまして、誠に面白い事実と思ひましたから、其人へ発見品の送付を望む旨を云ひ遣られる様にと田中氏に依頼しました所、程無く私の手元に現物が届きました[39]

と記している。

伝聞に比し、物そのものの持つ力ははるかに大きい。送られた二点の石鏃は、改めて坪井の関心を刺激した（第30図⑤～⑦）。

私は自ら遺物の採集も仕度、其地の様子を調べて斯かる遺物の存在する所以をも明かに仕度と思つて居たので有ります[40]

二度まで使われた「仕度」。東京帝国大学理学博士を、曽根行きへと動かした。

そして湖底の謎に、即座に水上住居の答えをもった坪井であった。現地を訪れる前である、橋本の発見の手記が載ったと同じ『東京人類学雑誌』（第二七八号）に、「我が国に杭上住居は存在せざるか」との論文を書き、杭上（水上）住居を確信していた。

曽根行きの少し前、一九〇二（明治三五）年には、富士見駅まで繋がっていた中央線が、上諏訪を越えて岡谷までが開通していた。旅のしやすい環境も、多忙な坪井に大きく幸いしたに違いない。

2　坪井の調査

発見の翌一九〇九（明治四二）年に行われた調査の内容は、自らの手記を含む「諏訪湖底石器時代遺跡の調査（上）」（一九〇九『東京人類学会雑誌』第二七九号）に詳しくある。それに基き、まずその概略を振り返る。

五月一七日（月）、午前中の列車にて、飯田町停車場から人類学教室員・松村瞭と乗車して現地に着いた。調査は翌一八日（火）早朝八時半から、発見者の橋本同道により諏訪湖に出向き（第30図②）、三艘の船に乗りこんだ（第30図⑧）。結果は

獲物も可なり多かった（三二一頁）

上々の成果をあげていた。夜には、地元諏訪中学校の体育館で講演もした。このもようを、『信濃毎日新聞』（五月二〇日）が伝える。

最初人類学の要旨を述べ　日本に於ける石器時代の遺跡は九州四国より関東奥羽北海道樺太千嶋に残存する実例を挙げ　海外には石器時代水上居住の遺跡あれば諏訪湖中より発見せし石器は多分コロホックルが水上居住の遺物なるべし　とて二三の例を挙げて研究の余地を説きたる由

別紙でも

水上住居の説は耳新しく聞かれたり（『長野新聞』五月二〇日）

とある。水上住居説が広く世間に開陳された。

わずかな時間の調査であったが、その成果は以下のように膨大だった。石鏃（一一四点）・石鏃未製品（六点）・長方形石片（五四点）・多少加工したる石片（二三点）・磨痕有る石片（二点）・石鏃原料（黒曜石一と他の石六の計七点）・石鏃製造の屑（黒曜石一二〇〇、他の石一九〇の計一三九〇）・土器片（「誠に僅な物しか得ませんでした。夫れが皆小さな物ばかりで、私の探り得た数片は長径七八分位、厚さは一分或は一分五厘、色は黒又は赤褐色、何れも無紋でありました」）。石鏃の多

さには肝を抜かれた。製作跡であることをただちに思った。そして後、八幡一郎によって細石刃の可能性が指摘されることになる、「長方形石片」に注目していたことは特筆できる。

大量の遺物は手にしたものの、惜しむらくは、杭を示す木片の未発見だった。しかし、この湖上に人が暮らせるわけが無い。大量の遺物が、杭上住居の考えを押した。

この奇抜ともいえる生活様式の存在を、新聞は好材料と取り上げた。地方紙だけにとどまらず中央紙までも巻き込んで、世間の注目を一気に集めた。一部の記事を拾ってみるが、世間の強い関心が臨場感溢れて伝わってくる。

『報知新聞（五月二一日）』

「吾等の祖先は諏訪湖上に生活したることあり」との見出しで、我が国において水底より発見された遺跡は

　人類学上之を以て嚆矢とする

と位置づける。

『東京二六新聞（五月二〇日）』

「太古水上生活遺跡」の見出しで、

　古代野蛮人種が水上生活の跡にはあらざるか　さすれば東洋唯一の人類学上に於ける大発見なり。尚研究の上これを世界の学術界に発表するに至るべし

アジアの曽根と喧伝された。

『時事新報（五月二〇・二一日）』（二日にわたって報道される。）

二〇日の見出しが「坪井氏と諏訪湖」。

　未だ東洋には発見せられぬ水上生活民族の遺跡となりて考古学界に於ける一大発見として欧州の人類学研究上にも資すべく諏訪湖は一大名勝古跡たるに至らん

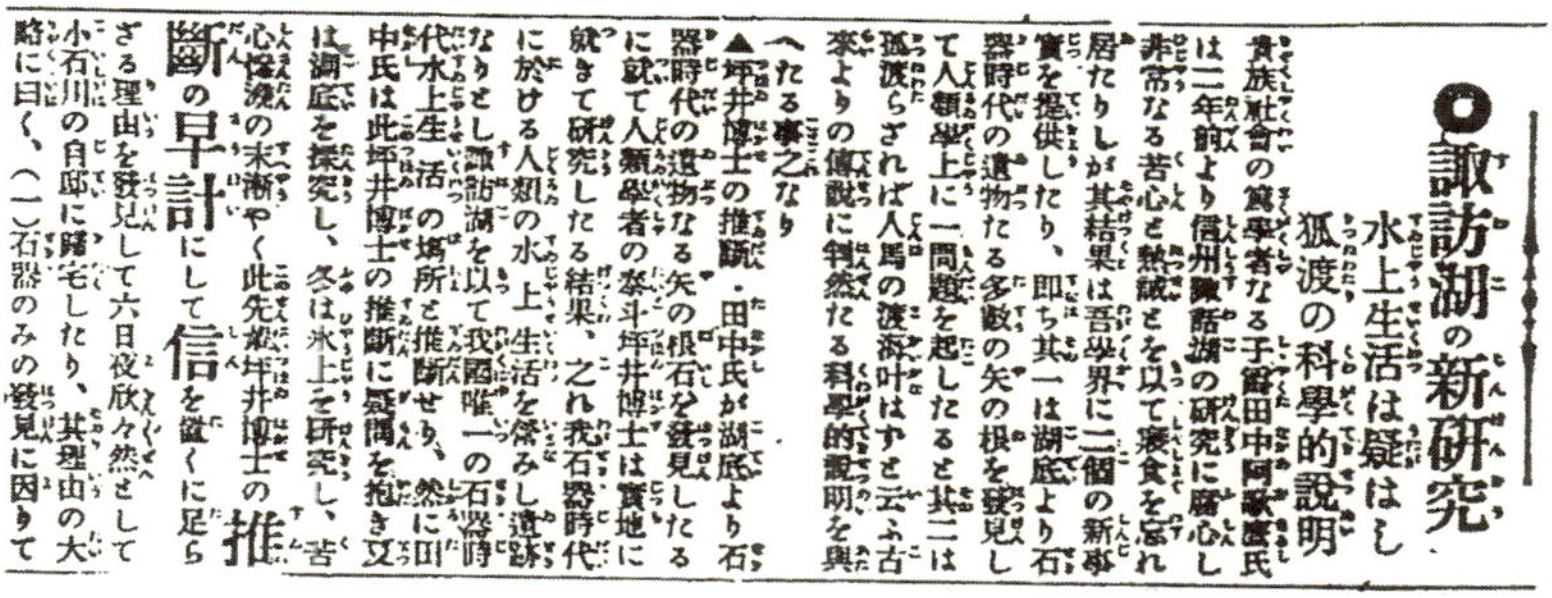

◎諏訪湖の新研究

水上生活は疑はし

狐渡の科學的説明

貴族社會の篤學者なる子爵田中阿歌麿氏は二年前より信州諏訪湖の研究に腐心し非常なる苦心と熱誠とを以て寝食を忘れ居たりしが其結果は吾學界に二個の新事實を提供したり、即ち其一は湖底より石器時代の遺物たる多數の矢の根を發見して人類學上に一問題を起したると其二は狐渡らざれば人馬の渡渉叶はずと云ふ古來よりの傳説に判然たる科學的説明を與へたる事之なり

▲坪井博士の推斷・田中氏が湖底より石器時代の遺物なる矢の根石を發見したるに就て人類學者の泰斗坪井博士は實地に就きて研究したる結果、之れ我石器時代に於ける人類の水上生活を営みし遺跡なりとし諏訪湖を以て我國唯一の石器時代水上生活の場所と推斷せり、然に田中氏は此坪井博士の推斷に疑問を抱き又は湖底を探究し、冬は氷上を研究し、苦心惨澹の末漸やく此先輩坪井博士の

推斷の早計にして信を置くに足らざる理由を發見して六日夜欣々然として小石川の自邸に歸宅したり、其理由の大略に曰く、(一)石器のみの發見に因りて

第32図　曽根論争伝える新聞記事（一部）

（『報知新聞』1909年7月9日）

世界の曽根となっていて、いやがおうにも諏訪湖への関心が高まった。二一日の『時事新報』の記事の最後は

更に大仕掛けの調査を為すの必要在り　兎に角日本に於いて始めて此発見をなし得しは、喜ぶべき事なり

と締めくくられた。ただし杭の発見はなく、あくまでも仮説に止まった。(41)

3　地質学者・神保小虎の疑問と坪井の二度目の調査、そして曽根論争

確かに国民の多くも巻き込んだ。そんな騒ぎを尻目に、事態を冷静に見る人がいた。東京帝国大学地質学教室の教授・神保小虎である。冬にははなはだしく結氷する諏訪湖にあって、杭がそのままに維持されることはありえない。そもそものような長い杭を打ち込むことなど考えられない。

田中も同調し、湖底遺跡の謎を解くべく、共に現地を訪ねての調査となった。一九〇九（明治四二）年七月六日、諏訪湖畔では実際に地すべり箇所も確認し、

終わりて二者の感想は寸分違はず相一致するに及んだ。(42) 地すべり説を確信した。帰京するやその翌朝である。七月九日の新聞、『時事新報』には神保の、『報知新聞』（第32図）には田中の、コメントがそれぞれの紙面に踊った。

翌一〇日には地元長野の『信濃毎日新聞』、『長野新聞』に、首都圏では『東

京朝日』、『読売新聞』、やや遅れて一三日には『二六新聞』でも、一斉に坪井説への反対論を取り上げた。湖上生活の證拠はない。附近の地形等から

湖岸には昔土地の陥落があったかも知れぬと想像される

と地質学的論拠を示して湖底の謎を説明した。

私にも確信がある（『長野新聞』七月二四日）

とは坪井の弁だ。杭さえ発見できれば、とばかりの再度の調査が敢行された。七月二一日からの三泊四日。しかし……。杭はついぞみつからなかった。

この調査のまとめと見通しを、栗岩英治[43]の『長野新聞』（七月二四日）が詳しく報じる。その中で坪井の見解として、特に次のことを強調した。水上住居説の立証には、遺物の発見を重ねたとても不十分で、何よりも住居を支えた「杭」の発見こそ不可欠と。よってさらなる調査が必要で、その時には

排水を要す

つまり

何等かの方法で曽根の一部の排水を行って杭の遺物の有無を確かめたいと思ひます　此杭の有無が即ち水上生活問題に決定を与へる唯一の證拠であります

徹底的な調査をと、強い執念を滲ませる。

しかし七月二五日、坪井の帰京の報を以て、曽根遺跡に関する新聞報道は終わった。その後一切、見事なほどにあっさりと記事はなかった。

それでも、地元の考古愛好者・小澤半堂[44]の採集品など、多くの資料を追加した坪井は、『東京人類学会雑誌』第二八七号から、「諏訪湖底石器時代遺物考追記」として、明けた一九一〇（明治四三）年二月から六月の第二九一号ま

で、四回にわたる大部な論文を書き上げた。しかし、資料や情報は増えたとしても、坪井の大論文へも、反応の痕跡はついぞ無い。

坪井の杭上住居、神保・田中の地すべり説。大きくこの二説にわかれて湖底遺跡の謎に挑んだ、これが学史上名だたる「曽根論争」の実態である。形勢不利の坪井であったが、その強気の姿勢は不変といえた。ここで大切なことは、杭上住居論が決して思いつき的な発想にあったものではない、事の確認である。人種論争に、また確認できぬ居住形態を知るための、重要な背景を背負っていた。

しかし二年後、思いを遂げることなく、坪井は異国の地ロシアで果てた。

二　坪井にとっての曽根の意義

1　杭上住居論余話

坪井の曽根遺跡とのかかわりを調べる中で、一つの興味深い事実に当たった。杭上住居を、竪穴住居に代わる居住形態の発見、と説明したが、その考えが大きく陽の目を見る事態が坪井の周りに起こっていた。

御前講義、という栄誉である。杭上住居の話に意欲を燃やした。栗岩英治の『長野新聞』（七月一〇日）の記事が、包まず伝える。

博士は益々此説を信じ、同僚学者間に吹聴すると同時に、近く帝国大学卒業式に当たり、恐れ多くも　陛下の御行幸、各講室御巡閲の際、最も趣味ある新研究の学説等を奏上するが恒例となり居りて、今回博士は諏訪湖の水上生活に関する研究を、御聴に容れんとの心算ある

御前講義となれば、時に最上の名誉であろう。日本初の水上住居となれば陛下の関心この上なし、は間違いなかろう。管見に触れる限り、坪井は三回の御前講義を行った。一回目は一九〇二（明治三五）年七月一一日、内容は「日本太

古の住民」。[45] 二回目は一九〇四（明治三七）年七月一一日で「ロシヤの人種」。[46] 三回目は一九〇六（明治三九）年、日は定かではないが、坪井による「東京人類学会第二十二年事業報告」の中で、自ら

謹んで諸君に御告げ申す事が二つ有ります。其一は今年大学卒業式に際し、御臨幸の有りました節又も私が御前講を致す栄を得たと云ふ事で有ります。題目としては帝国版図内の人種と云ふものを撰びました[47]

とある。

坪井には御前講義の実績があり、また新たな素材を手に入れつつあった。さてこの時である。神保と田中にとっては、決して妬みではあるまい。あくまでも学問的見地から、杭上（水上）住居説の奏上は許されなかった。

同問題に際会して蔭ながら坪井博士に反対説を唱え、一日坪井氏の教室に集まりて激論に及びしこと等もありたりしが、結局は三者袂を連ねて諏訪湖に出張し、実地に就きて研鑽を試むることになりし[48]

帝国大学の卒業式は七月一〇日に予定されており。[49] いうなれば決着を付けるために、三人で曽根に行こうと計画された。そもそも

坪井博士が、陛下に奏上せんと計画せる同問題に対して、神保、田中両氏は反対説を起こして之を否定せり、両者共今中央の学界に於て樽俎折衝（そんそせっしょう）の火の手を揚げ居るならんも、天聴の事につきては見合わせと[50]（『長野新聞』七月一一日）

すべく、とりわけ神保や田中にとって諏訪湖調査は喫緊だった。

六月に予定されたその調査は、しかし大雨によって中止となった。調査は七月五～八日に延期となって実施されるが、坪井にとっては、卒業式を直前として行ける状況でなかった。そして田中や神保も、坪井と足並み揃えてを断念した。とにかく卒業式前に決着をつけなくてはならなかったからである。増水後のまだ水かさも残って引かぬ、あえてこの時期に、諏訪湖に二人だけでやってきた背景にはこうした理由があったのだった。

その調査の結果は、地すべり説に確信を深めた二人であった。

神保、田中両氏は今回帰京して先づ坪井博士に談じ込み、同湖の水上生活説を撤回せしめ（『長野新聞』七月一一日）の表現に、両者の意気込みが伝わってくる。帰京早々坪井に、二人の強い意見を伝えていた。そして先述の通り七月九日つまり卒業式の前日、神保・田中の同時的新聞発表という形式でスリリングに行われた。新聞発表の前に、直接面前に話をするなど何と紳士的といえまいか。

あるいは、別の講演に切り替えて行ったかも知れぬ。坪井が水上住居説を奏上したという記録をみない。いずれにせよ、ここにある三人の姿勢に、まことに正々そして堂々として天晴れな、学者精神を見た、といいたい。

肝心なことは、御前講義にこだわった坪井の真意で、単に個人的な栄誉のみに帰するものではなかったはずだ。立ち上げた人類学の存在感や存続の意義を、これほどアピールできる場はなかっただろう。そして杭上住居説は奇説ではない。太古の居住形態に手がかりのない時代であった（註3のように追求のきっかけはあったが、取り組みは無かった）その時に、唯一理論的に日本式家屋形態の源流を推察していた坪井であった。

2　曽根の石器に旧石器を見た

日本旧石器への関心を示した坪井が、その後一六年もの沈黙を破り、明治四〇年代になって、突然のように復活する。「古今の石器時代人民」（一九〇七「東洋学芸雑誌」第三〇四・三〇五号）では、

夫（洪積世 ― 筆者註）よりも古い地層即ち第三紀層中にも石器が存在すると云ふ事が明らかに成つて来ました。斯くてヨーロッパに於ては石器時代の中に今を距る何千年と云ふ位なのも有れば何万年或いは十何万年二十何万年と云ふ様な極々古いのも有ると云ふ事が分かつて来ました（三〇四号、二四頁）

と、最古人類の起源について言及している。

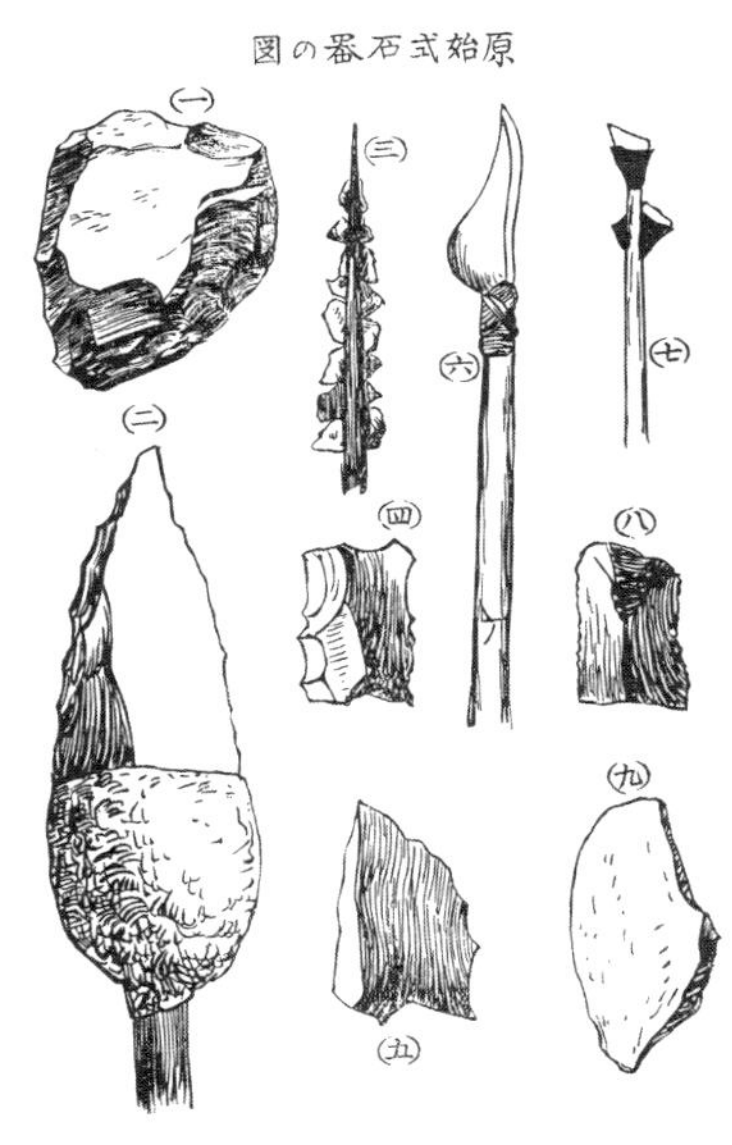

第33図　原始式石器の図

そして、翌々年一九〇九（明治四二）年三月の、「原始石器（Eolith）及び原始式石器」（『東京人類学会雑誌』第二七六号）である。当時にして大変詳しく、古い石器を解説した。

　単に石を打ち破つただけの、したがって旧石器より古い時期に存在した石器を「原始石器」と呼び、今もタスマニアやヲーストラリアなどの先住民は同じものを使っていると、いわば現代版を「原始式石器」と命名した（第33図）。その上で坪井が、長方形の「石欠け」、として紹介した（四）のヲーストラリア土人が使った「原始式石器」や、とりわけ「甲斐の石器時代遺物に混じて居った石欠け」とした（八）などは、宮坂清の指摘のように[51]、結果的には後に触れる曽根の「長方形石片」と極めて良く似る。

なぜ突然この時、坪井が旧石器問題を話題としたか。実はこの一九〇七（明治四〇）年は、自ら樺太調査を行った年[52]で、すぐさま大陸の石器との関係を示唆していた。後述する北海道出身の学生・和田倜が採集した石器を、ちょうどその頃実見し、「古い」と直感したのではなかろうか。樺太行きは、石器の探索を大きな目的の一つとした調査であった可能性を強くする。

　極めて重要なこの間の経過をたどってみたい。樺太調査に基いて、北方から入った石器時代人が、本国の南まで広がった後に再び北上しいわば故地に帰った、という石器時代人民の系統を鮮明とした講演を、「樺太に於ける石器時代人類に関する研究」と題して、史学会の席で行った。一九〇七（明治四〇）年一二月一四日のことで、翌一九〇八年『史

学雑誌』第一九編七・一二号に同じタイトルで発表された。その最後に

此の石器時代の問題になるとまだ申すことも多くありますが、（中略）今後尚ほ調べなければならぬことは能く石器の性質を見て他から出るものと比較し

と、石器を巡って、大変意味有り気な発言を行った。そして、

僅かでありますけれども此所に発見品が持つて来て有ります

と、この講演にいくつかの石器を持参していた。

この時の石器にこそ、大きな鍵が隠されていた。どのような石器であったのか追求してみる。昭和に入ってのことであるが、曽根遺跡の「細石器様」の石器に注目し、蒙古地方の石刃との類似を喚起して、日本旧石器の存在を示唆することになった八幡一郎が、その論文「北海道の細石器」(53)で、和田採集の石器のことを、小金井から教示されたこととして紹介している。東大医学部を明治四〇年に卒業した北海道出身の和田倜が、卒業の

その前年あるいは前々年に未だ学生の頃に帰省された折、土器・石器の類を集められ、之を小金井先生に贈られたとのことであつて、茲に述べる一函の石器類は先生の研究室を訪れた故坪井博士が之を一見されて、非常に珍重がられ、アイヌが髭剃りに用ゐたものであらうとも述べられて所望されたので、人類学教室に寄贈されたとのことである（四四頁）

と。

明治四〇年前後にこの石器を見た坪井は、瞬時に大陸との関係をひらめかせたのではあるまいか。樺太調査も、これをきっかけと考えたら納得できる。よって、講演に持参の石器こそ、この和田採集の石器だったのではなかろうか。

坪井の珍重した石片に対して、

蒙古地方の石刃との間に驚くべき類似を有する（四六頁）

と、これも八幡の指摘であって、八幡はそれを細石器とも認識した（第34図）。

さてまた八幡は、

蒙古地方の石刃と極めてよく似た石器が数多く含まれてゐることは改めて注意せねばならない[54]

と、これは曽根遺跡にある「細石器様」の石器に注目しての発言である（第40図）。この点もそれまでの認識の背景も含めて、詳しく宮坂が、先の註51の文献で指摘している。要は坪井も、そのように考えた可能性を強くしまいか。細石器様の石器を、坪井は「長方形石片」と呼んで、実は曽根遺跡の調査の当初より注意していた。

石鏃でなく石錐でなく粗く破つて扁平な不規則長方形とした石片[55]

で、最終的な総数九八点、一点の硅岩以外、黒曜石で出来ていた。大きさは今の数値に換算すると最長四・八cm、最短一・五cm、二・一〜三cmを主体とすると観察している。素人が見れば一見何の変哲もなさそうなこれらを、

用法は不明でも故らに作つたとしか見えぬ長方形石片[56]

として、

骨を削る[57]

などのための目的的製作物であったことも推測している。また

此類の物は他所の遺跡からも出て居ますし、スウツアーランドの湖底遺物中にも有るので有ります[58]

と、海外の事例との共通性も認識していた。さらに、この

粗く破つて扁平な不規則長方形とした石片

とは、曽根調査のわずか二ヶ月前という直前に書かれた、先の論文「原始石器（Eolith）及び原始式石器」の中での、原始石器の説明と同じである。

刃を作らんが為に故らに意を用いて打ち欠くと云ふ所迄至らず、単に石を打ち破つて其の破片の中から役に立

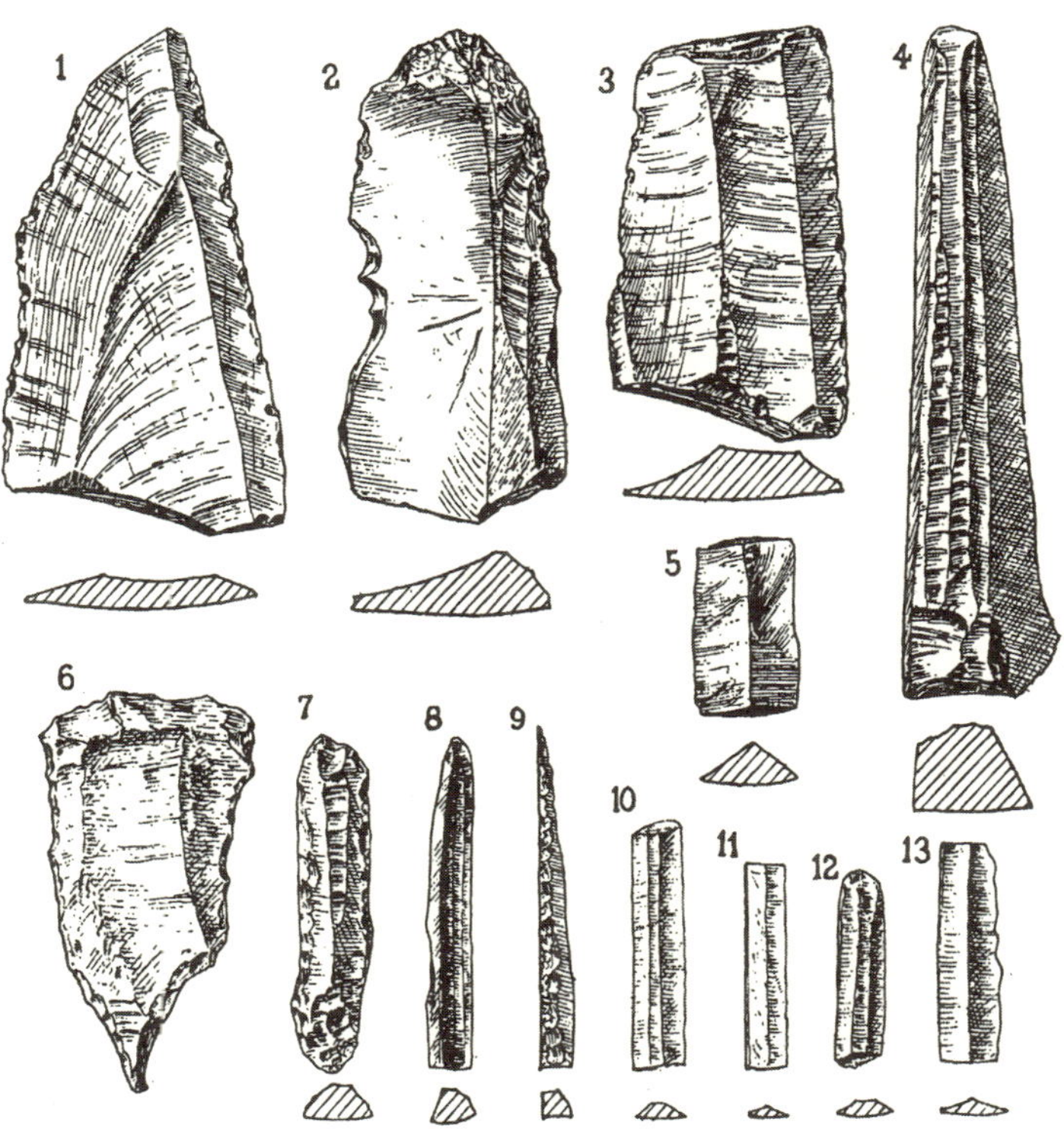

第 34 図　和田採集の北海道の細石器

ちさうなものを撰み取るとか、又は其破片に僅かばかり手を加へて目的に適ふ様にするとか云ふ
これがその特徴で、旧石器時代のより古い時期の石器、と説明していた。日本の石器時代にも

原始式石器が有り気に思はれるので有ります（二〇一頁）

に、日本旧石器時代の存在を暗に示唆した。そして、この論文の直後に曽根で確認できた坪井ではなかったか。

樺太調査から曽根に至る、坪井の認識を整理してみる。和田僴が、小金井の元に送った石器＝曽根の「長方形石片」＝ヲーストラリア土人の長方形の「石欠け」＝「原始式石器」≒「原始石器」。つまり坪井は列島の石器時代に、かなり古い石器がある、と注意していた可能性は極めて高い。

なお、坪井は曽根調査に際して、杭上住居の確認と、もう一つの期待を持ったのであるまいか。「古さ」である。海上杭上住居から陸上杭上住居へとの発展段階を想定した坪井は、一九一二（大正元）年、「人類学雑記」（『人類学雑誌』第二八巻第一〇号）の中で、ヘンスロー（George Henslow）による「イギリスの湖水住居」（『ナレッヂ』第三五巻第一九号）を引用して、特に

ヘンスロー氏は尚ほ創世記の源と見るべきものの中に斯かる構造の家に関係有り気な句が有るとて其事を記して居られます[59]

とわざわざ紹介する。創世記の源との発言の中には、湖水住居＝杭上住居の、相当な古さを示したかったのではなかろうか。

曽根では、その古さも確認できたと想像したい。ただし、「原始石器（Eolith）及び原始式石器」の最後には、例え日本から原始式石器が発見されても、それは

進歩した石器時代において作られた原始的石器

であり、旧石器のものと考えてはならないとも自重して書く。また、曽根の報告では、長方形石片について、原始石

器との関係にも言及しない。わざわざ避けるかのようなこうした姿勢に、複雑な胸中を窺わせまいか。むしろこの不自然さこそ、坪井の旧石器への確信を表しているように思われる。

なお後に鳥居は、この長方形石片を「石剃刀」と命名し、それが細石刃（ラゾアール）を指す事を、やはり宮坂が註51の文献中に指摘する鳥居の研究は、剃刀或いは皮膚乱刺といった用途や、分布域の認識までに止まって、日本との関係にまでは及ばなかった。

第四節　坪井の本音

坪井の細石刃を通した大陸への眼差しが、日本旧石器問題に大きく絡んだことは、間違いなさそうである。それにしても不思議な偶然といえそうである。和田の採集した石器が引き金となる、大陸との関係を視野に含んだ樺太調査。その直後の日本旧石器を暗に予期するような論文執筆。その直後に発見・調査された曽根だった。

一　曽根への飽くなき坪井の想い

1　第二の曽根を求める熱意

曽根では果たせなかったが、坪井は杭上住居の追求を断念するどころか、飽くなき執念に燃えていた。その姿にはある意味、学者としての一つの理想を見る思いがする。諏訪湖底曽根と同じような湖中遺跡が他にもあるはずだ。次なる標的は曽根調査の翌一九一〇（明治四三）年、すぐに現れた。同じ信濃の北、野尻湖である。この時の記録も状況を復元できるほどに残された。長野新聞の記者・栗岩英治が随行し、記事に起した。滸山老猿のペンネームで『長野新聞』に「坪井博士の野尻湖研究」と題し、その年五月八日から一二日にかけて三回にわたって連載された。その

〔二〕に、坪井来信の契機を知る。

本年正月、鳥居龍蔵氏が、県内を漫遊された時に、松本高等女学校長唐澤貞治郎氏が、左の如き話をした。我信州に於ては、諏訪湖に次での湖水たる上水内郡信濃野尻村の野尻湖、及び北安曇郡平村の木崎湖等に於て、水中或いは湖辺から、矢張り石鏃が沢山出る。殊に野尻湖に於ては、水中に完全な土器を得たり、或は、湖中の弁天島の中から、石器や土器も出たと云ふ事であつた。夫れは鳥居氏が帰京後坪井博士に談された。そこで兎も角も実地踏査の必要があると云ふので、二月中に来県の筈であつたけれど、雪の為やら、又は色々の都合で、遂に今回の行を見るに至つたのである

春を待ってのその五月、坪井の動きは早かった。なお、せっかくの機会である。地元信濃史談会員はこれを好機と、坪井に随行を願い出た。こうして本格的な野尻湖調査の運びとなった。また偶然の機会から、地元の奇才といわれた保科五無斎[60]も、この調査に同道した。五無斎もまた、自ら発行する週刊新聞『信濃公論』に、「坪井博士に随行して野尻湖に遊ぶ」と題して、上・下二回、五月一八日と二五日に連載し、併せて貴重な記録となった。以下二人の記事により、坪井の足跡を追ってみる。

五月七日（土）この日坪井は長野に入った。

五月八日（日）午前六時一六分長野駅発、七時二四分、野尻湖のある柏原着。同行者に信濃史談会員と栗岩。遅れて五無斎と、渡辺敏[61]が駆けつける。野尻小学校で休憩後、校舎付近の散布地における採集。土器破片、石鏃二・三個そして栗岩は石槍一点を採集した。以後二手に分かれる。坪井を中心とする一行は馬廻から琵琶島へ。常松・照山両中学生達は教諭に引率されて、館が崎より乗舟して琵琶島に渡る。中学生たちはそこで靴を脱いで水中調査を開始する。坪井の一隊は、舟で遠浅の一帯を往復し、ジョレンによる調査を行った。昼ごろに一端作業を中止し、午後一時に再開。午後四時頃には大方の調査を終えて小学校に戻り、坪井は

一行及び村老の為に実地材料に就て、約三十分間の講演あり[62]とせわしなく動いた。肝心のこの日の成果を、五無斎が伝える。

只々石器の原料たる赤色硅岩やら粘板岩やら黒曜石の類を甚だ僅かに得たるに過ぎず（『信濃公論』八一号）

杭上住居の痕跡は得られなかった。こうして坪井の長野滞在は、以後二日に及んだ。

五月九日（月）に渡辺・五無斎・栗岩・梅山の四名は、「博士の巾着男となり」、中野町を経て飯山に行き「丸山館」に入る。午後一時、坪井は下水内郡教育会の要請で「日本石器時代及人種」を演説した（『信濃公論』八一号）。

五月一〇日（火）は中野町下高井教育会に午前一〇時に行き、坪井はここで「人類学大意」と講演した。終わり次第、栗岩と坪井は長野に戻った。

坪井の長野での調査は、大変精力的だった。しかし、曽根の挽回との目論見は叶わなかった。ただし、坪井は例え三〇分といえど、時間をつくって講演をこなした。毎日計四回、一面にある明治の啓蒙活動家としての坪井の真髄を、保科五無斎の言に負う。

此行四日間にして博士の講演を聴くもの前後四回。別に新しきなどは無かりしも、考古学人類学及土俗学等の総復習を為したり。書籍にて読みたらば一千五百頁位ならん（『信濃公論』八二号）

大したボリュームの講演である。

杭を確認できなかった坪井の心中は、察して余る。それでもやるべきはいくらもあった。

2　曽根を研究から忘れたくない

坪井の、杭上住居に関する調査はこの野尻湖でおわり、再び諏訪湖を訪れることもなかった。しかし、前年七月の調査および寄贈された資料をあわせ、再度の分析成果がこの年二月から六月にかけ「諏訪湖底石器時代遺物考追記」

として発表された。『東京人類学会雑誌』第二八七号から第二九一号までの、計四回にわたる連載である。

　坪井の変わらぬ執念をそこに見れるが、すでに学界はじめ世間は杭上住居にさしたる関心を示さなかった。坪井の大論文に対する、何のコメントも論評もすでになかった。あえて坪井に加担するならば、地すべり説とて決定的とまでは言い切れなかった。しかし地質学者などの見解の一致は明らかで、当面これ以上の議論の限界も見えていた。

　それでも、である。坪井の曽根への強い思いは、つながっていた。曽根の遺物には、すでに十分尽くしたものと思われたが、その後も執拗に観察を続けた坪井があった。

　一九一一（明治四四）年、まだ曽根の発表が続いていた。「裂製動物形石製品」（『人類学雑誌』第二七巻第三号）が発表される。表題だけでは曽根のこととは分からない。まず書き始めが

　一昨年信濃の諏訪湖の底から多量の石鏃及び類品並びに原料石片が多量に発見せられた

と始まっている。遺物の中に、黒曜石製の動物形の石製品のあることに気が付いた。魚や鳥の形としたこれらを、結論としては、アメリカ品と類似する、と考えた。用途について、彼我の行為・思考の精神的類似性を根底に、「お守り」説を唱えたうえで、

　此の類の石製品の調査は日本石器時代人民の信仰上の事、或は更に広く心理上の事に関する研究に向って新たなる道を開くと申して宜しい

と、研究の方向性まで示していた。アメリカとの類似とは、エスキモーに繋がって、新たなる精神分野への挑戦、その可能性の開拓に、研究者・学者精神を発揮していた。

　石器時代の大陸との関係を、とことん追求した姿があった。旧石器問題はもとより、人類の移動とそれに絡んだ日本人種の問題を、もはや真実を曲げようもなく、坪井の中の機は熟していった。坪井の死は、そんな矢先のことだった。

二　信念と心残りの無念の死

1　竪穴住居を調査していた

一九一〇（明治四三）年五月八日、野尻湖調査の最中である。梅山寿三郎(63)（一八五二―一九一五）なる人物が、越後中頚城郡菅原村（現・清里村）から坪井に面会にやってきた。

梅木（山―筆者註）寿三郎という老人来られたり。篤学翁と評す可し(64)

と保科五無斎が、日記の中に書き留める。次の日も野尻湖の調査を一緒に行ったともある。梅山老人は、当時新潟県ではたった四名しかいなかった東京人類学会の会員であるなど(65)、実に熱心な地元の郷土史家であり、我が村の遺跡調査を直接坪井に頼みに、わざわざやって来たのであった。

坪井が、その熱意に応えたことは勿論だった。その年七月一八日に「中頚城郡菅原村字クロボの畑中」（現・黒保遺跡）、一九日には「中頚城郡美守村字神田の樹苗養成地」に赴いて、それぞれ炉の発見に成功していた。その報告が、八月の『東京人類学会雑誌』第二九三号に早速出ている。なぜか表紙のタイトルと、本文タイトルが、表紙は「越後中頚城郡太古遺跡踏査旅行」、本文では「越後発見の石器時代火焚き場」と異なっている。

その冒頭に

二十余年前には北海道に於て、三余年前にはカラフトに於て竪穴を調査しましたが、どちらでも中央に焚き火の跡が有つて、其部分の土が赤褐色に変じ且つ堅く成つて居るのを認めました。是等は火焚き場に相違有りませんが、周囲に判然たる堺は有りませんでした。此度越後中頸城郡諸地方を巡つて居る中に種々の面白い遺物を採集したり、面白い遺跡を発見したりしましたが、特に早く読者諸君に御報道致し度と思ひますのは、これまで未だ好く知れて居らなかつた仕切りの有る火焚き場の事で有ります（四〇一頁）

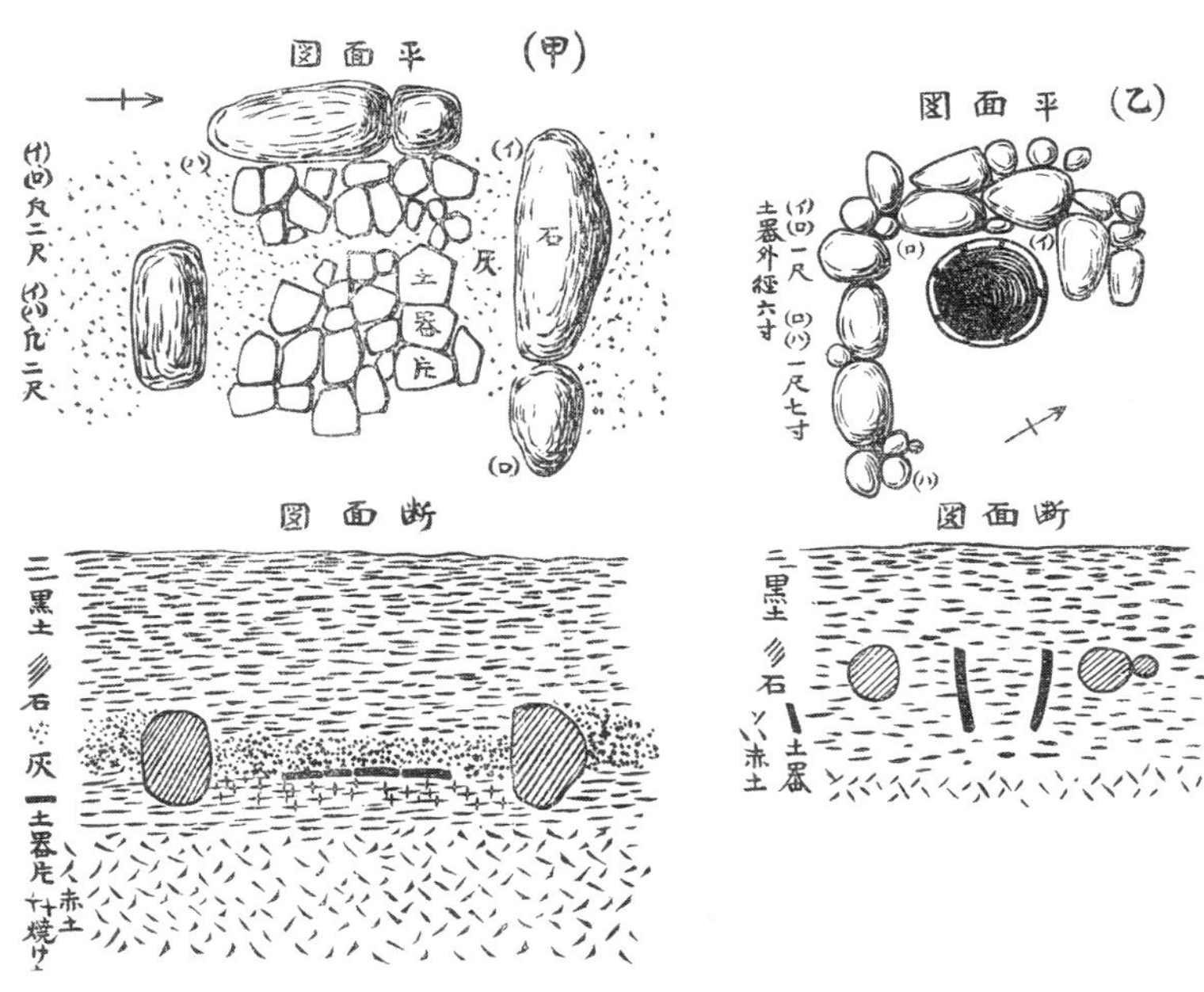

第35図　石囲炉の図

とある。竪穴住居には「火焚き場」、つまり「炉」が存在することを知っていた。その形状は、床を掘りくぼめ他だけの、今で言う「地床炉」だった。ここで発見された火焚き場は、「仕切りの有る」ことで、それまでとは異なると注目した。その「仕切り」とは、石で区画された縄文時代に特有の「石囲炉」を指した。両者とも図入りで詳細に紹介されるなど、坪井をして興奮せしめた（第35図）。

ただし坪井は、重要な点について触れてなかった。それが住居の内か外かの判断である。竪穴住居の中には「火焚き場」があると認識しながら、ここに全く触れない理由は、何等の疑問も抱かずに屋外の産物、と決め込んだことの結果であろう。

竪穴住居は、北海道にあるような埋まり切らぬほどの深さを持つ。これが坪井の認識した竪穴住居であった。「地下二尺」に発見されたそれであったが、別段そこが窪んだ様子にあるわけでなく、竪穴住居だと考えすらも及ばなかった。

この時、これが住居の中の施設であったと考えて、竪穴住居の存在を確認できていたならば、本州発見竪穴住居の第一号として、その後の論争の展開も、あるいは違っていたとも想像できる。目前に接しながらも、それと認識できずに見過ごした。これが当時の学問の、悲しいかなの限界だった。富山県朝日貝塚における、柴田常恵による竪穴住居の調査が一九二四（大正一三）年。ようやくこれが石器時代で本邦初と、学史に刻む。

この時の余談を付け加えたい。坪井の発見した石囲炉を、梅山はいつでもいつまでも、そして誰にでも見てもらえるようにと、移転復元を強く望んで、坪井に場所の選定を頼んだという。坪井は大いに賛意を表し、

招魂社北側の地点が黒保の山が見えるから最適です

と告げ、復元予定地の傍らに松一本の記念植樹を行った。[66]坪井は

クロボの火焚き場は梅山氏の発意に由つて菅原村菅原神社の後方なる公園の一隅に移し永く保存する事に成りました。遺跡も珍らしいが斯かる企ても珍らしい事で有ります（四〇六頁）

と喜んだ。それは今も、その菅原神社に存在し、遺跡や当時を偲ぶことが出来ている。

今、どれくらいの縄文竪穴住居が発見されているかは分からない。しかし兎に角、縄文炉に限っては、その発見第一号の栄誉を、竪穴住居を追い求めた坪井が受けたといえる。[67]

２　N・Gマンローの、旧石器時代論を通じて見えること

Neil Gordon Munro（以下マンローと記す。（一八六三－一九四二））は、英国出身の医師の傍ら、考古学・人類学研究、そしてアイヌ研究に貢献し、なにより群馬県岩宿遺跡の発見により日本列島での旧石器時代の存在を明らかとした遥か四一年の前に、その存在を予見した人物として、今日本考古学史上に名を刻む。その著書こそ一九〇八（明治四一）年、自費出版による『Prehistoric Japan』である。[68]

マンローの学問的な立場に触れておく。『Prehistoric Japan』の刊行時以前、一九〇五（明治三八）年に横浜三ツ沢貝塚発掘調査を手掛け、翌一九〇六年に発見された四体の人骨（子どものものを含めて五体）に遭遇し、人骨の鑑定を小金井に依頼した。当然の如くアイヌ人骨と断定され、以来、二人の親交が続いたという。やがてマンローは、北海道に移住してまでのアイヌ研究者になるのであるが、これが契機ともいわれている。

この人骨鑑定は、当然マンローにアイヌ説を促して、当時の人種民族論争の渦中に加わることも意味していた。結果、コロボックル説を唱える坪井と「真っ向から対立することになった」[69]、ことも間違いではない。

そのような中での、『Prehistoric Japan』の刊行であったが、次第に考古学の研究論文が少なくなったと、マンロー研究家・桑原千代子は指摘する。『Prehistoric Japan』の成果さえ

> 坪井人類学会会長からは完全に黙殺されたということは想像に難くない

といい、その原因を

> この坪井正五郎氏の異常なまでの偏狭で冷酷な態度が、マンローを日本の学会から遠のかせたとも考えられる[70]

あるいは、

> この大著に対する書評は全くなく、マンローの業績は学会から黙殺されていたと考えていたが[71]

と分析している。黙殺されたのかは別として、確かに英文で埋め尽くされた内容を、当時どれほどの邦人が読み得たのかの疑問はある。ただし今では、

> マンローの業績をないがしろにしてきたきらいがある。遅蒔きながら、研究史上にその復権がもとめられねばならない[72]

と再認識も間違いない。

注意すべきは、先の桑原の指摘に対する冷静な対応の必要である。アイヌ説を唱える白井や小金井と坪井は対立し

たが、学問上に止まった。曽根論争でも、地学者神保や田中と大きく意見を異にした坪井であったが、私的には良好な関係も先に見た。このことはマンローとても同じであったと考える。学問的対立や論争と、個人的な感情を区別することの出来る資質を、坪井は備えていたと考えるからである。坪井が亡くなった際に刊行された、『人類学雑誌』の追悼号へのマンローの投稿は、その辺の事情を物語ろう。[73]

学問上の意見交換がごく自然に、当然のこととして行われる時代であったと考える。それよりもそもそも坪井は、本当に黙殺したのであろうか。

一九〇八（明治四一）年、マンローにとって「これが生涯ただ一度の帰国」といわれる、医学博士号の学位請求の論文提出と査問のために、一時英国へ帰国した。出立は五月一三日、日本への帰国はその年の一〇月下旬であった。『Prehistoric Japan』の出版は、英国に発つ三カ月ほど前のこの年二月のことだった。この約五ヶ月間マンローはその目的のため以外に、実に精力的に活動した。

帰国中マンローはエジンバラの王立博物館、大英博物館、ケンブリッジ大学を訪ね、多くの考古学者らと語り合って、後に日本の考古資料を贈った[74]という。

そして、大きな刺激も受けたであろう。帰国直後の一九〇九（明治四二）年、石器の両面の写真を載せる、というような斬新な手法もその一つとする、一本の論文を発表した。"SOME EURPOPEAN PALAEOLITHS AND JAPANESE SURVIVALS."（Asiatic Society of Japan（日本アジア協会）が刊行する雑誌『The Transactions of Asiatic Society of Japan』（日本アジア協会紀要）の Vol. XXXⅦ：PART Ⅰ）である。[75]

この論文の内容は。マンロー研究の第一人者出村文理の、的確な要約を引用する。[76]

英国を含むヨーロッパの大学・博物館等の見聞し、かつ英国の考古学者から得た知識等を基にして、ヨーロッパ

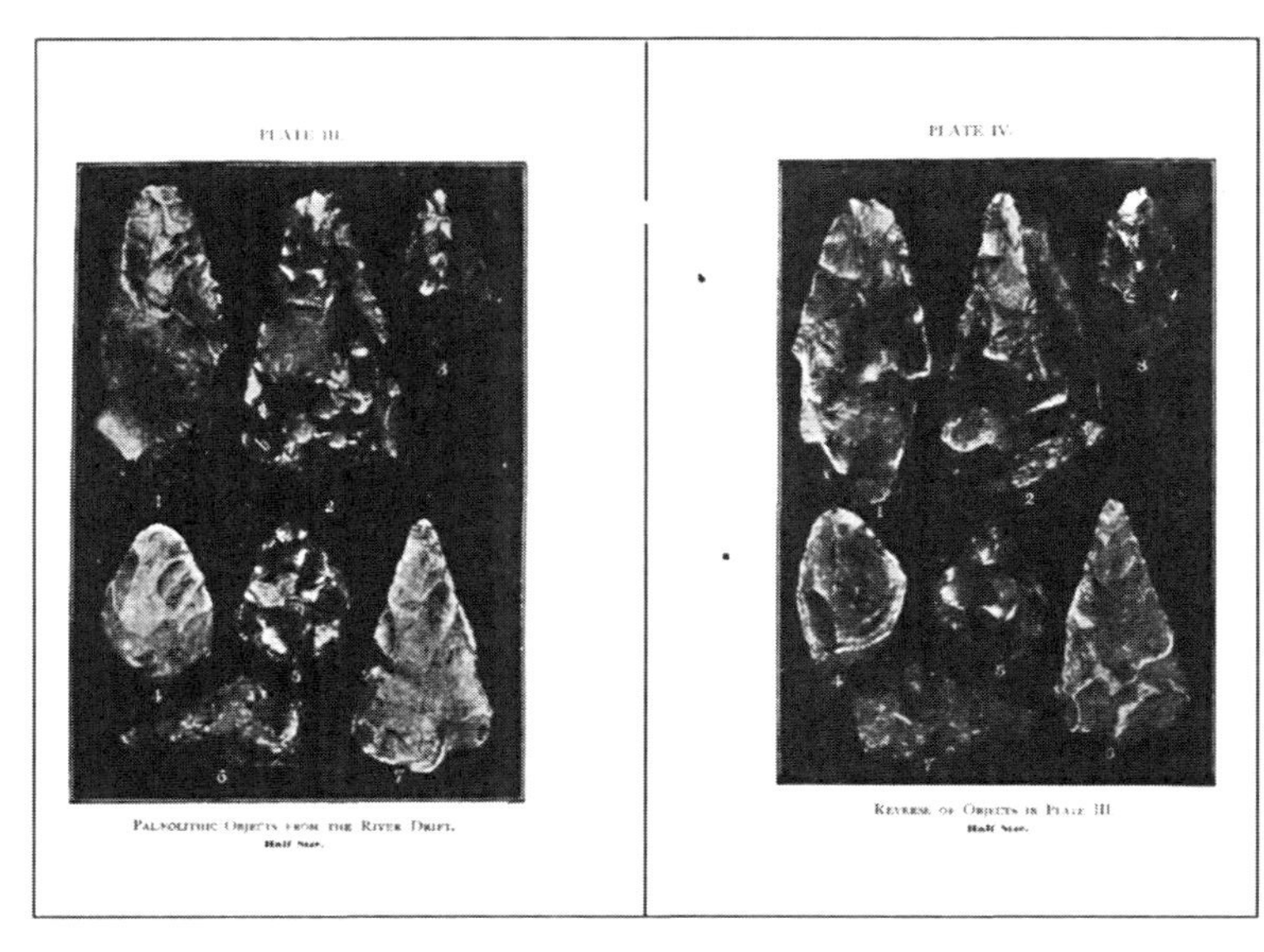

左上の石器は現存することが確認された。

第36図　マンロー 1909
"SOME　EURPOPEAN　PALAEOLITHA　AND　JAPANESE　SURVIVALS"

の旧石器と日本の石器を考察した論文。文中の石器類の写真は、石器のいわゆる表といわゆる裏をそれぞれ撮影して対にして掲載している（第36図）

とは論文の背景やポイントで、

The Older Phase（古時代）では、ヨーロッパの旧石器とその使用痕跡等を論じ、The Newer Phase（新時代）では日本の縄文時代の打製と磨製の各石器について論じている。マンローは縄文時代遺跡出土の粗雑な打製石斧の製法が旧石器時代から技術の残存と見ていた。文中でマンローは縄文時代の遺跡を、Ainu Neolithic Sites（アイヌ新石器時代遺跡）と称していた

と、つまり縄文打製石斧を旧石器に系譜を求める刺激的な内容だった。

実は、この論文の発表にはいきさつがあった。和田千吉が『考古界』八－四（一九〇九年六月）の彙報「亜細亜協会」に、

五月十九日午後四時より京橋区銀座四丁目教文館に於て亜細亜協会を開き本会会員ドクトル、ゴルドン、マンロー氏の「欧州古石器時代の石器と日本の遺物」と題し二時間にわたれる演説あり其の説く処主として欧州古石器と本邦の石器の一致せる点を実物を示して述べ終りて陳列品を展覧し六時散会したり当日聴衆は会員なれば多くは外国人のみにて本邦人を数人のみなりき

と報告している。つまり先の論文は、出村によるとこの時「講演したものを訂正して日本アジア協会紀要に掲載したもの」なのである。

さてこの日は偶然であろうか、坪井が諏訪湖底曽根の調査を終えて、東京に戻ったその日であった[77]。その気であればまだ調査に費やせよう半日を、帰りを急ぐかのように朝には諏訪を出発していた。急ぎ帰る理由があったとしたら……。東京に着いた坪井が、四時から始まったマンローの講演を聴いたという記録はない。しかし、その聴講のための早朝の出立・帰京という可能性が、全く無いとも言い切れない[78]。もし聴いていたとすれば。自らの曽根での発見、そして、マンローの旧石器時代演説とあわせ、日本旧石器時代の存在を強く意識した坪井を明らかとする。証明不能の空想をした。

少なくとも、マンロー説に反論のあとを見受けない。必要とあらば、黙殺などせず執拗なまでの論争を挑んだ坪井であった。本気に日本旧石器を否定していたならば、容赦のない反論を浴びせたはずではなかったか。逆にその無い事は、坪井が日本旧石器を認めたと、消極的ながらもその論拠となりえはしないか。沈黙は、無視ではなくて肯定だった。

そのマンローも、曽根に来ていた。一九一二（明治四五）年は、坪井による曽根遺跡の調査から三年後、坪井の死の前年である。考古学者・藤森栄一の記述がある[79]。一九三五（昭和一〇）年、雑誌『考古学』に「小沢半堂のこと」なる一文を寄せた。そこには曽根遺跡の虜となった小澤半堂が蒐集した石鏃を、記録した果てに藤森生家の上諏訪駅

前の、父親の営む商店「加賀屋」で土産物として売っていたという記述の中に、次のように登場する。たくさん買ってくれた筆頭としてサーライネンという宣教師がおり、

> 其の他、二人程大買ひの客があったとのことで、お二人とも名刺は残されませんでござりまするが、一人がN・Gもんろう、一人が神田孝平さんであらうと云ふのが、私の想像でござりまする

この文章は多分にエッセイチックで、信憑性を度返しする可能性もあるが、先の桑原がこの点についても確認していた。

　諏訪の藤森栄一氏の父上を訪ね、曽根遺跡について話し合っている（栄一氏四歳頃の記憶、同氏が生前電話で話された）[80]

　マンロー曽根行きの背景には、ますます坪井との関係、つまり旧石器の可能性を話した二人を想像したい。

このことも書き加えておきたい。天孫降臨などという、非現実的な歴史観を持つ当時の日本にマンローは来た。ヨーロッパの優れて科学的な学問として成長する考古学を学ぶマンローが、しかし生涯の地として愛した日本で、どのような気持ちで先史遺跡に対面したか。複雑な胸中・葛藤を、後年コタンの人々に語ったという、桑原に残された次の一文は、非常な示唆に富んでいる。

> 自分は日本の国の歴史の真実を知っている。しかしそれを口にすると大勢の人に迷惑がかかるから決してしゃべったりしないと[81]

ただし、当時の日本人の中にも理解者はいた。『Prehistoric Japan』の序文には、神田・三宅・高橋健自等への謝意を表する。神田は、坪井から人類学会創設の初代会長の任を請われた人で、石器の大陸との関係を含めたグローバルな見方を示した論文を書いていた。三宅は『日本史学提要』で、ジョン・ラボックを紹介し、旧石器の存在を視野に入れた人だった。高橋は三宅の東京高等師範の教え子としてその薫陶を強く引き、後東京帝室博物館考古資料課長

になり、三宅との関係を強く続けた。協力の背景がよく分かる。日本人のそれぞれは、日本旧石器の存在に、それぞれの思いを抱いたのではあるまいか。そして、坪井も同じであった気がしている。

3　日本旧石器時代の確信

曽根調査の直後の、一九一一（明治四四）年に、「石器時代の区分と石器の様式」（『東洋学芸雑誌』第三五四号）を坪井が書いた。石器時代の三時期、旧石器・中石器・新石器の名称に触れ、特に旧石器の前に原始石器が存在することを再説して、ヨーロッパでの研究の進展ぶりを解説する。ただし

既に日本に旧石器時代遺物が存するかの如く思ひ誤まられた事さへ有るので有りますから、原始石器と原始式石器との別も明にして置くのが必要で有ると思ふので有ります

として、

日本の石器時代には新旧の別無く、如何に粗造な打製石器でも正しく新石器時代の遺物と認めなければ成らぬので有ります

と、日本旧石器の存在を否定する。しかしこの否定には、何か空々しさを感じてしまう。何らの理由を述べることなく、「認めなければ成らぬ」とは、わざわざ強調した否定を匂わす。わざとらしさをさえ感じさせるこの言句には、実に複雑な坪井の胸中の現われと、むしろ穿った見方を可能とさせる。そもそも、それまで述べていた破製石器のことや、それに極めて類似する曽根遺跡の長方形石片などについても全く触れず、むしろ避けるような印象を拭えない。

翌一九一二（明治四五）年には、もう一つがある。『人類学雑誌』（第二八巻第六号）の「世界一周雑記（九）」の中に、「原始石器と類似品」・「石器時代前部の区分」等の項目をたてた（第37図）。基本的には従来の反復ではあるものの、人類

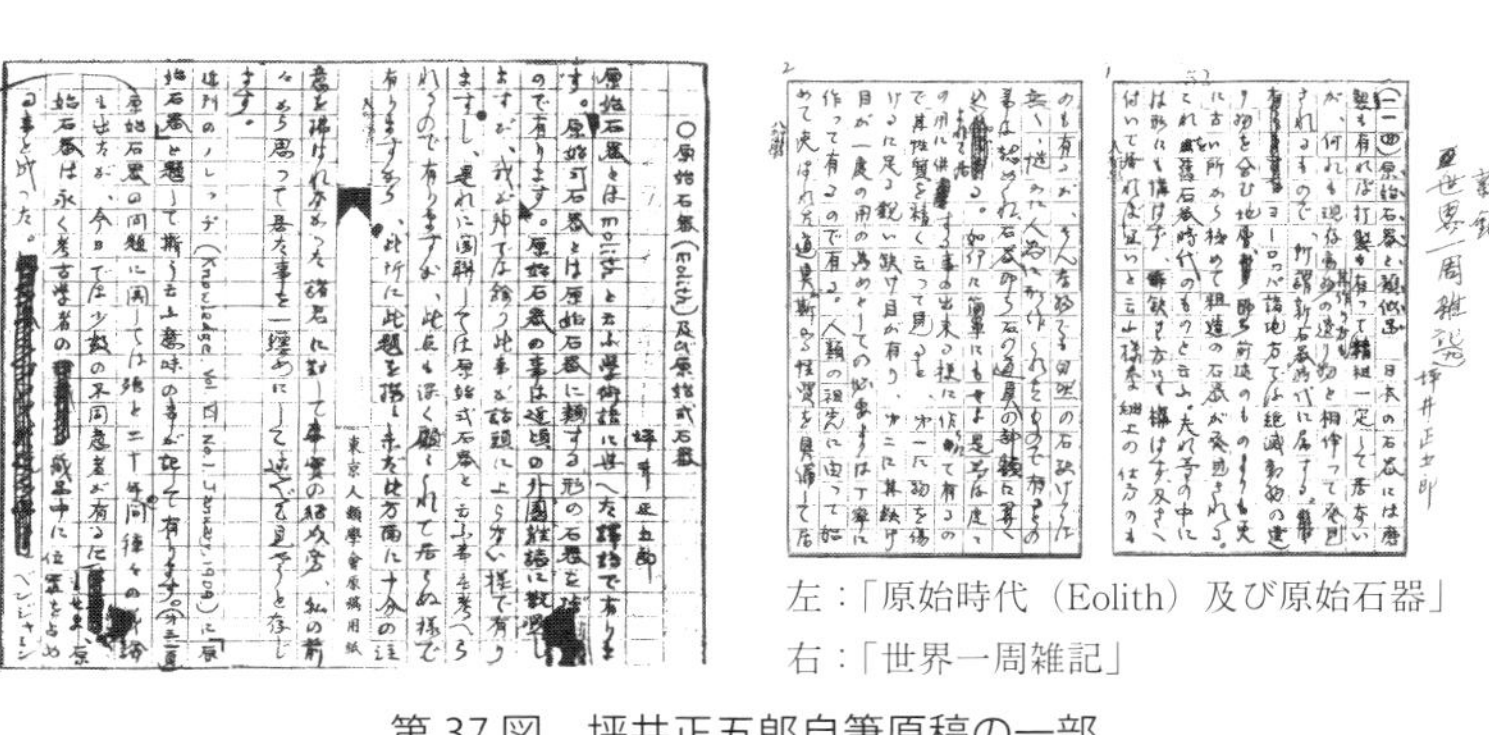

左：「原始時代（Eolith）及び原始石器」
右：「世界一周雑記」

第37図　坪井正五郎自筆原稿の一部

の起源を第三紀として、その使われた石器、原始石器について詳しく述べる。

人類の古さ及び其時代に於ける人類の分布は原始石器と土地との関係に由つて始めて推考するを得るので有るから自然の石片と原始石器との見別けは極めて重大な事と云はなければな成らぬ（三三二頁）

など、人類一元論を掲げる坪井がこの時、ではいつごろこの列島に人類が拡散してきたのかと、最重要課題への思いの強さをにじませる。

死の前年となる一九一二（大正元）年、坪井の結果的には死への旅立ちとなる、恐らく最後の石器時代関係の論文がズバリ「原人」（『東洋学芸雑誌』第三七一・三七三号）である。論文の内容は、

改めて石器時代を、

新石器時代　Neolithic period
旧石器時代　Palaeolithic period　絶滅動物の化石に伴って洪積層から出土
原始石器時代　Eolithic period　旧石器より「更に粗造なもの」

と紹介し、

諸種族は皆原人から別かれ出たもので有る（三七三号、四六八頁）

と強調した。そして、今日野蛮最下級の有様にある種族が原人に近く、ヲーストラリア土人、そしてタスマニア土人を挙げ、

タスマニア土人のものは特別に簡単で前に述べた原始石器其儘で有る

（三七三号、四六九頁）

と、二〇年程昔の三宅とのやり取りを再説する。口では否定しながら、どうしても気にかかった旧石器問題なのだった。死の直前の一文というにも、坪井の思いの丈を知る。斎藤も

この方面に関心をいだいていたことが知られる[82]

とするように、曽根のあと、そして死を直前に控えたこの時期、異様ともいえるほど、旧石器にまた原始石器への関心を示し続けた。日本に無いならさほど必要もなさそうなのに、これでもかと、訴えかけるようなのである。

4　列島に渡れる一度のチャンス

生涯、コロボックル説を唱えた坪井であったが、一八九五（明治二八）年前後に一つの画期を認めたことを述べた。口碑伝説上の人種を、「石器時代人民」と再設定した時である。

この一八九五年前後には、他にも連動した変化を認めた。一八九三（明治二六）年頃から起こった旧石器時代の存否論であったが、一八九七（明治三〇）年、佐藤傳蔵により決着された。田小屋野の調査は一八九五年で、つまり日本旧石器議論と重なった。さらに坪井による日本人種への発言は同じ一八九五年、人種起源一元論の強調は一八九四年から、と説明してきた。

坪井の意識が、一つにまとまる様子を見てとれる。日本の列島に、人類が初めてやってきたのはいつのことであったのか。人類一元である以上、大陸からやって来るしか道は無く、四囲を海に隔てた列島に、人類の渡れた唯一の可能性は、陸続きであった時期に求めて、これが科学といえるであろう。

さて、洪積世の時代の大陸との陸続きは既に知られたことである。山崎は氷河にゾウなどが対馬海峡を渡って来たことなどの認識を示すし、またダーバンズの『The Story　of Early man』[83]では、

> 大氷原時代に次いで、大陸と海洋とが漸々其位置を転換する時代が来たのである（一五頁）

そして氷雪の融解後には「大河洪水」が起こって地球表面に大きな影響を及ぼし

> 英蘭が欧羅巴大陸から分離せられたのは、全く地球表面上に一大変化を及ぼした大氷原時代に次ぐ大洪水時代以降のことである

と、広く大衆にも氷河期地形が周知されるようにもなっていた。そもそもシーボルトさえ、一八七九（明治一二）年の『考古説略』で人種論に触れた際、アイヌの他所からの移住として

> 種族の移動経路を、最新世の地形から推定して居ることは注目に値する。すなわち、かつて日本列島の南端と北端とが大陸と陸続きであったことは、地質学的に信用できるもの[84]

に依拠していた。マンローも陸橋の形成を指摘している[85]。この時すでに、大陸との地理的関係は分かっていた。

当然ながら坪井も、この点に関する注意を怠らなかった。一八九二（明治二五）年、ヨーロッパ留学から帰国早々の一〇月二四日に東京地学協会で、恐らく帰国後最初の講演「地理学上知識の拡張が人類学上研究の進歩に及ぼせる影響」を行った。後、『東京人類学会雑誌』第八〇号に掲載された。そこには

> 口碑伝説を調べますれば各其地方を以て人類の初めて現出した地とする事が往々ござります。之他地方の事情に暗く我が地力に重みを置き過ぎるの結果にして、帰する所地理学上の知識の狭いのから起つた誤りと云はなければ成りません（三五頁）

と、あたかも日本のことを指すかのように言った後、

> 一つの大陸の住民が海を隔てた他の大陸に移動するを得るとの説を立てたのは地理学上の智識が広がつた結果て諸地方相互の関係の明らかに成つた賜と云はなければ成りません（三九頁）

と、留学の成果であるかは別としても、早い時期から人類の拡散に地理的な状況を踏まえた考えを及ぼしていたこと

を知る。一八九六（明治二九）年の「人類学研究材料としての古物遺跡」（『信濃教育会雑誌』一一二号）で、人類居住地の変動、移住を

> 地形とには直接関係が有る

として、

> 水陸の位置が如何に変化したか

を大きな問題と提起していた。そして一九〇六（明治三九）年の論文はズバリ「日本石器時代人民棲息の地理」（『歴史地理』第七巻第一一号）であり、その関心の深さを物語る。

コロボックル＝石器時代人民の移入先を、北方に住むエスキモー類縁人として、陸橋を伝ってやってきた、とすれば坪井の筋書きは完成した。それがいつのことだったのか。しかし、その古さが邪魔をした。三千年でも古いと考えられていた当時、さらに万に近き古さを示した暁に、果たして日本人の感情はどうであったか。日本旧石器の存在を、安易に口外できなかった理由がここにある。

坪井は悩んだ。科学者として探り、突き止めた真理。しかし真理を伝えることのできぬ立場。結果、曽根遺跡の調査によって確信を深めた真理を、後世に坪井の真意として委ねるにとどまった。日本に存在しない時代のことを、殊更書きたてる必要性もなかろうに、多くの旧石器関係論文を発表したは、それがせめて後日に期してと、坪井の精一杯の学問的良心と、後世へのメッセージと繋げた期待だったのではあるまいか。

情熱を注いだ曽根のことも、多くを語りはしなかった。胸の内に納めてしまった。日本に旧石器が存在するという事実が、明白であると考えたからではあるまいか。つまり、胸の内はマンローと同じではなかったか。

> 自分は日本の国の歴史の真実を知っている。しかしそれを口にすると大勢の人に迷惑がかかるから決してしゃべったりしない

と。国内で旧石器の存在を明言できぬ、と考えた坪井がそこにいた。

坪井の最大の関心事の一つ、日本旧石器存否問題が、山崎によって切られ、神保が加わって、最後は佐藤傳蔵に否定されて締めくくられたと説明した。

このことは蛇足としても、是非書き加えておきたい。

5　佐藤傳蔵の最期の不思議

佐藤以外は皆、みたとおり諏訪に来て、曽根の調査に関係していた。一人、佐藤だけは無縁であった、と思いきや、この人も諏訪との縁で結ばれていた。佐藤は一九二八（昭和三）年他界した、その臨終の地が諏訪と知って驚いた。

その年九月の、雑誌『武蔵野』（第一二巻第三号）に、

八月二十六日長野県上諏訪町旅行中急病を以て逝去せられた。謹んで哀悼の意を表す

とあった。何故諏訪に。地元の新聞が伝えていた。八月一九日の『信陽新聞』に、「地学講習会」の見出しで、二〇日より六日間、諏訪中学（現・長野県諏訪清陵高等学校）にて、東京地学協会が主催となった講習会が予告され、その講師に

東京高師教授佐藤傳蔵（火山学）京大講師子爵田中阿歌麿（湖沼学）東大助教授辻村太郎（地形学）の三氏で宿舎は牡丹屋

とあってまた驚いた。

曽根遺跡発見の立役者・田中阿歌麿との同道である。坪井を師とし、コロボックル問題や旧石器問題にコンビを組んだ佐藤であった。六日間の同宿の中、話題が坪井や曽根に及び、弾んだ会話が想像できる。あるいは曽根にまつわり、旧石器などの話題も出なかったとも限らない。そして八月二八日のやはり諏訪の地域紙『南信日日新聞』は

佐藤博士急死す

と伝える。

二十五日昼頃講義を終へ牡丹屋へ帰り新聞を読んでいる中に目まひを起し日赤高波院長茅野医師を迎へ手当てを受けたるも萎縮腎尿毒症にて二十六日遂に逝去した

講師の役を無事終えた直後、五九歳の生涯であった。その日のうちに家族は諏訪に駆けつけて、翌二七日、諏訪の教念寺にて葬儀が行われた、ことまで書かれていた。

なおその佐藤、よほど田小屋のローム層中の遺物、つまり旧石器時代の存在を晩年まで気にしたとみる。一九二四（大正一三）年一一月三〇日、鳥居主宰の武蔵野会にて「関東の地質に就て」と題して講演していた。死を迎えるその年一九二八（昭和三年）一月の、『武蔵野』第一一巻一号に、それが活字となって残された。

青森、岩木川の沿岸では赤土の内から土器、石器が出るが関東の大部分では、赤土の上にある腐食した有機物を含む黒土（包含層）から出るのである（二一頁）

とはっきりと、唯一の旧石器の可能性を、念を押すかのように書いていた。否定した事への未練、あるいは裏腹にあった、日本旧石器への執念をにじませる。

日本旧石器不存神話の生みの親、曽根が呼んだ旧石器の縁と思いたい。

註

（1）坪井正五郎　一八九三「日本全国に散在する古物遺跡を基礎としてコロボックル人種の風俗を追想す」『史学雑誌』第四一号、一八三頁

（2）鳥居龍蔵　一九〇三「コロボックルに就て坪井、小金井両博士の意見を読む」『太陽』九巻一三号（一九七六『鳥居龍蔵全集　第三巻』朝日新聞社再録）

（3）ただし、勅使河原彰が取り上げるように（一九九五『日本考古学の歩み』名著出版、六〇頁）、一八九六（明治二九）年には竪穴住居の存在が確認されていた。蒔田鎗次郎は、私邸内（北豊島郡巣鴨町駒込十三番地）ゴミ捨て場断面に、弥生式土器の露出を観察し、竪穴住居の落ち込みを認め「弥生式土器（貝塚土器ニ似テ薄手ノモノ）発見ニ付テ」（一八九六『東京人類学会雑誌』第一二二号）の中に報告している。なおこのほかにも、田端村道灌山の断面、王子村亀山の断面にも、同じような落ち込みのある事も紹介している。この事例が、当時どの程度に認識されたのかは非常に興味深いところである。実は、この調査には人類学教室から、佐藤傳蔵・鳥居龍蔵・大野雲外の三名も駆けつけて、一緒に調査していた事実もある。しかし、鳥居にして本文中に記した如く、一九〇三（明治三六）年にもなお、竪穴住居の存在を認めぬ発言を行っている。これは一体どうしたことか。弥生式土器は貝塚土器より新しい、との認識のもたれた当時であったが、

石世期ノ如ク充分ナル取調べモアラザレバ

と、この時代の認識が不十分な中で、研究者の意識の中に埋没してしまったか、あるいはあくまでも断面での観察で平面的な所見に乏しく、理解を広げることが出来なかったか、いずれにしろこの点の疑問は、今後更に追及すべき課題と考える。

なお竪穴に関する、もう一点の報告を紹介する。八木奘三郎が、一九〇四（明治三七）年発行の『学生案内　考古の栞』嵩山房（斎藤忠一九七九『日本考古学史資料集成3　明治時代二』吉川弘文館再録）に、この道灌山の例を引用しつつ、次のように解説している。

東京道灌山の鉄道工事断面に見へたる竪穴の類にて大小種々ありと雖も長さ六七尺より三間の者あり其中二間半位なるを多しとなす、予が筑後国八女郡吉田の近傍にて見たるは長さ九尺余ありて猶盡くる所を知らざりしかば頗る大なりと思ひしも右に比べては小なるものなり、盖し此弥生域の竪穴は南九州より北陸奥に至るまで存在し其内部より出づる土器なども概して一様なれば人種の如きも別に混淆せず、自ら特長を保てるものと思はる

と。この文章を読むと、全国に確認されるほどに認識が広がっているように思われるが、一方で、何か特別な施設と思われた節もある。いずれにしても、少なくとも貝塚土器時代の存在については、全く関与していない認識を漂わす。

（4）一九七一『日本考古学選集二　坪井正五郎集　上』築地書館再録を引用した。

（5）斎藤　忠　一九七一「収録文献解説」『日本考古学選集二　坪井正五郎集　上』築地書館、三二〇頁

（6）但し、それは文献上のことだけであったという。

当時英国にはタイラーありて其著人類学、人類自然史等の書は我日本にも渡りて盛名隆々たりしも、氏は面晤の際、書と人物に懸隔あり、又其言ふ所、既刊書以外に出でざるを見て学ぶに足らずと信じ

（八木奘三郎一九一三「坪井博士の美点と缺點」『人類学雑誌』第二八巻第一一号、七〇五頁）

たというように。イギリス留学中

タイラー氏のフォルクロアの講演に一度出席

していたが、

私はロンドンで学ぶ師がいない

と述べたと、これは鳥居龍蔵が言う（一九二七「日本人類学の発達」『科学画報』九巻六号（一九七五『鳥居龍蔵全集　第一巻』朝日新聞社再録、四六一～四六二頁）。

「土俗学」について少し触れたい。地方に残る古い風俗習慣を「土俗」といい、その研究分野は「土俗学」と呼ばれ、「残存」なども使われる。地方に残る野蛮な風俗習慣の意味合いも、この語には含まれるとされ、明治の当時は「旧化生存」（鈴木券太郎一八八九「旧化生存の話」『東京人類学会雑誌』第四二号）とも呼ばれたそうである。もともとはタイラーによって定式化された概念であり、次のように紹介される。「残存」（survival）とは、

その本来の原地より異なる新しい社会状態の中へと、風習の力によって運ばれた過去・風習・意見その他であって、新しいものへと進化した古代文化状態の証拠や実例である（タイラー一九六二『原始文化』誠信書房、四頁）

つまりは

十九世紀的な文化進化論においては、文明社会に残る奇習や、「未開」社会にみられる現象などが、人類の進化段階を再構築するための素材とみなされていたのである（坂野徹二〇〇五『帝国日本と人類学者』勁草社、三九頁）

（7）モースも、日本とマレーの家屋の関係には注意していた。日本の家屋の、例えば床の間などの由来は、アイヌ家屋に求め難いとして、この原型をマレーに求めた。

日本の古代の住居にかんしてあつめた材料のなかには、南方の国ぐに、アンナン、コーチシナ、そして、とくにマレー半島でもみられる重要な類似点が、さがしだされるにちがいないのである

（モース一八八六『JAPANESE HOMES AND THEIR SURROUNDINGS』Tickner Company.Boston.kono 。この第二版が邦訳された。上田篤・加藤晃木規・柳美代子共訳一九七九『日本のすまい　内と外』鹿島出版社、三一二頁）

（8）若林勝邦（一八六二―一九〇四）は、江戸で旧幕臣の家系に生まれた。一八八四（明治一七）年設立の「じんるいがくのとも」にも翌年には入会するなど、その草創期から活躍した。一八八九（明治二二）年に理科大学人類学研究室勤務、一八九三（明治二六）年には理科大学助手に就任した。そして坪井正五郎遊学の一八八九～九二年の間、若林こそが実質的に人類学教室を預かった。この間の事件、鳥居龍蔵との確執がよく知られる。

若林氏に、ここにある人類学の本を読みたいと申入れ、小さなガラス張りの書箱の中の本に手をかけようとしたところが、若林氏の気色は忽ち変じ〝君は生意気なり〟と大声で叫ばれ（中略）私はその日はそのままに帰ったが、翌日になって若林氏から一通の葉書が届いた。これには〝君に明日より教室に来ることを断る〟云々とあった。仕方なく私はそれから断然教室に行くことをよした（一九五三『ある老学徒の手記』朝日新聞社）

やがて坪井が帰国して、

人類学教室に来られ度し

と鳥居に書面を出して、ようやく鳥居が人類学教室に出入り可能になったという、いわくを作ったその人である。一八九五（明

治二八）年に帝国博物館歴史部（現・東京国立博物館）に移籍して、四二歳という若さで死去した。

（9）佐藤傳蔵の「故坪井会長を悼む」（一九一三『人類学雑誌』第二八巻第一一号）、から抜粋してみる。

若林勝邦君が助手として人類学教室に御居ででございましたが博物館の方へ転任せられるといふので、丁度私が学校を出ましたので其跡の助手として人類学教室へ行つたらどうかといふ博士（坪井―筆者註）の御話がございまして、早速其通に致しまして、さうして博士の下に学校としては助手として働きました

そして、次の一文は意味深い。

会長博士はどう云ふ事を私に向つて特に指導せられたかと申ますると矢張り私は学校に居りまして地質の方を学びましたものでございますから人類現状それから由来、それから何物であるといふやうな三つの問題中で人類の古さ即ちアンチクヰテー、オフ、マンといふ事に付て特に研究したら宜しからうと云ふ御教訓がありました

と。人類の起源の問題は、列島人類の起源へと問題に大きく関わる。必然的に列島へのその時代の問題とも関わろう。坪井が強い関心を注いだことが、ここにもよく解る。

（10）佐藤傳蔵　一八九六「陸奥亀ヶ岡第二回発掘報告」『東京人類学会雑誌』第一二五号、四六三頁

（11）佐藤傳蔵　一八九六「陸奥亀ヶ岡の地形地質及び発見物」『太陽』第二巻一六号、一五九頁

（12）洪積世なる名称は、ノアの洪水の反映、つまり神話世界とのつながりの中で、一七世紀に提唱された。よって今では更新世と改称される。ただし本稿では、過去の名称とのつながりの中で、洪積世の名称を用いている。

（13）鳥居龍蔵　一九〇七「久米氏の『日本古代史』を読む」『太陽』一三巻八号（一九七六『鳥居龍蔵全集　第一二巻』朝日新聞社再録、四四六頁）

（14）鳥居龍蔵　一九二五『有史以前の日本』第十三版　磯部甲陽堂（一九七五『鳥居龍蔵全集　第一巻』朝日新聞社再録、二一二頁）

（15）鳥居龍蔵　一九二〇「有史以前の日韓関係」『同源』第三号（一九七六『鳥居龍蔵全集　第一二巻』朝日新聞社再録）

（16）鳥居龍蔵　一九一五「考古学民族学研究・南満州の先史時代人」『東京帝国大学理科大学紀要』第三六冊第八編（一九七六

『鳥居龍蔵全集　第五巻』朝日新聞社再録、二五五頁)

(17)江上波夫　一九七六「解題」『鳥居龍蔵全集　第八巻』朝日新聞社、六八四頁

(18)鳥居龍蔵　一九二四『武蔵野及其有史以前』磯部甲陽堂(一九七五『鳥居龍蔵全集　第二巻』朝日新聞社再録、以下ここから引用)

(19)前掲(16)に同じ。

弥生式土器について鳥居は、

まさしく厳密な意味での日本民族の新石器時代に属する土器なのである

と明記する。

(20)鳥居龍蔵　一九一五「考古学民族学研究・南満州の先史時代人」『東京帝国大学理科大学紀要』第三六冊第八編(一九七六『鳥居龍蔵全集　第五巻』朝日新聞社再録、二五六頁)

(21)註(20)に同じ

(22)鳥居龍蔵　一九二四『武蔵野及其有史以前』磯部甲陽堂(一九七五『鳥居龍蔵全集　第二巻』朝日新聞社再録、二三九頁)

(23)鳥居龍蔵　一九二四『武蔵野及其有史以前』磯部甲陽堂(一九七五『鳥居龍蔵全集　第二巻』朝日新聞社再録、二三八頁)

(24)前掲(22)に同じ。

(25)一九七五『鳥居龍蔵全集　第一巻』朝日新聞社再録

(26)前掲(2)に同じ。(五三八頁)。

(27)もっとも、後の鳥居の論文、「有史以前の東京市」(一九二八『文芸春秋』六年三号、一九七五『鳥居龍蔵全集　第二巻』朝日新聞社再録)では、

然るに吾人祖先も、以上アイヌの有史以前の中期、あるいは後期に、この東京市に現れて来たのである(四一一頁)

あるいは、「武蔵野先住民の生活と現存せる遺跡」(一九三三『人情地理』一巻一号。一九七五『鳥居龍蔵全集　第二巻』朝日

新聞社再録）では

　武蔵野の先住民に就いてであるが、吾々の祖先はいったいいつごろこの武蔵野に入って来たかといえば、これは先住民の住居せる時代の中期末なし最終期のころであろう（三九八頁）

としているように、一九二四（大正一三）年のトーンからまた元に戻している。

（28）M，S「コロボックル果シテ北海道ニ住ミシヤ」『東京人類学会報告』第一一号、七二頁

（29）地質鉱山学を教えるお雇い学者として、一八七六（明治九）年から一八九五（明治二八）年まで日本に滞在した、イギリス人ミルン（John Milne（1850 ― 1913））である。どのように実年代を割り出したのか、確認する。その論文は日本アジア協会の機関誌に二部構成で発表され、その一部に触れる。Notes on stone implementos from Otaru and Hakodate, with a few general remarks on the prehistoric remarks of Japan. “Transactions of the Asiatic Society of Japan”Vol. 81, 1880. 吉岡郁夫により日本語で詳しく解説される（吉岡一九八七『日本人種論争の幕あけ』共立出版）。

　長元元年 ― 六年（一〇二八 ― 一〇三六）、長禄元年 ― 寛政元年（一四五七 ― 一四六〇）、永禄年間（一五五八 ― 一五六九）、寛永元年 ― 正保元年（一六二四 ― 一六四四）の、四種の江戸古絵図に目を着けて、明治一一（一九七八）年の東京地図に、江戸古絵図の海岸線を書き入れて、陸地の拡大する様子をその一枚の地図に示した。これをもとに、東京市内の各地点からの現海岸線までの、陸地の拡大する速さを求めたのである。その最大は浅草と隅田川の河口までの間で一年で平均三八フィート（約一一・六m）の進出、最小は芝とデルタの縁にあたる場所で平均約二フィート（約六〇cm）とはじき出す。大森貝塚は多摩川のデルタ縁に位置しており、またシルト（沈泥）の堆積率は隅田川デルタよりはるかに少ないことを考慮して、一年に平均一フィート（約三〇・五cm）の拡張と推定して、二六〇〇年という数字をはじき出し、それよりも新しいだろうと考えた。

　なおミルンは、翌一八八一（明治一四）年補足する形で論文、The stone age in Japan, with notes on recent geological changes which have taken places -“Journal of the Anthropological

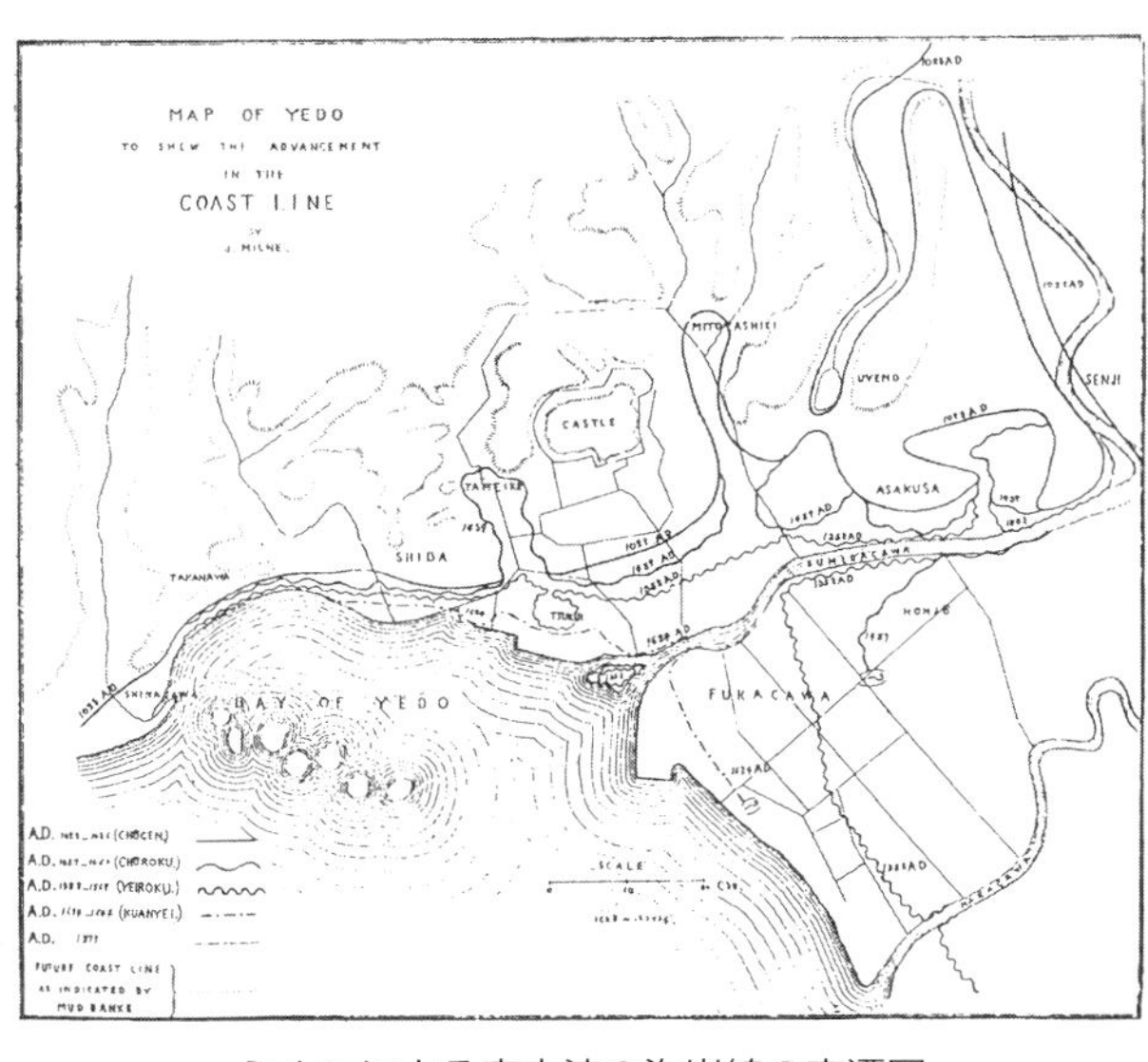

ミルンによる東京湾の海岸線の変遷図

Institute of Great Britain and Ireland" Vol. 10を発表している。この算出方法には古くは中島利一朗（一九三八「明治天皇と大森貝塚出土品」『武蔵野』二五巻）、近年も阿部朝衛（一九八四「ジョン・ミルン論」『縄文文化の研究　一〇』雄山閣）による批判もあるが、ここでは坪井のよって立った年代観を知る根拠の一端を知るに留め、それらの批判については省略する。

(30) 鳥居龍蔵　一九二四『武蔵野及其有史以前』磯部甲陽堂（一九七五『鳥居龍蔵全集　第二巻』朝日新聞社再録、一九三頁）

(31) 鳥居龍蔵　一九三九「ジョン・ミルンの大森貝塚年代考察に就て」『武蔵野』二六巻一号、七頁

(32) 前掲（30）に同じ。

(33) 鳥居龍蔵　一九二四『武蔵野及其有史以前』磯部甲陽堂（一九七五『鳥居龍蔵全集　第二巻』朝日新聞社再録、一九五頁）

(34) 前掲（31）に同じ。

(35) 後に坪井正五郎氏は、この二千五百有余年というのを、三千年にしてしまったのである。それから、日本石器時代の貝塚の年代は三千年という考えが長く行われるに至った

これは、「考古学の回顧」（一九五四『地学雑誌』六三巻三号）に書かれたもので、八幡一郎によると

この篇は鳥居先生の絶筆である（八幡一郎一九七六「解題」『鳥居龍蔵全集　第一二巻』朝日新聞社、五三二頁）鳥居最後の一言といってもよく、いかにこの一事に執着したかを知る。

(36) 佐藤傳蔵　一八九六「陸奥国亀ヶ岡第二回発掘報告」『東京人類学会雑誌』第一二四・一二五号（一二四号、三九二頁）

(37) 田小屋野の場合、土器の伴出も記載されており、そのことが先の一文中のヨーロッパとは「其性質を異にする」との表現になったのだろうか。ロームに深く掘り込まれた、例えば土杭などの遺構からの遺物の出土を、ローム層中と認識したものであろうか。

(38) 旧姓・平澤という（一八八三―一九四四）。長野県伊那の出身で、現・長野県茅野市玉川小学校に代用教員として赴任したことが、諏訪との関係の始まりである。なおこの学校には、文学史にその名を刻むアララギ派歌人・島木赤彦が首席訓導としており、強い感化を受けるとともに生涯の絆を培った。後、橋本は、岩波書店に雇われて経験を積み、古今書院を立ち上げて店主となる。諏訪での経験が地理書そしてアララギ関係書籍の老舗となって、今に続く。

(39) 坪井正五郎　一九〇九「石器時代杭上住居は我国に存在せざるか」『東京人類学会雑誌』第二七八号、一八六頁

(40) 坪井正五郎　一九〇九「諏訪湖底石器時代遺跡の調査」『東京人類学会雑誌』第二七九号、三二一頁

(41) 曽根遺跡からは、多量の石鏃および未製品や黒曜石はじめとする原料、さらに加工の際に生ずるこれまた多量の石片が採集されて、石器製作遺跡として注目されたことも改めて強調しておく。すでに最初の調査で「石器の製造所」と確信し（坪井正五郎一九〇九「諏訪湖底石器時代遺跡の調査（中）」『東京人類学会雑誌』第二八〇号）、その後の調査、そして後に触れる諏訪での熱狂的な協力者小澤孝太郎の協力も併せて、七二六点にものぼる膨大な石鏃を得て、それを坪井は報告した（坪井正五郎一九一〇「諏訪湖底石器時代遺物考追記」『東京人類学会雑誌』第二八七号）。なお、坪井の報告した七二六点という大量の石鏃の出処・経緯も大変興味深い。ここで触れることは出来ないが、その大半が現存する可能性を拙稿に報告した（二〇〇九「増澤寅之助標本についての考察」『諏訪湖底曽根遺跡研究一〇〇年の記録』曽根遺跡研究会）。

(42) 『長野新聞』一九〇九年七月一一日

(43) 栗岩英治については、次の文献に詳しい。「栗岩先生追悼号」を組んだ『信濃』昭和二一年一〇月号、飯山市外様公民館の『栗岩英治先生』（一九九七）。なお栗岩の叔父・北澤量平は、長野県で早くから考古学に関心を持ち、医師の傍ら遺物の採集に熱中した。人類学会にも入会して、坪井とも親交をもった。その関係もあって栗岩は考古学や郷土研究に情熱を注ぎ、郷里長野市で『長野新聞』の編集長を務める傍ら、研究にも打ちこみ、坪井や鳥居龍蔵との親交を深めた。なお、栗岩によって新聞に掲載された業績はほとんど知られないままにある。その量は決して少なくなく、改めて振り返る必要を認める。

(44) 小澤半堂は、本名を孝太郎という。自刻出版業を営んだ。考古学者・藤森栄一（本章註79参照）を、考古学の世界に誘ったともいえるような人物として、藤森の多くの著書の随所に登場している。この時、坪井正五郎と交わした書簡も残っている。拙稿「曽根遺跡調査の学史」（二〇〇九『諏訪湖底曽根遺跡研究一〇〇年の記録』曽根遺跡研究会）に詳しく触れた。

(45)『東京人類学会雑誌』第一九六号の「記事」。

(46)『東京人類学会雑誌』第二二一号の「記事」。

(47)『東京人類学会雑誌』第二四八号の「記事」。

(48)『長野新聞』七月一〇日に「諏訪湖に関する学説（上）両博士の異論」との記事がある。恐らく栗岩によるものであろう。

(49)『少年世界』第一五巻第一一号の「記事」にある。

(50)「樽俎折衝（そんそせっしょう）」とは、平和的な談判で相手の攻撃をかわし、自らに有利に交渉を進めること。「天聴」とは、天皇がお聴きになること。

(51) 宮坂　清　二〇〇九「石器研究史」『諏訪湖底曽根遺跡研究一〇〇年の記録』曽根遺跡研究会

(52) 一九〇七（明治四〇）年の樺太調査について触れておきたい。一九〇五（明治三八年）日露戦争後のポーツマス条約で、南樺太を日本領有としたその直後のことである。この間の様子は、同行した石田収蔵が、『東京人類学会雑誌』第二六五〜二六七号に「樺太紀行」として詳しく記録に残している。七月に一行四名が樺太の地に立った。それぞれが行動を共にしたわけではなかったが、現地での調査は五〇数日に渡った。その五名とは、石田収蔵・野中完一・金田一京助・二ツ家仁太郎である。

石田は当時人類学専修大学院生・東京人類学会幹事、野中は人類学教室員・二條家人類学標本陳列所整理担当（この肩書きは、坪井正五郎一九〇七「東京府管内太古遺物陳列場」『東京人類学会雑誌』第二五七号、四五〇頁）、金田一は、その七月に東京帝国大学文科大学を卒業したばかりで、まだ職を得ない身にあった。大学からの出張命令は、坪井と石田の二人で、野中は

二條家の用向けを帯びつつ（中略）人類学上の目的を以て同行

（坪井正五郎一九〇七「東京人類学会創立第二十三年事業報告」『東京人類学会雑誌』第二六〇号、四七頁）

と、その費用は二條家がもった。大変意外な人物、金田一の参加の背景は。その時、

理科大学から坪井正五郎らの一団が調査に出かけるのに刺激され、樺太アイヌ語の調査を思い立ったといわれる。その資金は、

意を決して恩師上田万年に打明けるや即座に研究旅費百円を支給してくれる。伯父勝定も百円を出して激励

（金田一京助博士記念会編一九七二『金田一京助先生思い出の記』三省堂、三九一頁）

されたと助けられた。目的を違えても、行き先をともにしての同道だった。なお、二ツ家仁太郎については、石田が

余の郷里より随伴せし忠僕、否な余の保護者

其の壮強なる躰軀と、直実なる精神とをもてよく事にあたり、少しも労苦を意とせなかつたのであります（石田前掲）

とあり、世話人のような立場を説明する。そもそも石田は写真係としての役を担い、二ツ家は機材運搬助手の立場にあったと言われている（板橋区立郷土資料館二〇〇〇『特別展　石田収蔵』）。そして石田は以後四回、都合五回もの樺太調査を行う、生涯のフィールドワークとなった。もとより坪井は、大変精力的に調査にあたった。そして帰京直後からその成果を発表していた。その一部を紹介しておく。

一九〇七「カラフト　アイヌの姓名」『東京人類学会雑誌』第二五八号
一九〇七「カラフト　アイヌの墓所」『東京人類学会雑誌』第二六一号
一九〇八「カラフト石器時代遺跡発見の鳥骨管」『東京人類学会雑誌』第二六三・二六四号

余談ではあるが、金田一京助にとって、この調査は大変重要な意義を含んだことを触れておきたい。

帰途、アイヌ語研究に徹せむことを已に誓う（金田一京助博士記念会編前掲）

と、アイヌ語研究大成の礎がここにあった。アイヌ語の「ヘタマ」が「何？」を意味する語であることを知る事を契機として、アイヌ語世界を広げる様子を感動的に描き出し、多くの学校教科書にも取り上げられた『心の小径』の題材は、まさにこの時のことであった。

(53) 八幡一郎　一九三五「北海道の細石器」『人類学雑誌』第五〇巻第三号

(54) 八幡一郎　一九三六「信州諏訪湖底「曽根」の石器時代遺跡」『ミネルヴァ』一―二、一七頁

(55) 坪井正五郎　一九〇九「諏訪湖底石器時代遺跡の調査（中）」『東京人類学会雑誌』第二八〇号、三八二頁

(56) 坪井正五郎　一九一〇「諏訪湖底石器時代遺物考追記（一）」『東京人類学会雑誌』第二八七号、一六四頁

(57) 坪井正五郎　一九一〇「諏訪湖底石器時代遺物考追記（二）」『東京人類学会雑誌』第二八八号、二一三頁

(58) 坪井正五郎　一九〇九「諏訪湖底石器時代遺跡の調査（中）」『東京人類学会雑誌』第二八〇号、三八二頁

(59) この論文のことはよく分からない。坪井が自ら「人類学雑記」（一九一二『人類学雑誌』第二八巻第一〇号、六一一頁）に記載した、そのままを引用した。

(60) 保科百助、通称を五無斎という。一八六八（明治元）年、長野県北佐久郡横島村（現・立科町）に生まれた。長野県尋常師範学校に一期生として入学し、卒業後は教員として出発したが、保科の望んだ教育はそこになかった。今のＰＴＡ新聞のような新聞を発行するも、新聞法違反に処罰されたり、修身科廃止を叫び、今でいう県教委と渡り合ったりもしたという。また、小学校はもとより大学までの全授業料の廃止、教科書・文具の公費支給、小学校の一学級生徒数の減少、さらには部落解放問題にまで奔走し、差別撤廃運動も推進した。今もって叶わぬ教育上の大願であるが、すでにこの時に、の驚きである。

得難い地域教育の情熱（藤森栄一一九六五『旧石器の狩人』学生社、四三頁）

の人であったといえるが、悲しいことに教育界やそれを取り巻く環境の理解は得られなかった。保証された前途をあっさり捨

てた。そして、世のすね者の生活にはいってしまった。いや自らの崇高な教育に向かって行った、というべきか。
教育観は明確で、崇高な教育実践とは、実践科学教育＝実学教育であるとした。具体的な方法は。二十代の頃知遇を得た小藤文治郎、そして曽根に登場した神保小虎の影響で、鉱物・岩石の教育的な有効活用を考えた。長野県内くまなく駆けて、地学教授用の岩石標本を作り上げ、県下学校に頒布することを悲願とした。その標本を二人一組の児童に与え、
　彼等の研究と巡覧に一任し置き、教師は殆ど袖手傍観の位置に立ちて児童のみを活動させる。つまり教師はヤキモキすることもあるだろうが、動じることなく金玉を握ってじっとして居ればそれでよい、というのである。この教育法を「ニギリギン式教授法」と表現したが、由来を知ると良くわかる。明治の信濃教育界を刺激した。
「世のすね者」との自らの揶揄は、明治三五年頃かららしい。

　金もなし　子もなし　もとよりかかもなし　地位もなければ　死にたくもなし

との狂歌を詠んだ。「なし」が五つ、以後自らを保科五無斎、石屋五無斎と自称した。不撰生故の四四歳の生涯だった。佐久教育会一九六四『五無斎保科百助　全集』、佐久教育会一九六九『五無斎　保科百助評伝』、平沢信康二〇〇一『五無斎と信州教育』学文社などに、その功績がまとまっている。

(61) 渡辺敏（はやし）（一八四七―一九三〇）についても触れておきたい。明治大正期の教育者。現・福島県に生まれ、一八七五（明治八）年東京師範学校卒業後、長野県の仁科学校、その後一旦郷里福島師範に務めるが、再び長野に戻り、長野小学校などを経て、明治二九年長野高等女学校（現・長野西高等学校）の初代校長となる。科学教育、音楽教育のほか広く社会人教育の普及も唱えた。保科五無斎のよき理解者として多くを助けた。また県内では最初の大きな弥生時代の箱清水遺跡はこの学校の敷地にあり、調査に貢献するなど、考古学への造詣も深くしていた。『渡辺敏全集』（一九八七長野市教育会）などの刊行される人物である。
(62)『長野新聞』「坪井博士の野尻湖研究（三）」五月一二日
(63) 清里村役場　一九八三『清里村史　上巻』二一五～二一六頁

(64) 保科百助「坪井博士に随行して野尻湖に遊ぶ」（一九六四『五無斎保科百助　全集』佐久教育会再録）
(65) 清里村役場　一九八三『清里村史　上巻』二一六頁
(66) 清里村役場　一九八三『清里村史　上巻』二一四頁
(67) 三上徹也　二〇〇八「炉体土器」『総覧　縄文土器』アム・プロモーションに詳しく紹介した。
(68) 「マンローは日本列島の旧石器時代の存在を一九〇八年の著書"Prehistoric Japan"より二年早く、この論文で示唆している」と、出村文理（二〇〇六『ニール・ゴードン・マンロー博士　書誌』）が指摘する。この論文とは「Primitive Culture in Japan」で、発表された雑誌が『The Transactions of Asiatic Society of Japan』（日本アジア協会紀要）の Vol. XXXIV : PART2. 1906である。この業績に対しても認識を改める必要がある。
(69) 桑原千代子　一九八三『わがマンロー伝』新宿書房、一二〇頁
(70) 桑原千代子　一九八三『わがマンロー伝』新宿書房、一二三頁
(71) 桑原千代子　一九八三『わがマンロー伝』新宿書房、一一一頁
(72) 小林達雄　一九九九『最新縄文学の世界』朝日新聞社
(73) マンロー　一九一四「The Utility of Prof Tsuboi's Work」『人類学雑誌』第二八巻第一一号
(74) 桑原千代子　一九八三『わがマンロー伝』新宿書房、一三一頁
(75) 三上徹也　二〇〇九「『Prehistoric Japan』刊行一〇〇年目の小さな発見」『長野県考古学会誌』一二八にて詳しく報告した。
(76) 出村文理　二〇〇六『ニール・ゴードン・マンロー博士　書誌』の研究に、特に詳しくまとめられている。
(77) 坪井は次のように記録した。

十九日朝帰京の途に着き、夕方自宅に戻りました

（一九〇九「諏訪湖底石器時代遺跡の調査（上）」『東京人類学会雑誌』第二七九号）

「十九日」は、五月一九日である。自宅に帰ったとする、その帰宅までの東京での行動は定かではない。

(78) 当時の時刻表を調べてみた。上諏訪五時一五分の汽車は、飯田町に一三時四五分に到着するので、ゆっくり間に合う。なお、五時とは随分早いようにも感ずるが、この時期の日の出は四時半を少し過ぎた頃で、明るくなって、当時の出立に決して不自然な時間ではない。この時間に出立したかった特別な理由があった、と穿った見方をしてみたい。

(79) 藤森栄一（一九一一―一九七三）は、長野県諏訪市出身の在野の考古学者である。在野とはいえ、弥生時代研究に、あるいは縄文時代農耕論の提唱としての学問的業績は非常に大きく、また大衆にも多くの著作を発し、啓蒙普及にも貢献した。その足跡は、『藤森栄一全集』全一五巻（学生社）の刊行に象徴されるほどに極めて大きい。長野県考古学会長なども務めるなどし、その長野県考古学会には現在「藤森栄一賞」が設けられ、全国的な規模で後進の顕彰・育成の糧としている。

(80) 桑原千代子　一九八三『わがマンロー伝』新宿書房、一二五頁

(81) 桑原千代子　一九八三『わがマンロー伝』新宿書房、一二四頁

(82) 斎藤　忠　一九七九『日本考古学史資料集成3　明治時代二』吉川弘文館、五六頁

(83) ダーバンズの「The Story of Early man」（一八九〇『考古原人究話』佐藤傳蔵　訳補）

(84) 吉岡郁夫　一九八七『日本人種論争の幕開け』共立出版、一五四～一五五頁

(85) 戸沢充則は、

洪積世には陸橋が形成されて日本列島は大陸と陸続きになり、それを伝わって古い人類が日本に渡来した可能性は十分にあると力説した（一九七七「岩宿へのながい道」『どるめん』一五　JICC出版）と、マンロー著『Prehistoric Japan』（一九〇八）の指摘を行う。

第六章　坪井の真実

本音を言えぬ坪井の姿を探ってきた。時代に大きな縛りのあるなか、坪井の理念は何処にあり、何を残すことができたのか。コロボックル論の意義に繋がる。

第一節　坪井の事情

一　帝国主義に迎合したのか

1　帝国主義と学問と

坪井は、一九〇三（明治三六）年に「人種談」（『東京人類学会雑誌』第二〇五号）を発表した。これは、

人種問題は政治上の団結を作る時分に（中略）重に政治上の権力争ひと云ふ時に、人種問題が出たのであります（二五五頁）

と、いわば政治的に利用される背景を否定的に捉える内容だった。皮膚の色をはじめとした人種的特徴とは、相対的ないし環境の産物で、優劣は無いと強調し、先天的劣等性を明確に否定した。

しかしこうした状況に訪れた日露戦争の勃発と勝利は、人類学に追い風となり、特に日本人種に関する坪井の混合民族説は、学問の範疇を超えて応用されて社会的にも開花した。

日露戦争が勃発した一九〇四（明治三七）年の論文、「ロシヤの人種」（『東洋学芸雑誌』第二七六号）では、混合民族説の意義を如何なく発揮していた。ロシアには多くの人種がいて

　人情風俗も固より一様では無く、言語信仰も一致して居りません（三九七頁）

だから「治国上不統一」を生むことになる。それに対して、日本は単一の民族であるが故にまとまりやすい、との見方がある。しかしこれは違う。日本も多くの民族からなっている、つまり混合民族なのであり、そのことが決して不利なことでは無いと、より具体的に「人類学的智識の要益々深し」（一九〇五『東京人類学会雑誌』第二三二―二三三号）のなかで解説する。

　多くの人は種族が単純であるから日本人は勝つと云ふが夫れは間違つて居るのであります。寧ろ日本人は複雑であるから勝つのであるといふことを申したいと思ふのであります（二三二号、四三九頁）

と切り出した。ロシアはスラヴをはじめとしたヨーロッパ系と東方のアジア系との二種類に対し、大日本帝国はアジア系の日本民族と台湾漢民族、マレー系の台湾先住民族、小笠原諸島にいたヨーロッパ系住民、そしてどの系統にも属していないアイヌという、合計四種類が住んでおり

　混ざつていると云ふことは誠に仕合せであるといふことを云ひたいのであります（四三九頁）

なぜなら、

　日本人の内には熱国から来た系統もある、又寒い国から来た系統もある

としたうえで

　であるから段々と日本の国の人口が増殖して之を他の地方へ広めると云ふ時分に何処であるから行く、何処であるから御免を蒙ると云ふ、処を撰ばねばならぬ必要はないのであります。熱い所へは熱さに堪える種族を遣る。寒い所へは寒さに耐へる者を送ると云ふ事が出来るのである。所が同じ性質の者が集まつて居る時には、或る

事には向くけれども外の事には一向融通が利かない（中略）実に此の人種の複雑して居るのは結構なことであつて決して憂ふべきことではないのであります（四四二頁）

と。このように考えを述べ、繰り返すが故に

混ざっていると云ふことは誠に仕合せであるといふことを云ひたいのであります

そしてそのことを「善いこと」「結構なこと」として、だから

人種は純粋であるのが宜しい、複雑なのは不利益だと云ふのは謬見である[1]

と説明し、混合人種の利点を強調した。同年には『人類学講義』[2]でも再論し、坪井の考えは浸透した。やがて一九一〇（明治四三）年の日韓併合へ向う日本であったが、併合の合法的解釈の理論的基礎ともなってゆく。

要するに坪井の日本人種論は、当時の社会に合致して国策に有利な理論となり得てゆくのであった。このような坪井に対する小熊英二の評価（一九九五『単一民族神話の起源』新曜社）を見る。

坪井の描く「日本人」は、多民族混合であるがゆえに、全世界に進出できる能力があるとされたのである

とまとめた上で、

だがそれは、マイノリティを文明化の名のもとに多数文化に同化させ、さらには統合の一形態として、戦場へ動員してゆく理論でもあった。そして多民族混合の主張は、大日本帝国の対外進出能力賛美をも生み出した（八五頁）

と。確かに、帝国主義は学問的な立場を一体として、坪井の意見は帝国支配の理論となった。

こうした坪井の認識は、国体論者たちには目ざわりであった（七五頁）

も事実としても、

坪井は、キリスト教系知識人たちと同じく国体論と対立しながら、やはり侵略の理論を組み立てていってしまうことになる（七三頁）

と、これも小熊の言だ。そして

日本の人類学者のうちいわば実働部隊が鳥居だったとしても、混合民族論の普及と政治的応用の開発についてもっとも重要な役割を果たしたのは、やはり坪井正五郎である（七四頁）

あるいは

当時の論壇にとっても、国際関係の変動によって「日本人」の民族的・人種的位置に関心が抱かれたとき、坪井は重宝な存在となっていた。そうした彼が、混合民族論の政治的応用法をつぎつぎと生みだしていったのは、当然のことであった（七五頁）

とも評価している。そのことを称して、坪井が「人種的アイデンティティ」の強調者に転向したのだと、小熊や坂野徹の解釈である。

一方で、與那覇潤はその解釈に意見を述べる(3)。

日本人は複雑だから勝つのである

との先の一文の後には、

日本種族は複雑であるけれども統御法の宜しきを得たが為めに此の如く勝利を得たのである、露西亜人は統御法が宜しくない為に此の如く失敗を見るのであるといふ事を申すことが出来る。決して複雑であるから何う、純粋であるから斯うといふことはないのであります

と続く一文の意義を汲み、小熊や坂野の解釈を誤りと指摘した。

単一民族を掲げる国粋主義者への対抗として、混合民族の優秀性を説明するに、坪井は確かに分かり易い理屈を産んだ。これが当時の国策にマッチしたことも間違いなかった。さて問題は、坪井の主体性はどこにあったか、こそにある。あくまでも人種問題における自らの学問成果の結果であって、帝国主義助長のための理論としてわざわざ編み

出したわけではなかった、と考える。

2　真理を純粋に追求して

後に述べるが、国民の目線に立ち、人類平等観に立つ坪井であった。一方で、進行する帝国主義政策との関係は、坪井に微妙な立場を求めた。帝国版図の拡大は目覚しく、日清戦争、日露戦争、そして韓国併合と、対外勢力への昂揚はとどまることを知らなかった。その正当性や帰属人種の扱い、日本民族との整合性に発言の機会を多くして、勢い人類学は社会の表舞台に踊り出た。

坪井による日本人種混合説は、こうした時局に誠に整合したと評される。日露戦争に際しての講演の席での先の発言が、とくに象徴的だといわれている。肝心なことは、その主従の認識である。帝国支配推進の為に意図的に用意した理論であったか、あるいはあくまでも学問的に純粋に築き上げた成果が、国策に迎合された結果であったか。坪井は、意図的にその理論を構築した、というのが小熊等の見方と確認した。果たしてそうか。

例えば、韓国併合には日本国中が涌き上がった。一九一〇（明治四三）年八月二二日に、韓国併合条約が漢城（現在のソウル特別市）で調印され、同月二九日に発効し、これにより大日本帝国は大韓帝国を併合し、その領土であった朝鮮半島を領有した。日本歴史地理学会でも、このいわば歴史的転換に、その発行する『歴史地理』を「朝鮮号」として特集した。

間髪をおかず明治天皇誕生日、つまり天長節にあたるこの年、一九一〇年一一月三日に狙いを定めて発行していた。勢い、その意図するところは明らかである。「発刊の辞」とされたその冒頭に編纂の趣旨が記されている。

我が帝国の朝鮮に対する過去の関係は果たして如何。啻に其人種及言語が同系なるのみならず、其両国の歴史に於て分つべからざるもの、存するあり明治維新の偉業成るに及んでや、我は再び扶助誘掖の方針を採り、前後二大戦を経て局面の発展を促し、遂に今回の併合を見るに至る。人は是を以て旧状態に復せりといはんも、我は実に二千年余年国史の精華の発揚にあらずして何ぞや。吾人は茲に此一大史実に関し、現代に於ける史界の碩学大家に請ひ、純乎たる史学の見地上に成立せる真摯にして卓抜なる論説を網羅し、根底的に日韓関係の過去を解説し、以て此現在を生じたる所以を明にし、更に将来を料理するに必要なる大智識を江湖に供給せんとす。是我が会の学界に対する職責の遂行にして、是に由て世を益するの大ならんは吾人の信じて疑はざる所なり

熱気を伝える。集った論考は二二編、つまり当代を代表する言語・歴史の各学者、なかには陸軍大佐の名前もあって総勢二二名が名を連ねた。

スサノオが「新羅の主」で、朝鮮と日本はもとはひとつの国であったと主張する、日鮮同祖論なる言説の先駆を吐いた、星野恒や久米邦武などとともに、坪井も寄稿した。日鮮同祖論に国学者たちは反対しても、しかし、半島が天皇家の領土になることの正統性を説き、侵略の理論と成り得たことは確かであった。よって歓迎すべき歴史的事件に違いなかった。そのような状況を、小熊は次のように表現している。世間の論調には多くの学者たちが登場し

そのほとんどが、併合を歓迎するなかで混合民族論と日鮮同祖論に与していたことがわかる。象徴的だったのは『歴史地理』が十一月に出した『朝鮮号』という臨時増刊で、ここでは星野恒、久米邦武、吉田東伍、喜田貞吉、坪井正五郎、金沢庄三郎などが顔をそろえ、併合を歓迎している（一〇九頁）。

他は確かにそうかもしれぬが、坪井も同じであったか。その中での坪井の反応が気にかかる。「朝鮮の人種」のタイトルで、その書き出しから気乗りのしない坪井を見る。

何か書く様にとの依頼を受け、厳密に云ふ歴史地理と云ふ側の事ではこれと云ふ思ひ付きも無いが、若し何等かの参考に成る様ならば朝鮮の人種の事でも書かうかと云ひました所、夫れにて宜しいとの編者の言葉が有り

ましたので（一四一頁）

書いたという。内容は、日本人種をアイヌ・マレイ土人、アジア大陸の方に居た者の混合であると繰り返し、よって朝鮮人民の一分子に縁が深い、ことを述べ、つまり混合民族論としての自説に基くと、当然朝鮮との関係が導かれると展開している。最後に

両住民の人種的関係は先づ斯様なもので有ります（一四六頁）

と誠にあっさり閉じている。他とは全く違っている。良かったとか、歓迎とか、感情的な表現は一切なかった。つまり、併合を強く歓迎していたのかとなると首を傾げる。先の「人種談」の姿勢を貫くとみる。ここに坪井の心情を汲み取れまいか。

人種を区別することは出来ないとする坪井は、当然の如く人種間の優劣を否定する。そして、教育や国策による開化の程度による、人種間の文明度に違いはあっても、それが本質的なものではないことを主張していた。例えば日本国内にあって、アイヌの問題に顕著であった。

教育による文明化に肯定的だったのは、彼ら（内村鑑三や坪井 ― 筆者註）が人種差別主義者だったからというよりある種の博愛精神と人類平等観に立っていたからだった(4)

と評価をうけることも、坪井の人種観からすれば、また当然と帰結する。

二　本音を言えない坪井の事情

1　坪井の立場

人類起源が同一で拡散したと考える坪井が、一方では日本人種と国家の起源が突然始まると考えたとしたら、それはつまり矛盾といえる。

自然科学は当然に天皇神権説と衝突する(5)ことは避けられなかった。日本古代史研究者が学問的・科学的に突き進むほどに突き当たって不可避な、皇室・国体史観の問題だった。

そこで、坪井の立場は微妙であった。坪井の職責は、東京帝国大学教授である。その東京帝国大学は、一八八六（明治一九）年の「帝国大学令」第一条に次のように定義する。

帝国大学ハ国家ノ須要ニ応スル学術技芸ヲ教授シ及其蘊奥（うんのう）ヲ攷究（こうきゅう）スルヲ以テ目的トス

つまり帝国大学設置の目的は、国家の須要に応ずる人物の養成であり、教える学術技芸の内容は、すべて国家統治に求められる望ましい人物育成の教養であり、当然それを旨として国益の損失や逸脱は許されなかった。そもそも官立大学に「帝国」の二文字を付与した背景や意義を、松本清張が次のように端的に言う。

官立大学に「帝国」の二字をつけたのは、憲法を帝国憲法、議会を帝国議会というように官立の意味を強調し、権威を象徴したものだ。帝国大学令が起草された前後、当時政府顧問として招聘された独人ロエスレルの意見がはなはだ示唆的である。ロエスレルは伊藤博文の顧問として憲法制定に助言した男だが、彼は大学教育は官公立でなければならないと力説し、私立に任すことの不可を説いている。ロエスレルによれば、もし大学を私立とするときは、あるいは私人の競争にゆだねられ、また政党の目的物となる危険があって、反国家主義、唯物主義を醸し、国民思想を動揺分裂せしむる危険が多い。(6)

帝大教授の立場にあって、反国家主義や唯物主義はもってのほかで、国体の護持や天皇の権威発揚にこそを努めとした。坪井には加えて家系も絡まった。東京大学は昌平黌、次の蕃所調所を前身とするが、ともに徳川幕府の官立である。坪井の父方・妻方に直結し、妻女の兄弟は帝国大学に皆勤め、菊池大麓に至っては総長となるような、つまりはがんじがらめで、自らの発言には、大きな足かせが加わった。

このことが、しばしば引用される友人・山崎直方の言に繋がる。坪井には人種問題について言いたいことがあったのだろうが、言えなかったという状況を次のように振り返る。

> 随分一時今日の大和民族の祖先はどうであつたらふといふ処の御研究があり、唯唯座談として其方面の御話が有つたこともあります、又人類学会の極初の頃、大学院に御出での頃でありましたかと記憶いたしますが、其時或有力な先輩の御注意を受けたことが有つたと聞いて居ります(7)

坪井が国家の動きに無関係でいられるはずもなく、極めて慎重であったことは、斎藤忠の「坪井正五郎の埋もれた古墳報告文と秘められたある事件」(8)からも伺える。斎藤はまず、鳥居龍蔵の「古墳のたたり」(9)に登場した次の一文に注目した。

> 先生が大学院学生時代に九州に行つて、或古墳を発掘したが、これが宮内省に関係する古墳であつたので、忽ち問題となつた。そこで先生はヒラあやまりにあやまり、其筋に以後かかる古墳の発掘は一切せぬとの一札を入れて無事にすんだのである。その以後苟しくも古墳の話が出ると色を青くせられた事さへある。先生の古墳に手をつけなかつたのは、これから来て居る

生々しく伝えたこの件を調べた斎藤は、そうした事情を知った八木奘三郎などは、この古墳に関する報告文を公にすることを、坪井を思って意識的に避けた、というような事実を明らかにして、少なくとも大正一四年の文献にまで及んでそれがタブーであった可能性を指摘した(10)。

坪井に、ただならぬ事件であった。科学の目で古墳調査の必要性を説いた坪井であったが、以後古墳の調査を避けたと言われる。斎藤は言う

> 彼のめぐまれた家柄を背景とし、そして将来のかがやかしい活躍と地位とが嘱望されていたこの頃の立場を知るとき、もし社会的に問題化したら、影響するところ大きいのである（七一頁）

と。官学に生きる坪井にとって、目に見えぬ呪縛。自ら苦々しくも、処世術を身に委ねざるを得なかった状況をよく示す。ダーウィニズムに象徴される、科学的な目を持つ坪井。もとより望ましい事ではないが、坪井の発言には置かれた環境の呪縛を差し引いて、意図を汲むべき余地を産む。

ちなみに、山崎が語った

余程慎重な態度を取らなければならなぬといふやうな注意を与えた人物は誰だったのか。少なからずの関心が注がれる。春成秀爾は、

三宅米吉のことであった

と断定する。[11]確かに三宅の『日本史学提要』は、一冊をもって以後はなかった。しかしこの中断は、先述のように必ずしも保守思想からの圧力とばかりは言い切れなかった。まして当時、みてきたように、三宅がそのような圧迫に怯んだものとも思われにくい。加えて

三宅米吉氏も独学で、学校出の肩書のない人であります[12]

と、慶応大学中退という経歴の三宅にとって当時、時の帝国学府の権威を特に恐れる必要はなかったし、事実その後も、ひるむどころか自らの編集雑誌を通して、発言を強化していた。

では誰か。久米邦武筆禍事件の主人公、久米の可能性はなかろうか。一八九二（明治二五）年「神道ハ祭天ノ古俗」をきっかけとして、「保守思想の側から圧迫を受け」た最たる人で、あげく、東京帝国大学を去らざるを得なくなっていた。その一八九二年は、坪井が一〇月に留学から帰朝して、久米と交替するかのように教授に就いた年である。それ以前の八八（明治二一）年は、久米が帝国大学教授に、また坪井が助手に就任した年である。坪井の大学院生からの知遇は充分あり得て、山崎の表現の範囲にあてはまろう。一八八七（明治二〇）年には土蜘蛛を「人種学上日本人」と危ないことを平気で言って、帰国前後はコロボックル論を、つまり人種論を激しく展開していく坪井であった。

久米がコロボックル論に関心のあったことは先にも述べたが、よって坪井とも意見を交換する仲だった。[13]因縁にも結ばれて、自らの境遇を坪井に説くに、もっとも大きな被害を被って説得力を強くした人に違いない。久米は後一八九五（明治二八）年、拾われるように大隈重信の東京専門学校（現・早稲田大学）に身を置けた。しかし坪井は、自ら立ち上げた人類学教室を、退くわけには行かない、これも立場であった。

久米でなければ、帝国大学に席を置き、坪井に心おきなく忠言の出来る立場の人物。箕作佳吉、あるいは菊池が浮かんでこよう。しかしこれは、時の家系を含んだ常識的な理解にすぎない。

2　言えぬ立場の心情の吐露

坪井は一八九四（明治二七）年、「人類学の発達」（『東京人類学会雑誌』第九九号）を書いた。ローマ帝国は、

人類に上下の別無し、天下皆兄弟で有ると大声疾呼してローム全国に手を延べんとして、キリスト教を三二三年国教として政教一致政策を始めた、ことは良かったが、さて、その弊害として続ける。

此時以後人類の起源に関する諸人の自説は容易に口外する事が出来なく成つたのでござります。耶蘇教の教典中には創世記の一篇が有つて之に天地開闢人類起源の事が記して有る。此開闢説を疑ふ者は国教を軽んずる者、此起源説を異議する者は国教に反対する者、上長の嫌疑を避けんとすれば勢、口を閉ぢざるを得ず、自由を貴ぶと称する教へは反つて思想言論の自由を妨ぐる具と成りました（三三九頁）。

つまり創世記では、人類の祖先は唯一対の男女アダムとイヴを夫婦として、人類繁殖の教えと説く。ここに科学的学問が衝突する。猿から進化した人間などとは、神の教えに背くものでけしからん。進化論への抵抗はここにあり、故に科学的学問の進展と、研究の障害となった事実と経緯を紹介する。科学的精神に基いて考究された人類多祖論、人類多源論、人類一源論、人類進化論などの登場も、そうした宗教的真理の前に、場合によっては提唱者が焼き殺さ

れてしまった悲劇も交え、その壁の高さを訴えた。宗教的ともいえる障壁を抱えた時代は短くなかった。

> 耶蘇教信者中経典字句固信の有力者は最早異論者を劫すに肉体の苦を以てする事は止めましたが、社会上の己の地位に倚り世俗一般の勢力を恃み隠然として人類学研究者の言論の自由を妨げると云ふ事は尚ほ久しく存して居りました（三四四頁）。

人類学者の正論を吐きにくい悲劇を、わざわざといった感じで伝えている。最後に坪井は、

> 言論の自由は妨げる事を得ますが。事実の発現を掩ふ事は出来ません（三四二頁）

と、実に微妙な言い回しでまとめている。「言論の自由は妨げる事を得ます」とは、自ら自由な発言に規制をかけた、と理解でき、しかし「事実の発現を掩ふ事は出来ません」とつづく言葉に、真実・真理が言葉の奥に隠される、と言いたげである。坪井の人種論の書きっぷりを、言葉の端端をつなげる必要があるようだ、と表現してきた。まさにこのことを表す、これは短くも凝縮された一句と思う。

あるいは自らが置かれた境遇に重ねて、何か決意のようなものが伝わってもくる。「人類学者の言論の自由が妨げ」られぬ、と断言できる、当時の日本の状況ではありえなかった。

発表された一八九四（明治二七）年とは、見てきたように坪井の一つの転機の時期である。同時に社会的な自由の利かなくなってきていた時期、とも重なっているであろうことにも、わざわざこのように発言した真意に注意すべきと考える。

推察を重ねて述べてきた以上の内容を、改めて坪井の真意としたい。

第二節　真実を求めた坪井とその後

一　よく似る三宅と坪井

1　影響を受けた良きライバル

人類学会立ち上げの際に、坪井が参画を望んだ三宅であった。坪井が留学中のその学会を、坪井に代わって支えたのも三宅であった。やがて一八九六（明治二九）年一〇月、初代神田孝平から、二代目の人類学会会長に坪井がなった。その前年には坪井の後押しのもと、初代会長に三宅を擁して、日本考古学会が立ち上げられた[14]。熱い友情に結ばれた二人の両輪に、日本の人類学・考古学がこうして強力に牽引された。

学問的には、竪穴住居論の本格的先鞭をつけた三宅であって、旧石器問題の議論の口火ともなった三宅であった。学問的な刺激も互いとしていた。

人種問題も然りである。

今ノ日本人中ニハ少ナクトモ二個ノ原種ヲ含メタリ。其一ハ即チ蒙古人種ニシテ、此人種ノ朝鮮ヨリ渡リ来リシコトニ就テハ殆ンド疑ナシ[15]

そして、もう一つが旧土蕃としたいずれ南方の非蒙古類似黒奴かマレイ種の、この二種が交わりあった、と考えた。日本人種混合民族説は、こうして三宅も考えていた。後の多くの評価は、混合説を坪井の言説として高くする一方で、三宅への言及は極めて乏しい。

坪井の日本人種論の原型を、三宅に求めることさえ可能とさせる。坪井自身、少なくとも三宅の発言を強く意識していたことは確かであろう。発言を遅らせてしまった、とは穿った見方かも知れないが、実にそう考えられるような状況でもある。あるいはこの真偽を、じっくり確かめるように進めた坪井だったのかもしれない。『日本史学提要』にはすでにラボックを引用しながら、旧石器時代の存在も匂わす三宅。これまた坪井の終生の関心の及んだところであった。名を今に轟かす坪井であるが、改めて時代を共にした三宅の存在を訴えたい。余談であるが、二人は今、ともに東京豊島区駒込の同じ染井霊園に眠っている。

2　「かのやうに」のモデルはいたか

坪井の本心が、果たして推測した通りであったのか、これを確かに立証することは難しい。ただし、状況証拠的な糸口のあることを紹介しておく。

文豪といって、森鴎外の名は容易に浮かぶ。その作品の一つに、『かのやうに』がある。一九一二（明治四五）年に発表されたこの作品は、子爵を父とする主人公五條秀麿が、神話は歴史でないことを知る。しかし、だからといって神話を無視した古代史を描くことに危険を感じ、苦悩する様を描き出す。父から、

　どうも人間が猿から出来たなんぞと思ってゐられては困るからな

という場面が登場するなど、華族の子弟が進化論を学んで「皇室の藩屏」（藩屏＝おおい防ぐ垣根。守りの屏。）たる父親の不機嫌を買い、危険を避けて歴史研究を行おうとする姿勢、に依拠することを選択する。これが「かのやうにの哲学」だった。明治の国体の中にあり、自然科学・歴史学者の多くが感じたであろう、真実を知って語れぬもどかしさや矛盾。真実ではないことを、まさに真実である「かのように」生きなければならなかった、その時代を描き出していた。その主人公のモデルの存在も想像されて、考察もある。

歴史学者・直木孝次郎は、森が

自分が妥協的な立場を取っていることの釈明のために、また同時に当時の保守的思想界に対する痛烈な皮肉として[16]

書いたのではないかと推測した上、モデルとして三宅を想定した。確かに三宅は『日本史学提要』を書き、歴史としての神話を否定するなど、極めて強い気骨を示した。ところが、その後を書き継ぐ筆を折っていた。やがて一九二〇（大正九）年東京高等師範学校校長、一九二九（昭和四）年には東京文理科大学初代学長になるなど、これは「かのやうに」の安全な思想の結果であると考えた。

現在、直木の指摘が尊重される傾向を強くして、否定の根拠も持ち得ない。しかし『日本史学提要』の中絶は、先にみた木代修一のいうように、必ずしも国体に抵触することを恐れたためではなく、自らの視野の更なる拡大だった、という見方もある。また、先述のように、それほど萎縮しなくてはならない三宅でもなく、また萎縮の形跡を認めにくい。よって三宅の可能性を認めつつ、ここでは坪井の可能性も考えてみる。

秀麿は、学習院から文科大学に入り歴史科を立派な成績で卒業し、三年間のドイツ留学が、不合理を感じさせる転機となった、と設定された。坪井も三年間イギリス・フランスに留学している。秀麿は留学先から

書物をむやみに沢山持って、帰って来た

とある。坪井が留学先で、もつべき師がいないことを理由に独学したとは有名な逸話であるが、多くの洋書を持ち帰ったことも、またつとに知られることである。ロンドン滞在中

書物を夥しく買われました[17]

とは鳥居の証言で、子息・坪井誠太郎は

ロンドン留学中には、人類学に関係ある本をしきりに買い漁った。そのとき買い集めた本は、現在の東京大学人類学教室における「坪井文庫」の主体となっている[18]

と具体的である。そして寺田和夫は、

坪井は大量の洋書を買いこんできた。人類学、人種学、土俗学、考古学等、それまで東大、というより日本に欠けていた分野の書物であり、これが東大人類学教室の蔵書の出発点になった(19)

とその意義にも触れる。

秀麿の姓は子爵家たる五條である。五條ではないが、坪井は公爵二條家と大変深い縁にあった事実がある。この時の当主を二條基弘という。早い時期から考古学や人類学に関心を抱き、西ヶ原貝塚の発掘では坪井に指導を仰ぐなどし、一九〇一（明治三四）年には坪井の紹介で東京人類学会に入会を果たし、翌年には華族の同志を集め、坪井を講師に招く華族人類学講話会を開いている。さらに一九〇七（明治四〇）年には、私設博物館たる「二條家人類学標本陳列館」、通称「銅駝坊陳列館」まで作ってしまうほどであったが、その開設にあたって、坪井の弟子たる野中完一をその整理担当の任に充てた。まだある。坪井が進めたアイヌ土人保護協会の会長を、二條が務めた(20)。二條家と坪井の縁の深さの説明は、五條の由来を二條に求めた理由である。

状況的に坪井の環境に酷似する。しかし、森と坪井の接点が無くては説得力に欠ける。森も、コロボックル論争華やかかりしその渦中に加わっていたことを振り返りたい。一八九〇（明治二三）年、「「コロボクグル」といふ矮人の事を言ひて人類学者坪井正五郎大人に戯ふる」（『醫事新論』第八号）と発表していた。論文は無記名だったが、筆者が森であることを、坪井自身が明記している。「「コロボックグル」といふ矮人の事を言ひて人類学者坪井正五郎大人に戯ふる、と題する文を読む」（『東京人類学会雑誌』第五七・五八号）という同年の論文に、友人からの書中に聞いたとして

此文は森林太郎氏が書かれたる由との事が記してござりました。（中略）森林太郎氏が人類学研究上の友と成られたのを深く喜ばしく思ひます（八九頁）

と書いている。

人種論争さなかの森の論文の内容は、口碑上のコロボックル自体の存在を疑い、同じ医学上の解剖学仲間・小金井良精を擁護する内容だった。森と小金井はいわば同士の上に、実は森の妹・喜美子は、小金井の細君として嫁していた。一八八八（明治二一）年のことであるので、森の論文の二年前のことであり、親族の間柄にもなっていた。一方、坪井と小金井の関係も気にかかる。確かに学問上の論争はあったにせよ、小金井と坪井のその後は、決して悪くはなかった。坪井の追悼会の司会を小金井が務めているし、小金井の孫・星新一は人種論争はあったものの

個人としての友情には少しも変わりなく、親しいつきあいをつづけてきました

とか、

坪井の外遊の時には良精が送別会を主催し、留守中には家族の相談にも乗ったりした[21]

と、いわば家族ぐるみの仲であったと、生前の小金井の記録を紹介している。つまり、森が坪井を、注視していた可能性は小さくない。

この解説に当たった唐木順三は、興味深いことを書いている[22]。森が代々御典医という家系に生まれたことに、

御典医という職は、主君に対する絶対の忠誠を要求される。主君の生命にかかわる役割であるから、主君にその技量とともに人柄が信用されねばならぬ。その上に側近として主君に仕え、主君の御機嫌をうかがわねばならぬ。（中略）鴎外の父静男はまさにそういう人であり、典型的な御典医であった

森もまたこの矛盾に苦しみ悩み、妥協折衷の立場をとった。坪井の父も典医を務めて同じであって血をひいた。論争を挑んだ森であったが、坪井に近づくほどに、同じ立場に共感を覚えたのではなかったか。

「かのように」の中心テーマは、歴史学における神話と科学の弁別に基づく、研究者の思想的・哲学的対応の問題といえる。歴史学を専攻する主人公は、学者の良心として、天孫降臨などに基づく史観を是認することはできえない

と考える一方で、天孫降臨神話を否定すれば、日本の大切な「御国柄」の根本が失われてしまう。子爵家に生まれた主人公は、そういう「危険思想」を公表することができずに悩んだ。

まさに坪井そのままの立場でないか。そして、森はこの「妥協的な立場を取って」悩む坪井を知った。坪井の一連の書きっぷりは、このように考えると極めて良く、納得できてくるのである。

坪井か三宅、いずれにしても共に真理を求める姿は同じであって、いずれが五條秀麿のモデルとなっておかしくないとまとめておきたい。

二　坪井の死

1　坪井正五郎の人類学

大衆を大切にした坪井であった。例えば地方の調査に赴いたとき、時間があれば講演していた。しかも半端ではない数をこなした。本文中で触れた地方、諏訪での講演には、およそ四〇〇名もの聴衆が一晩で集まっていた(23)。野尻湖調査では、五月八～一一日の四日間に四回の講演のあったことが記録され、その際の保科五無斎の日記が、その尋常ならざる内容を伝える。先述もしたが、

考古学人類学等の総復習を為したり。書籍にて読みたらば一千五百頁位たらんと、分厚い本の四～五冊分の量にあたると証言する。また越後の調査でも、炉を移転した菅原神社の拝殿での講演(24)にじめ、その時回った各所において、講演の記録が残される(25)。

聞いた聴衆の感想・印象も紹介しておく。一九〇〇（明治三三）年八月、長野県の東筑摩郡の交詢会（今でいう教育会）に、坪井を招いた講演の際の（第38図）、胡桃沢甚内の手記である。

坪井先生の人類学の話を村の分教場に遊びに行つて聴いて来て、我々の手近な畑から拾ひ溜めて居た石器類が、

第38図　1900（明治33）年、長野県での講習会記念写真（白丸が坪井正五郎）

我々の従来の知識では日本武尊の時代以前に、又我々の祖先以外に考へ及び得なかつたのを、「コロボックル」といふ耳慣れぬ名称と共に、何かまだ我々の村に在るものからも、未知の学問への平野が開けて行くのであるといふやうな、驚きを感じたことをよく記憶して居る[26]

神話世界とは違った、まさに真実の歴史を聴いた瞬間の感動である。坪井の思いはこれで十分果たされている。

この草の根運動のような取り組みは、新興学問の普及発展に大きな力となって、同時に列島には古くから人が住んでいたという、コロボックルの果たした役割もまた大きくしていた。たとえ日本人との繋がりがなかろうと、神話に突如として登場したような日本人のそれよりも前に、人類がいたのだという認識は、神話の意味と新興科学を理解する上で、極めて重要な意義を有したはずだと思われる。

世界に通用するために、新しい時代・近代国家を担うべくの人々に、記紀とは違った本当の歴史、ということを教えたかったと、坪井の意図を推し量りたい。

坪井の特長を、鳥居は次のように言っている。

氏は人類学なるものを極めて平易に説明し、しかもこ

れを大学以外の一般大衆に向かって発表せられました

> 坪井氏以前は学者といえば大概六ヶ敷い言葉で六ヶ敷くいうのが普通で、その甚だしいものに至っては「我は学者なり、俗人なんぞの言葉を話さない」的のわからずやが多くありました。然るに氏は学者間の批評など眼中に置かず、熱心にこれを実行せられたのは当時からすると最も先見の明があったといわねばなりません。氏がかく大学よりもむしろ大学以外の一般世間大衆に向かって通俗的に発表するに至ったのは、もとより氏の学問に忠なる所であったのでありますが、なお他に一つの原因がありました。それは理科大学教授会がいつも氏の主張を容れず、反対の立場に立って居たから（大森氏の地震学も同じ）これが遂に知らず識らずの間にかく大衆に向かって己の意見を発表するに至ったのであります。これは一般大衆のためには非常の利益でありました。けれども、氏の人類学のシステムは正しく科学的に立派なものであります。単に新聞、雑誌に書いてあるもので、氏の人類学を批評することは出来ません。(27)

ではなぜ、大衆を大事にしたのか。これも鳥居の言葉に納得がゆく。

> 教授会でも坪井先生は通俗過ぎて困ると云はれたが、先生は、俺は国民から金を出して貰ってやつて居るのだから国民に分かるやうに話をするのだと云つて其の態度を変へられなかつた。それで講演の中にも羅甸語（ラテン語 ― 筆者註）や難しい熟語などは使はずに、羅甸語も外国語もうまく日本語化して難かしく話されなかつたのです。非常に通俗のやうに見えますけれども、相当難しい言葉を噛砕いて分かり易く話されたのです。(28)

もちろん学閥などにも、こだわる風はいっこうなかった。鳥居は

> 坪井氏は他教授と異なって大学以外に斯学の専門家、熱心家を多く作られました

として若林勝邦、八木、大野延太郎、柴田常恵などとともに濱田耕作も挙げている。(29) その鳥居でさえ正規の教育を受けてなく、濱田は言ってみれば論敵であった。官学アカデミズムをかざす姿はそこにない。むしろ庶民の立ち位置に、

坪井はあった。

坪井の語り口のうまさやユーモアのセンスも加わり、多くの講演をこなして、人類学や考古学が地方に普及したことに対する絶大な貢献は、多言を要すまでもない。

政治的には、特に混合民族論は、激動の国際関係の中、帝国主義政策に有効な理論として、立場を変えれば大いに利用されて価値があった。ただし、坪井の焦点が帝国主義にこそ定められ、その加担者であったなら、大学での対応も含めてもっと別の姿勢を示したはずではなかったか。大学に媚、少なくとも、大衆・民衆への接触の時間や言動は、もっと控えられたと考える。つまり坪井は、人類学・考古学を、見事に大衆社会にコミットさせて、存在の基盤を地道に築いた。

「かのやうに」生きなければならなかった、やるせない立場は繰り返さないが、しかし坪井は、自身の内だけでも確かな歴史の真理を極める、という一心を、気持ちの救いとしていたのではあるまいか。

2　坪井の死

一九一三（大正二）年四月二〇日、五月一一日からロシアのペテルブルクで始まる、第五回万国学士院連合大会出席のため、出立した。

しかし、急性腹膜炎で五月二六日、アレキサンドリア病院で事果てた。享年五〇歳の若さであった。死を迎える際の様子については、あまり知られていないので、この機会に触れておきたい。『東京日日新聞』六月二五日に「臨終の深き悲しみ　坪井博士発病の前後」との記事に詳しく、その全文を拾ってみる。

坪井博士の遺骨を携へて帰朝せる岡田氏は曰く「私は伯林（ベルリン ── 筆者註）で突然東京帝大総長からの電報を受取つて見て大に驚いたのです、坪井博士の遺骨を携へて帰朝せよといふ意味ですから、それまでは私は何事も知らなかつたのです、そこで博士の親戚なる鳩山秀雄氏と共に露都に早速急行して博士の遺骸に接したのです、博士が始めて発病を知られたのは五月十五日の事で博物館を観覧されたのです、然し十八日の学士会終了の日迄は一回も薬を飲まれなかったさうで其日露国皇帝に拝謁を仰付られた時にも何事もなかつたが宿に帰るや激しく疼痛を覚えてベッドの上に倒れられたので初めて医師が来ました、病症は盲腸炎から既に腹膜炎と進んでゐたのです、然し二十一日頃までは元気がよかったが、二十二日の夜から又腹痛が甚だしく苦悶さへされる、そこで入院となりましたが夫れでも博士は気は確かでした。そして二十六日の午後八時遂に絶命されたのですが臨終の時松岡書記官が遺言はないか、と聞かれるとモウ何事も満足してゐる遺言もないと答へられたさうです、博士は東京を出発の際六つになられるお嬢さんが病んであつたので入院中も其事を気にしてゐられました　と涙を拭へり

記事中の鳩山秀雄とは第五二・五三・五四代首相・鳩山一郎の弟で、自身も衆議院議員をつとめ、夫人に菊池の次女を得ていた。親戚と称する所以である。松岡書記官は、後に外務大臣となる松岡洋右、岡田氏とは医学士・岡田久雄を指している。

当初からの様子も、『東京日日新聞』に追ってみる。最初の報が五月二九日で、「惜しむべし坪井博士」と死を伝え、別に「人類学界の恨事」と業績の概要が綴られる。

六月一一日には「坪井博士後任難　人類学講座廃講か」と、偉大な坪井の後任は

目下全く人選行悩みと云ふ外なき

として、

廃講の已むなき運命に陥るべく予期せられつつあり

と存続の危機さえ訴える。

▲臨終の深き悲み

坪井博士發病の前後

坪井博士の遺骨を携へて歸朝せる岡田氏は曰く「私は伯林で突然東京帝大總長からの電報を受取つて見て大に驚いたの

坪井博士の遺骨新橋着（…）

です、坪井博士の遺骨を携へて歸朝せよといふ意味ですから。それまでは私は何事も知らなかつたのです、そこで博士の親戚なる鳩山秀雄氏と共に露都に早速急行して博士の遺骸に接したのです、博士が始めて發病を知られたのは五月十五日の事で博物館を觀覽されたのです、然し十八日の學士會終りの日迄は一回も藥を呑まれなかつたさうで其日露國皇帝に拜謁を仰付られた時にも何事もなかつたが宿に歸るや激しく疼痛を覺えてベツドの上に倒れられたので

写真中央に子息・誠一郎と忠治が写る。

第39図　坪井の死を伝える新聞記事（一部）（『東京日日新聞』1913年6月25日）

六月二三日に、「坪井博士の遺骨」とあり、六月七日漢堡（ハンブルク）を出発した遺骨は、昨日二二日午後六時に下関に着き、二三日午後八時半新橋到着の予定を告げる。ただし、都合によっては二四日午後一時五〇分新橋着に変更の可能性も加えている。

六月二五日、二三日に続いて「坪井博士の遺骨」として、遺体は独逸伯林で荼毘に付されて、二四日午後一時五〇分新橋に着いたこと。駅には、奥田文相、山川帝大総長、浜尾前総長、櫻井理科大学長はじめ八〇〇余名もの迎えのあったこと。列車より遺骨は岡田氏が抱え、その後に遺子・誠一郎（当時二一歳）、忠治（一二歳）が学生服で続いたことを写真入りで紹介し（第39図）、遺骨が自宅に戻ったこと。葬儀が二七日、小石川の傳通院にて行われること、を伝えている。また「臨終の深き悲しみ」との記事では、遺骨を迎えに行った岡田博士の談が載る。臨終の場に立ち会った、松岡書記官の談話が最後の言葉であったのか。改めて松岡への

何事も満足してゐる　遺言もない

との最後の言葉を掲載する。

なお、長子・誠太郎の後日談も紹介したい。

ロシアにおける臨終のときでさえ、看護者に、日頃の満足感を洩らしたと伝え聞いている(30)

六月二八日、「坪井博士の葬儀」の記事の小見出しは「近来稀れに見る盛儀」

で、参列者は
　無慮（むりょ）（およそ―筆者註）一千余名学界の粋々を網羅し近来稀に見る盛儀なり
日本への到着までに、一カ月も要する時代であった。よって、遺体をどのように日本に運ぶべきかの議論もあった。火葬に付して白骨を送るか、遺髪のみを送り遺体は露都の寺院に土葬するか、遺体をそっくり送るかなど。結局当時のロシアには宗教上の難問題、つまり死体輸送の困難な事情があったという。加えて、火葬国禁という事情も重なり、独逸伯林での火葬となった、ということである。この間の事情は、坪井を「国宝の人」（一四四頁）と表現して、四頁にもわたる追悼文を組んだ雑誌『中学世界』（一六巻八号）に詳しい。その『中学世界』に、多くの原稿を坪井は送った。未来ある少年に多くの大きな思いを託する坪井は、これまた小学校教育の重みを説いた三宅に通ずる。
　当時帝国大学教授ともなれば、皆このように扱い、報道がされたのだろうか。坪井にして、例外的だったのだろうか。それにしてもその様子を、新聞は刻々と伝えている。それは如何に大衆に絶大な支持を得ていたのかという、換言すれば「国民的」なる形容を冠せる学者であることの裏返し、ではなかろうか。
　坪井の人類学やコロボックルの、国民への浸透の強さを物語る。

三　坪井の種

　考古学の普及に心を砕いた坪井であった。学問的にどのような種と蒔かれて根付いていったか、触れてきた論争の部分に関わる成果をまとめてみたい。

1　坪井学の継承①　―縄文土器の空間・時間の認識のはじめ―

坪井は縄文土器の違いを、それが総てではなかったにせよ、次のように認識していた。

主要なる石器時代人民の遺物も地方の異なるに従って多少の異同がある。其真相は如何、内地の北半に土器が多く、南半に土器の少ないのは何故か。貝塚から多く出る薄手の土器と包含地から多く出る厚手の土器の関係如何（『人類学叢話』博文館（一七二頁））

一九〇七（明治四〇）年の記述である。

この一文に、格段の注意を払って山内清男が言う。

大正半の鳥居博士の所説そっくりであることに注意したい。土器の型式別に関知されない様に見えた坪井博士が明治四〇年に既に斯く書き残されて居るのである。或いは鳥居博士所説の原型ではあるまいか。鳥居博士が北方民族チュクチの部族成立等新所見を参照して「同時代異部族説」にまで発展せしめ遂に一代を風靡した。一〇年前の坪井説を再生したと見るべきであろうか？[31]

後の主要な土器論の原型たるを産んでいた。その上で、やがて鳥居の同時代異部族説も否定され、時間差の概念が考古学に導入されて現在に至っているが、それとても視野に含んだ坪井ではなかったか。

コロボックルの移動の説明に、貝層の厚さを時間差と直感した坪井であった。当初

貝ノ層厚サ三間余モ顯（あらわ）レタリ、住民多カリシカ年月久シカリシカ実ニ驚ク可キ程ノ分量ナリ（一八八六「東京近傍貝塚総論」『東京地学協会報告』第八年第四号）

と、その厚い堆積に対する二つの仮説を立てながら、北海道や関東の貝塚を比較する中で、貝塚の面的な広さ、そして厚さの理由を

貝塚の広い狭いは住民の多寡を示し、厚い薄いは居住年月の長短を告げるで有らう（一九〇七『人類学叢話』博文館（一四二頁））

と答えを出した。

また西ヶ原貝塚は丘の上に、中里村の貝塚は丘の下に在り、その遺物を見ると、上の塚は開化の度低く、下の塚は開化の度高い、従って下の塚は上の塚より新しい。土地隆起の順序に適っていると説明している（一八八六「東京近傍貝塚総論」『東京地学協会報告』第八年第四号）。

貝層の厚さに時間差を認める。これは層位学的研究とされる基本的な考え方で、その後の考古学研究の方法論に、非常に太い柱となった。まさにこれは慧眼である。

2　坪井学の継承②　―型式学的研究の萌芽―

坪井自らが起した『人類学雑誌』への最後の論考が、一九一三（大正二）年「人類学雑記」（第二八巻第一〇号）である。ここでは二つの点を強調している。

一つは混合民族たるを知る上で重要となる、その結果生じる模様の変化とその意味である。模様の変化の、例えば自然模様が幾何学模様に変化するその模様化は、

原形省略（六〇七頁）

を中心に起こり、これをコンヴェンショナリゼーション（Conventionalization）＝形式化という。もとより

原形省略に基く変化ばかりでは無い

ともして、それ以外の変化の要因も漏らさない。

異種族模様の混合又は外来模様の同化

である。

どれ程までは雑婚或は混住の結果と認むべきもので有るか、と云ふ様に人種調査の一手段として模様の成り立ちに注意すると云ふ事は余り行はれて居なかつた

として、

広く諸種族に関し此種の研究を行ふ様に仕度もので有ります

という。混合民族たる日本人種の理解を深める、重要な一方法であるが、例えば

アイヌの彫刻に日本的模様の混ずる

場合などの背景を考える時、重要な方法と位置づけた。そして

相方共に原始的種族で有る場合には、模様を有する器物等の混在は、主として各の模様を好む夫れ夫れの種族の混在に基くと云つて差支へ有りますまい。又開明種族の間に行はれて居る模様の中にも源に遡つて見れば幾つかの原始的種族の模様の混在に基くものも有るべし

従って、

現存原始的種族、或は開明人の祖先たる古代の原始的種族相互間の関係を模様の上から考究しやうと云ふには先づ模様の分析を試みなければ成りません（六〇五〜六〇六頁）

と意義を含んで語っている。そもそも模様の変化には、三つの理由

第一、故意の変化

第二、無意識の変化

第三、必然の変化

があると明記する。今でいう型式学的研究の心得であり、そうした研究の人類学への貢献の大きさを認識している。かつて論争を交わした濱田の研究の評価と受け取るべきではあるまいか。民族の系統性が、紋様の上から読みとれる。その後の濱田の研究、それを人種論に反映した評価も見たとおりであり、なにかそれを予測するが如きの発言である。坪井型式学的研究を意識した坪井。そして、この考え方はその後の日本考古学の研究の、科学的方法論の柱である。坪井

もそうした研究の意義を、ここに強く示していた。

3　坪井学の継承③　―竪穴住居・杭上住居の発見へ―

竪穴住居や杭上住居の発見は、坪井のいわば悲願であった。その後のことを記しておきたい。坪井があと一歩のところで竪穴住居を逃してしまった新潟県のクロボ遺跡を紹介した。その遺跡の報告、「越後発見の石器時代火焚き場」（一九一〇『東京人類学会雑誌』第二九三号）に興味深い一節がある。その調査のため新潟に滞在中のその時に、手紙と新聞記事の切り抜きが、坪井の元に送られてきた。そこには、千葉県市原村の貝殻層から貝殻採掘工事の際に、竈と思しき施設と遺物を発見したので坪井先生に見て貰いたい、とあった。早速東京に、研究室からの派遣を促すべく打電した。柴田常恵[32]と松村瞭の二人が、すでに新聞記事を見て急行していた。坪井帰京後、その顛末を確認すると、どうも竈ではなく

予期した程の価値有るものでは無かつた

と、当初の期待を裏切る成果であったと聞かされた。よってここでも、竪穴住居の発見には至らなかった。

結局、竪穴住居の発見にはその後一四年を必要とした。日本最初の竪穴住居発掘の成功は、一九二四（大正一三）年、二棟並んで発見された、富山県朝日貝塚であるといわれる[33]。なんとその調査者こそ、先の千葉県の調査に赴いた柴田その人だった。ただしこの時の調査は住居の半分だけで、その全貌まで見るには至らなかった。

さらにその二年後である。竪穴住居の全容を現すに、遂に至った。一九二六（大正一五）年五月九日、東京人類学会の遠足が千葉県姥山貝塚に実施された。遠足といっても、一四〇名もが集まった発掘調査を意味していた。この時の、炉跡と一体の人骨の発見を契機に、五月一三日より本格的な調査が、東京帝国大学人類学教室副手・宮坂光次[34]を担当者として始まった。かの、一軒の住居に五体の人骨を伴って発見された住居をはじめ、A・Bの二地点で二〇軒

の竪穴住居、小竪穴五、埋葬人骨一七体を発見した、その調査である。一挙に、縄文集落への関心にまで高めていって、学史に刻む遺跡となった。

宮坂は鳥居の弟子であるので、坪井の孫弟子になる。この調査には、八幡一郎も補佐していた。五〇歳で亡くなった坪井であった。あと一四年など、普通だったら寿命の範囲の歳である。やがて竪穴住居は日本全国津々から発見されて、結果的には坪井の予測は当たっていた。

もう一つの杭上住居はどうだったか。坪井が亡くなった一九一三（大正二）年から、六〇年以上がたった一九七七（昭和五二）年、日本は全く変貌していた。もう一度の大きな大戦を経た日本は、経済成長を著しくし、欧米並みの見事な車社会に転身し、列島隈無く道路網の整備が進んでいた。その最中、諏訪湖底曽根遺跡から南東に二〇kmと離れない長野県諏訪郡原村の地に、中央自動車道の建設工事に先立つ発掘調査が行われていた。後、国の史跡に指定される阿久遺跡である。ここからは縄文時代前期の祭祀遺構たる、直径九〇～一二〇mもの大環状集石群や、立石・列石と共に、見たこともないような遺構が発見された。直径深さ共に一mもの大きな柱の穴が、一辺に三～五本、規則正しく長方形に並べられた建物の跡。当然ながら上屋は朽ちて、その構造や性格を明らかとせずに、長方形柱穴列と呼ばれたが、高床式施設であることは間違いないと推測されて、世間の注目を大いに集めた。(35)

その後こうした建物跡は、北陸地方にまで及んで発見されて、ついに一九九七（平成九）年、富山県小矢部市の桜町遺跡の発掘調査ではっきりしてくる。柱と柱を組み合わせる、貫き穴や栓穴（えりつあな）、ほぞ穴などの高度な加工技術を認める、一〇〇点にも及ぶ建築部材が出土した。高床建物の確かな存在が立証された。高床建物は弥生時代以降から、という考古学の従来の定説が覆されて、「縄文時代から弥生時代への建築文化の連続性を実証」(36)した、といわれている。

さて、建築史に詳しい佐藤浩司の言に惹かれる。竪穴住居は北アジアの地下式住居に起源があり、一方、高床建築は稲作の開始と軌を一にしたとの背景から、中国南部や東南アジアに由来する新しい建築様式と理解されていたという。そして建築史の常識は竪穴、高床ふたつの住居様式が日本の住宅史の両輪である、という考え方が主流であると説明されてきたという。詳しいことは省略するが、それが屋根の構造や、形態によく現れるという。

つまり、

日本の建築史は、竪穴住居・高床住居、北方系・南方系、縄文文化・弥生文化という対立観念をもとに組み立てられてきた(37)

のだということだ。ところが縄文時代に、高床建物が存在していた。六〇年以上ものはるか前、今の真理を推察していたかのような坪井であった、と言えないだろうか。南方系の高床建物。南北両系統が、この列島で石器時代から交わっていた。それが、今の日本建築の土台となっているのであった。

4　坪井学の継承④　―旧石器研究と人種研究―

考古学者・八幡一郎は、一九〇二（明治三五）年四月一四日、現・長野県岡谷市に生まれた。八幡が自らの半生を振りかえった『来し方の記』(38)には、小学生の頃の考古学との出会いから始まって、すぐに曽根の話が登場する。

そのころ、諏訪高等女学校の先生で、後に古今書院を開いた橋本福松氏が、諏訪湖底からしばしば石鏃がすくいあげられる、「ソネ」と漁夫に呼ばれる場所の地質調査を行い、地質学の神保小虎博士や、人類学者の坪井正五郎博士を招いて、ソネの成因を究明しようと懸命であった。小学生の私はその詳細を知る由もなかったが、坪井博士が露都セント・ピータースブルク、今のレニングラードで開かれた国際人類学会議に出席し、その地で客死されたという記事を新聞で見た時のことは覚えている

坪井の死が一九一三（大正二）年五月二六日であるから、一一歳の時の記憶である。

やがて諏訪中学校に在籍中に、鳥居のもとに始まった『諏訪史』第一巻の編纂事業を手伝った。中学卒業という段に、

弱い体を思いやった父親は、息子の進学に乗り気でなかった。が、周囲の説得を得て一九二一（大正一〇）年、東京帝国大学理学部人類学科選科に入学した。この時もう一人の入学生が居た。

奇遇というべきか、もう一人の入学者は、諏訪中学の先輩で早稲田大学を中退して受験した宮坂光次君であった(39)

東京帝国大学理学部人類学選科生について少し触れると、

明治三二年の松村のあと、大正四年に小田切健児、六年に川村（小松）真一、八年に山内清男につづく、その次の入学生であった。ちなみに後輩には

一一年に甲野勇、一三年に中谷治宇二郎、一四年に宮内悦蔵。ついでながらこのあと昭和一三年の和島誠一までは選科生はいなかった(40)

そうそうたる顔ぶれが並んでいる。

八幡は、やがて山内、甲野と共に縄文土器編年三羽烏といわれる活躍をする。昭和に入る頃の日本考古学は、歴史学の基礎をなし得る時代情報、つまり年代論の確立を急務とした。特に土器は、時間と空間を細かく示す格好の指標と認識され、編年の確立に官学アカデミズムは邁進していく(41)。八幡は考古世界における年代観の確立に、学界を大きく先導する研究者に成長していた。

八幡の追求は、一方で起源論へと及んでゆく。結果、天孫民族以前の遠い歴史、具体的には旧石器時代の不存という常識に、八幡は疑問を挟んでしまった。一九二五（昭和一〇）年、日本の石器を概観した「日本の石器」(42)に、次のように記している。

幸いにして既記のごとく、金石併用時代の石器は、大陸ことに満朝方面のそれと連繫している。しからば石器時代の打製石器と大陸のそれとは繋がるのであろうか。この問題を具体的に解きほごすためには、まず日本の石器時代初期の石器の性質と、大陸のある地方の性質とを比較して見るべきであろう。私は近ごろこの点に興

味をもっている

その具体的な追求の成果が石器に、そして土器にと、昭和一〇・一一年に堰を切ったように、多くの論文として発表された。そして八幡の頭の中に、曽根の石器がよぎっていた。

一九三五（昭和一〇）年三月、「北海道の細石器」[43]で、旧石器時代末期の象徴的な石器である細石器の、日本での存在の可能性を口にした。先にも紹介した、人類学教室所蔵、和田倜採集の「十勝オビヒロのアイノの所持せるもの」と書き添えられた一箱の石器を目にして（第34図）、すぐさまそれを、lame（石刃）とnucleus（石核）と直感した。

　蒙古地方の石刃との間に驚くべき類似を有する

とした上で、蒙古地方細石器の分布の東限に、日本列島も含まれる可能性を示唆したのである。その上

　これらの細石器が、土器をはじめ、いかなる種類の遺物と随伴するかの研究も、並行して行われねばならないであろう

と、その後の研究の視点も見通した。

同年翌四月には、大衆科学雑誌『科学知識』に、「日本の石器時代と細石器の問題」[44]を発表する。石核からの石刃の剥がし方を含めた技法や、各国の具体例を、豊富な図と共に紹介した。認識の無かった国内の研究に、石刃・細石器への注意が具体的に喚起された意義は大きい。そして

　細石器及石核を北海道に於いて探し得ると云ふ望みが生じた。否内地に於いても一層の注意を払ふならば、之に類する発見があるかも知れない

と、北海道から本州にわたるその将来的な発見の可能性を予見した。

ほかにもあるが、日本に旧石器時代あるべからず、の先入観の強い中、残念ながら八幡のこの考えが、この時学界に正当に評価されるに至らなかった。しかし視点と見通しは確かであった。振り返って八幡の中学の後輩でもある藤

森栄一が、八幡の一連の業績を評価して「昭和十年の星」と付した形容は(45)、学史に一度は埋もれた論文を振り返るに、実に見事な表現と唸らされる。

さて八幡は、周囲の冷淡な反応にもめげることなく、諏訪湖底曽根に行き着いた。曽根遺跡は、起源論に重要な鍵を握る遺跡と八幡はにらんだ。日本最古の姿を留める遺跡こそ曽根であると考えて、では曽根遺跡の科学的な年代観の考察へとつなげていった。

「信州諏訪湖底「曽根」の石器時代遺跡」。八幡が一九三六（昭和一一）年三月、『ミネルヴァ』一―二に発表した論文である。まずこの論文の目的と意義から見る。

今から二十年ほど前には、同地方の人士はもとより、学界一般に異常なる注意を惹起したのであったその注意とは遺跡が湖中にあるその原因あるいは成因であったが、一方で

私は遺跡の成因についての興味とともに、遺跡自体の示す文化相について非常に注意している。近年日本石器時代の編年的研究が長足の進歩をとげつつあるが、そのシステムを通してこの曽根遺跡をみるとき、水底に存するという理由と同等に、あるいはそれ以上に重要な性質をしめしているように考えられるからである

それを

大陸への顧慮、延いては大陸との関連において、古き座を与え得るに至るかも知れぬ

と予測して、

かくて曽根遺跡は、諏訪において古い遺跡であるばかりでなく、日本としても古き部分に属する遺跡と考定することができそうである

と見据えた。曽根遺跡の性格を明らかにすること、それはとりもなおさず、日本石器時代文化を世界史的・東アジア史的な次元に置くことだった。八幡が意気込みをこめて行き着いた。

具体的な内容に移る。土器や石鏃などにもその古さを説明するが、それらはここでは省略し、坪井の指摘した石刃と裂製動物石製品についての八幡の考えに注目したい。

石　刃　坪井が黒曜石製長方形石片、鳥居が石剃刀と呼んだ石器は、蒙古地方の石刃と

きわめてよく似た石器

で、しかも

数多く含まれている

ことを指摘した。八幡は

曽根からは石刃を作るべき石核が未発見である

ことを冷静に認識しつつ

曽根の長方形石片は一般遺跡で見られない、又は乏しい石器として注意すべきものと思ふ。製作の過程は兎に角として、形と其の用法とに於いては大陸の石刃と全く同一である

と言い切った（第40図）。

裂製動物石製品　坪井によって曽根に確認されたこの石器は、いわゆる鳥・魚等の動物を表現した石製品である。確認された二点を、坪井はアメリカおよびポイント・バローのエスキモー製作品に対応させたが、八幡はその存在を認めつつ、シベリアよりヨーロッパ・ソ連にかけての櫛目文土器に伴うことを指摘した。

こうして八幡の研究は、確かに曽根遺跡のもう一つの本質論（時代認識論）への道を開いた。大陸との関係を視野に置き、石器時代文化の古さをまさに的確に示し得た。このことは、坪井の確かさの証明でもある。

繰り返すが、八幡のこの考えは、この時学界に正当な評価を得られなかった。岩宿発見を経た後に、ようやく重要な学史的背景をつくったと、高い評価が備わった(46)。

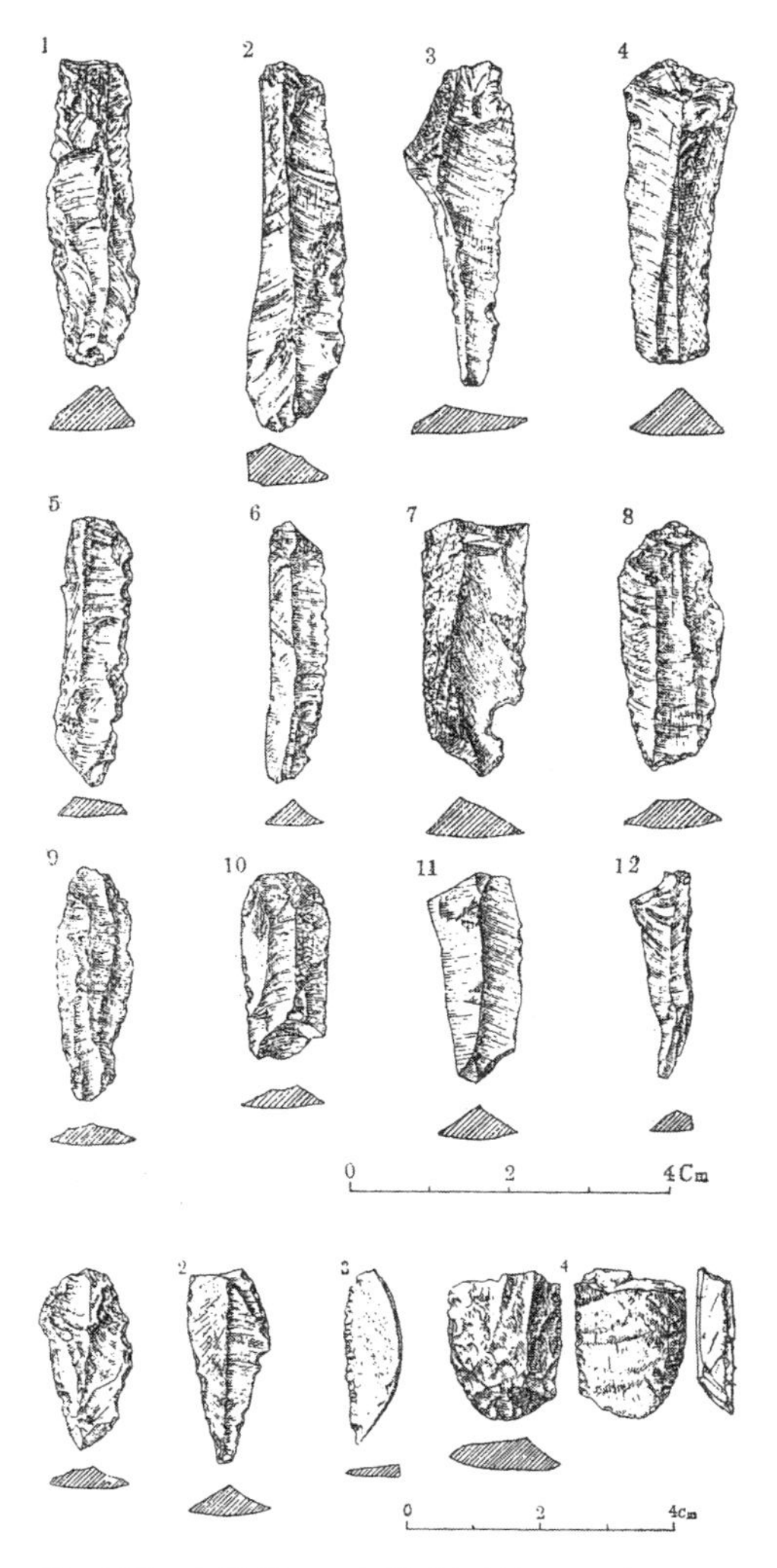

第 40 図　八幡が石刃と認めた曽根の長方形石片

もとより起源論は、人種論とも絡み合う。人々は大陸から非常に古い頃にやってきた、となるとどうなるか。列島最初の住民に、その後のさらなる血も交わって、やがて今の血へと繋がるとの考えを肯定させる。坪井がそのように考えていたとするならば、それは基本的に今に繋がる最初である。

四　コロボックル論とは何であったか

1　人種交代パラダイムは解かれたが

先住民を追い払ったとされた日本人の起源については、草創期の日本人類学においてほとんど議論されなかった(47)と言う坂野の指摘は事実であろう。本稿でも、坪井の発言の少なさを触れた。

やがて大正時代に入ってゆくと、状況は大きく変化してゆく。現代アイヌ人も現代日本人も石器時代人の進化したもの、とした考え方が定着した。その一つが先に触れた濱田耕作による、大阪府国府遺跡の調査による土器の型式・系統的な考え方である。そして清野謙次は、岡山県津雲貝塚の調査をはじめ、大量の古人骨の計測研究を行って、石器時代人骨は決してアイヌのものなどではなく、

現代アイヌも現代日本人も此原人の進化したものと南北における隣接人種との混血によって成ったものである

と位置づけて(48)、これが

時の人類学関係者の度肝を抜くに充分(49)

な成果と評される。科学の力がそうした発言力の高さを支えた。結果において、清野が黒川真頼を評価した、と説明したその状況はここにある。

一世を風靡した鳥居の先住民アイヌ説・固有日本人説も含め、人種交替パラダイム自体もこうして否定されてゆくのだが、「石器時代からの血筋を引いた日本人」には、以前ならば国体への抵触の危惧も当然あったはずだがなぜだ

ろう。坂野は

この時期には、記紀の記述に必ずしも囚われない議論がなされるようになった[50]ことを可能とした背景を、大正デモクラシーとも呼ばれる、民主主義的・自由主義的風潮の敷衍といった時代状況との相関を想定した。

こうした傾向は、昭和に入ると一層顕著となってゆく。堂々と石器時代人民も日本人也、なる言説が自然となった。「皇国史観」なる用語自体の定着は、実は一九三〇年代のことだといわれ、この時同時に、石器時代人民＝日本人也も、国家認定の理論となったとの見方がある。ただしその背景は、大正の時ともまた違えたという。大正期に、一端は記紀から独立しかけた当時の史観が、「天皇中心絶対主義」の大義を生み出す思惑の元、その根拠・拠り所として記紀の記述に回帰した、というその見方を知っておきたい。

2　皇国史観における日本人

長谷川亮一は「皇国史観」（＝国家公認の歴史叙述）という用語の発生を、

「皇国」という語は一九三〇年代後半に日本の異称として定着するようになった。また、「皇国史観」という語それ自体は一九四〇年ごろから散発的に用いられはじめたようであ[51]り、一般には、後に述べる

皇国史観に基づく初の権威ある日本通史[52]たる『国史概説』以降、と述べる。

こうした史観の強化の背景は、一九三〇年代中盤以降の言論状況と深く関わるという。一九三五（昭和一〇）年二月の天皇機関説事件を契機として、支持した岡田啓介内閣は軍部からの攻撃を受け、天皇は一機関などではなく、統

治権の主体であるとする国体明徴声明の発表を避けられず、日本は天皇の統治する国家であると宣言した。一九三五年八月三日、第一次国体明徴声明は

恭しく惟るに、我が國體は天孫降臨の際下し賜へる御神勅に依り昭示せらるる所にして、萬世一系の天皇國を統治し給ひ、宝祚の隆は天地と倶に窮なし

と始まっている。

結局、岡田内閣は倒されて、三六年文部省思想局は、国体の本義、つまり「日本とはどのような国か」を明らかとするために書冊編纂委員を設置し、『記紀神話』における天孫降臨や神勅を強調して、国体明徴運動の理論的裏づけとしていった。結果、

大日本帝国は、万世一系の天皇皇祖の神勅を奉じて永遠にこれを統治し給ふ。これ、我が万古不易の国体である

にはじまる国体を定義した、『国体の本義』が一九三七（昭和一二）年に刊行された。記紀神話は絶対的となってゆく。こうした中で、記紀神話（皇国史観）批判・否定を行った津田左右吉に対する言論弾圧事件が起こった。一九四〇（昭和一五）年一月、早稲田大学教授を辞職、翌年発禁処分と、事態は極めてはっきりしていく。つまり一九四〇年代には、国粋主義的思潮が決定的となってゆき、軍国・侵略のバックボーンが固まった。文部省編纂による「皇国の正史」としての『国史概説』も一九四三（昭和一八）年に刊行された。古典復活の背景はこのようにわかりやすく動いていった。

その『国史概説』の中の一文に注目してみる。書き出しからみる。

大日本帝国は、万世一系の天皇が皇祖天照大神の神勅のまにまに永遠にこれを統治あらせられる。これ我が万古不易の国体である。而してこの大儀に基き一大家族国家として億兆一心聖旨を奉戴体して、克く忠孝の美徳を発揮する。これ即ち我が国体の精華である。国史は各時代に於いて、常に推移変遷の諸相を呈するにも拘らず、それらを一貫して、肇国の精神を顕現している

こうした精神の、外国と違うとする次の説明にその意図を知る。

他の国にあつては、建国の精神は必ずしも明確ならず、而もそれは革命や衰亡によつて、屢々中絶消滅し、国家の生命は終焉して新たに異なる歴史が発生する。従って建国の精神が、古今を通じて不変に継続するが如きことはない。（中略）かくて他の諸国は歴史を貫ぬく不動の永遠性を有せず、所謂革命の国柄を為してゐるそれに対して、

我が国家はこれと異なる

神皇一体・君民一致の国家を形成してゐる。不動の国体を基幹とし、日に新たなる創造が展開されるのであつて、革命はあり得ない（一～二頁）

と。そして肝心な箇所である。

神々や国民共に国土・山川草本等の一切をも天神が生み給うた（八頁）

とは、この列島のすべては永遠不変の一系を意味する。つまり人種に限ってみても、先住民との交替などはあり得ない。不動の歴史を刻む日本であって、石器時代のむかしから優秀な日本人と、大陸進出の気概を鼓舞した。そこには純血単一の優秀民族のなす、優勝劣敗の理論も見える。

日本人の優秀性が強調され、そして国民に「忠孝の美徳」が、その美名のもとに強要された。本来純粋であるべきはずの学問であるが、国体への配慮が優先された。石器時代からの優秀性を謳う一例も示しておきたい。太古人民の使った縄文土器を、『国史概説』のなかでは

世界に多くその比を見ないものである（六三頁）

と、その見事さを喧伝している。

こうした流れに、もはや歯止めはかからなかった。この時期の代表的な人類学者・長谷部言人の、一九四〇（昭和

一五）年「太古の日本人」(53)に象徴される。

石器時代から漸次進歩して現在に至つたといふことは吾民族の誇りであり、吾々の先祖が石器時代人であつたと、何も恥るところはないのであります。我石器時代の石器時代文化は蓋し世界無比と云つてもよい位ゐ、絢爛なものでありました。たゞ、金属器がなかつたといふだけで、芸術的に見ても実に賛美すべきものがあるのであります。私は断言こそ致しませんが大正五年頃から石器時代人は日本人であらうといふ意見を洩して来たのであります（三二二頁、傍点筆者）

そして日本人の来歴である。

日本人が大陸から或は南方から移住して来たといふ説であります。現在の学術資料から見て、これには何等の証拠がありません。夢の如き話であります。私は人類初発の後ち間もなく日本人はこの日本の地に占居したので、初発の地を除くならば日本以外に日本人の郷土はないと思ひます。斯様に考へれば、石器時代人が日本人なることは寧ろ当然過るのであります（三三三～三四頁）

さらに坂野は、長谷部の次の一文も見逃さない。

日本人は悠遠なる太古より日本に住したるものと信ぜらる。高天原の所在は今より窮知すべからずと雖、日本以外にありと言ふは日本になきを前提とする想像にすぎざるなり(54)

高天原は日本以外にはないと断言して、人類の初発さえもこの地にあったかの如くの発言である。

日本人が太古より列島に住んでいたという歴史の古さは、まさしく「民族の誇り」へと繋がった。そして高天原が日本列島内に存在したとすることで、

万世一系たる皇室がこの列島で生まれたことをも保障(55)した。こうした長谷部の発言は、『国史概説』のトレースと見まごう程に忠実なことを知る。皇国史観は、人類学・

考古学者に見事なまでの楔となった。

なお『国史概説』では、日本人の生業が「瑞穂国」に象徴されるように、はじめから農業を経済基盤とする国であることを述べている。それは

　籾粒の痕跡を有する土器等の出土（六一頁）

からも明らかだとするが、このことにも先の文献で長谷部は触れる。

　石器時代には既に稲がありました。大正八年頃仙台の近くの塩釜より（中略）私が発掘した土器の底面に籾の圧痕が瞭についてゐたので、わかつたのであります（三二頁）

とすると石器時代すなわち縄文時代の頃から農耕があった、と解釈していたことになる。

また、日本に革命や変革はなかったと説明した『国史概説』であったが、神武東征や東国平定はどうだったのか。ちゃんとこれも説明している。

　稀には乱臣賊子といはれる者が出たことがあつても、これらは結局に於いて根本に存する大義によつて克服せられるのである（三頁）

この点も先の長谷部の発言を引用したい。

　内地のエミシを盡くアイノなりと断定するに至つては大膽極まる話しといふ外はありません。日本人の祖先には土蜘蛛、熊襲、蝦夷の如き動もすれば皇軍に抵抗する不良分子もありましたが、彼等の多数は良民であり（中略）日本民族と認めるのが至当であります（三〇頁）

と。

　人種の交代が起こったとしなければならなかった明治期の人類学界の状況と、一八〇度の転換である。国体はむしろ厳格化されていったのに、結果としてのこの違いには驚かされる。そしてこの時、明治期の人類学者を悩ませた「食

人の風習」のことは不思議なことに、見事なほどに触れられなかった。(56)

３　国体という壁の異なる実態

明治の時代、人類学以外の例えば歴史学などの学問領域では盛んに日本人起源論が議論され、事実日鮮同祖論、日満・日蒙同祖論などの登場をみる一方で、何故、この時期の日本人類学では日本人起源論が不在であったか。坪井にしてもわずかの発言しか残さなかった。その理由について疑問を呈した坂野であった。従来は、保守思想による圧力のためという解釈で済ましてきたが、より一層保守思想の強化された、先に見た一九三〇年代中盤以降の状況を見据えた時、それだけで説明できるとは思われない、と考えた。

坂野は二つの理由を挙げている。(57) まず、起源地の最有力候補地である

アジア各地の民族についての知見が決定的に欠けていた

こと。そして、日本人の祖先は金属器段階になって日本列島に渡来したと考える中、

石器や土器などを主たる材料としていた当時の人類学者にとって、日本人自体の起源は第一義的な研究対象にはならな

く、よって

当時の日本人類学の性格自体が、日本人の起源問題を射程外に置いた可能性（二五二頁）

この二つである。それが直近の理由だとしても、では「日本人の起源問題を射程外に置」かなければならない真の事情こそ、再度確認すべきであろう。

多くの良心的な科学者たちが強く感じた、日本人の起源問題と皇室問題との関わり、にこそは間違いあるまい。人類学の研究は当然「有史」、つまり文献史学を素材とする歴史学の及ぶはるか以前の古さをもって対象とした。すで

に西欧では、人類登場の時代は第三紀の可能性までもが認識された。人類学者の努めは途方も無い古さのその起源地の探索や拡散、そして時々の文化の探究だった。列島への人類の拡散を探るべく、日本の人類学者も同じである。三宅も坪井も、そのことをはっきりと意識していた。

ところが明らかとなった暁には。日鮮同祖などのレベルを超えて、まして神話の世界を超越し、つまり万世一系とする皇室といえども、分かりやすくは「猿」との出自を同じくすることを認めなければならなかった。『かのやうに』で説く、

どうも人間が猿から出来たなんぞと思つてゐられては困るからな

こそを最大の理由としたはずだ。つまり、大きな山に迫ろうとする姿勢を持てるか、あるいは全く見ぬふりの如く放棄するか。人類学者の踏み絵であった。多くは後者の立場の中で、坪井や三宅は前者にいた。

文献史学や言語学は、せいぜい言語や文字の登場からを扱うにとどまって、遡る古さには無責任でいようと思って困らなかった。しかし人類学者、しかもその開祖たる坪井の立場は異なった。まして「人猿同祖」を科学の成果と認めた坪井にとっては、皇室の由来を曖昧としなくてはならないはずで、ひいては日本人起源論もストレートには言い難かった。せっかく立ち上げたよちよち歩きの人類学が、天皇家を中心とする国家創りを意図する政府に、大きく楯突く結果を回避する必要は当然だった。そのぎりぎりの中で戦った。

一九四〇年代に明確化されたという皇国史観の覆う時代と、若干違った時代背景だったとしても、あるいは万をもって、少なくとも数千年を数える古さと皇室の関係の説明となると、皇国史観の概念が明確化されたか否かに関わらず、その説明に人類学者の荷は重かった。人類学者・鳥居龍蔵の言説等に見た、日本旧石器時代の存在を否定は、このこととの表裏を如実に示す。旧石器を「笑うべき説」としたその理由を、皇室といえども猿に繋がる、と聞けば納得がゆく。

また石器時代からの日本人の優秀性を誇りとした、とは言うものの、まさか土器の無い時代からというわけではあり得なかった。事実、昭和に入った当時に想定された縄文時代の古さは、坪井の時代と変わらなかった。一九三六（昭和一二）年、この年創刊となった雑誌『ミネルヴァ』に、時の代表的考古学者、江上波夫・後藤守一・山内・八幡・甲野が集って「日本石器時代文化の源流と下限を探る」と題する座談会が行われて載る。縄文時代の絶対年代の話題の際、山内が

　昔は坪井さんの時代には、一般に三千年前と云はれて居た

との発言があり、それを受けて江上は

　日本の石器時代の年代を以て三千年以前となす説必ずしも不当ではありますまい

と続けて、坪井の域を出なかった。日本旧石器時代の不在もやはり、当然の如く確認された。ならばこの時、列島最古の人類は船に乗ってやってきたとでも、考えられていたのだろうか。

加えてこの昭和の時代、坪井のように人類学的視点から、あるいは生物進化論的視点から人類を眺める学者が、果たして日本にいたのであろうか。坂野は言う

　長谷部、清野ら新世代の人類学者は、海外及び国内における化石人類発掘に大きな関心を寄せながらも、これらの知見を日本人の起源をめぐる問題と積極的に関係づけて論じることはなかったのである[58]

と。やはり、意識的に曖昧とすることこそ安全だった。

縄文時代を野蛮とみるか、世界に比類のない優秀性と観るか。解釈とは、時に正反対の形を生む。思想すらも分かつのであり、国体の思考の分かれ目だった[59]。野蛮と観れば、日本人とは無関係、優秀と観れば古くからの誇りとなって、いずれにしても国体は、人類学を、国民を扇動しやすい、都合の良い方を採って利用した。

明治の時代は、食人とも切り離せて都合のよかった前者を採って、大戦中の国策には後者が適った。国体の行方に、

人類学者は振り回された。いや真実の語りに歯止めをかけた。ただし、そのたどる祖先にまつわるタブーについては共通だった。キリスト教による学問阻害に対する坪井の怒りは先に触れたが、それは開闢の日本の来歴の語りを遮る国情と何等異なる事はないのであって、実は内に向けて発信した坪井であると推測した。坪井にして、日本人の祖先に触れることの少なかった理由こそ、若き日、モースを介してダーウインに刺激を受けた、「人猿同祖」の故だった。明治期以降、十五年戦争の只中にいた人類学者達も含めて、坪井がもっともこのことを意識して悩んだ、のではあるまいか。日本人の起源の発言は危険であった。

列島最古の人類の仮想こそ、まさに仮り名としてのコロボックルだった。その当時にして遠大な起源・系統、そして列島での実態の解明に坪井は果敢に挑戦した。その方法は。小金井良精との論争に明らかとしたように、体質人類学には依存せず、人種の別に意味はないと認識していた。もとより白井との論争に明らかとなる、古典の世界を無用とした。

我日本の土地には元何者が住んで居たか我々は何所から来たか

坪井の人類学の目的だった。万世一系を担う神たる天皇や、「御裔孫」たる国民が、まさか猿と同祖であるとは承服し難い時代であった。しかし、人類学が求めた真実も曲げ難かった。いかに真実に近きを伝えることが出来るのか。そのまさに口調が良かった。国体の絶対性を崩そうなどとは、「コロボックル」の表現・響きに微塵も感じさせることはないのであった。奇怪な説と映ったように、その真相に疑念の余地を抱きにくくし、学者の多くはこの口調良き言葉に翻弄されて、その真実・意図に踏み込むことすらしなかった。列島の南北を入り口として大陸から来た石器時代人が混血し、これが日本人種の祖先となるコロボックルと、真実を少しずつ解明して吐きながら、国民の中に浸透した。そしてついに、坪井は言った。

今日の開明人も曾て石器時代人民で有つた事が有り

と。今当然とする人類の発展段階、「開明人」を「今の日本人」と置き換えて、これが坪井の達した真実ではあるまいか。これは「古代石器研究の興味」と題した、一九〇四（明治三七）年の『中学世界』第七巻第一号（四三頁）への掲載である。中学生を相手に、されど次代を担う中学生には、の思いを強くしていた。自らを、国民の税金を使っての立場と自覚して、あくまで国民に真実の世界を伝えることに心を砕いた坪井であったと、これを大胆な結論としたい。

坪井は、一国の強化とそこに強い影響を放つ歴史的真実の表現化、その整合的行動に直面した。そうした意味で、「コロボックル論」は、自由な言説の限られた時代性と、坪井の科学眼の良心との生み出した産物といいたい。没後百年が経った今、坪井の真意のできうる限りを汲み取りたかった。この理解を妥当とすれば、当時の懐疑は払拭され、冒頭のような評価ではありえない。時代の潮流への埋没を最小限に留めるべく、改めて稀代の科学者であったとまとめたい。

註

（1）坪井正五郎　一九〇五「人類学的智識の要益々深し」『東京人類学会雑誌』第二三二号、四四二頁
（2）坪井正五郎　一九〇五『人類学講義』国光社
（3）與那覇潤が「近代日本における「人種」観念の変容 ― 坪井正五郎の「人類学」との関わりを中心に」（二〇〇三『民族学研究』六八 ― 一）の註6で指摘する。坪井が日露戦争の勝利を、混合民族といういわば「「人種的」アイデンティティ」から説いたと解釈した小熊や坂野にたいして、この個所を引いて

　坂野や小熊の解釈は誤りといわざるを得ない

と述べる。ただし確かに

　區々なる人種を統御する方法が其宜きを得て居ない

という統率の問題は欠落されたにせよ、坂野や小熊の解釈も全く違うとも言い切りにくい状況もある。坪井正五郎一九〇五「人類学的智識の要益々深し」（『東京人類学会雑誌』第二三二号）などにあるように、混合民族の有利なことを明言している。半歩を譲る形で考えるべきか。

（4）小熊英二　一九九五『単一民族神話の起源』新曜社、八五頁

（5）松本清張　一九六八「天皇機関説」『昭和史発掘　六』文芸春秋社、二三〇頁

（6）松本清張　一九六八「京都大学の墓碑銘」『昭和史発掘　六』文芸春秋社、七～九頁

（7）山崎直方　一九一三「故坪井会長を悼む」『人類学雑誌』第二八巻第一一号、六七〇頁

（8）斎藤　忠　一九九〇「坪井正五郎の埋もれた古墳報告文と秘められたある事件」『日本歴史』五〇〇号　吉川弘文館

（9）鳥居龍蔵　一九三二「古墳のたたり」『ドルメン』四号。

その中に登場する九州の「或る古墳」について、雑誌ドルメン誌上での座談会「日本人類学界創期の回想」（一九三八『ドルメン』再刊第一号、二〇頁）で、鳥居は次のように発言している。

宮内省の参考地かなにかに手を着けられた。それで大した問題が起こりました。其後に一札入れたといふことであつたとして、それは明治二一年一一月の九州の馬ヶ嶽古墳調査のことで、詳細が一八九〇年『人類学雑誌』第四九号にあると紹介している。確かにその『人類学雑誌』には、小川敬養による「豊前国仲津郡発見ノ貝輪」があり、その年の坪井による「馬ケ岳塚穴」調査の記録がある。

（10）前掲（8）七〇頁　引用。

（11）春成秀爾　二〇〇三『考古学者はどう生きたか』学生社、一四頁

（12）鳥居龍蔵　一九二七「日本人類学の発達」『科学画報』九巻六号（一九七五『鳥居龍蔵全集　第一巻』朝日新聞社再録、四六七頁）

（13）久米の一文の中に、一九〇七（明治四〇）年のこととして坪井のことが書かれている。

上野の精養軒にて吉田博士の日本地名辞書出版開きの宴席に、伯（大隈重信 ― 筆者註）と先生（文学博士重野成斎 ―

筆者註）と聯席し、余は其次に坐し、次は井上（哲）、坪井（正）両博士着席し、相晤言したる

（一九一一「余が見たる重野博士」『歴史地理』第一七巻三号

（一九九〇『久米邦武歴史著作集　第三巻』吉川弘文館再録、九九頁））

と。近い関係である事を漂わせるような一文である。

なお、ちょうど坪井が帰国した翌年の一八九三（明治二六）年六月一〇日に行われた、久米の「史学の独立」、と題する講演について触れておきたい。

是まで東洋に歴史は沢山ある、昔より頻りに読んで居たけれども、夫は道徳政治の講究をしたで、政治学でしたが、後世になり政治の外に道徳学の様なものが出来て、其奴隷になツて居たから、今離れて独立といへば学問界に謀反を企つる様に思はる、故に一往は其辯解をせねばならぬのです（一頁）

とはじまっている。当時の史学の立場を、政治や道徳の「奴隷」と位置づけ、その独立のために尽くした自らの立場を述べる。

随分老輩の呵責もうけ、公然と道徳を離れて独立に歴史を論ずる口を牽制せられたことも久しひ事だか、今の世の中となりても猶邪魔をされる。然かし史学は独立でなければならぬことは明らかである（七頁）

と訴える。「独立」のための厚い壁、そのことを痛感する久米が、若き研究者に助言したなら、どのよう内容になるだろう。「忠告」という形も充分有り得る。なお久米のこの講演記録は、一八九三（明治二六）年八月の『史学雑誌』四五号に同名で掲載される。

（14）三宅の考古学会の立ち上げについては、そもそも坪井からの提言があったようで、設立にも尽力された旨の記録もある（一九三八「日本人類学会創期の回想　座談会」『ドルメン』再刊第一号　岡書院での下村三四吉の発言、一九頁）。

（15）三宅米吉　一八八六『日本史学提要』普及舎、九二頁

（16）直木孝次郎　一九八〇「日本古代史の研究と学問の自由」『歴史評論』No三六三、五頁

（17）鳥居龍蔵　一九二七「日本人類学の発達」『科学画報』九巻六号（一九七五『鳥居龍蔵全集　第一巻』朝日新聞社再録、四六二頁）

（18）坪井誠太郎　一九七二「父　坪井正五郎のこと―その二」『日本考古学選集三　坪井正五郎集　下　集報五』築地書館

(19) 寺田和夫　一九七五『日本の人類学』思索社、七二頁
(20) 杉山博久　一九九九『魔道に魅入られた男たち』雄山閣
　三上徹也　二〇〇九「曽根遺跡調査の記録」『諏訪湖底曽根遺跡研究一〇〇年の記録』
(21) 星　新一　一九七四『祖父・小金井良精の記』河出書房新社、二三二〜二三三頁
(22) 唐木順三　一九七〇「人と文学」『日本文学全集四　森鷗外集』筑摩書房、四九六頁
(23)『信濃毎日新聞』一九〇九年五月二二日
(24) 清里村役場　一九八三『清里村史　上巻』二一四頁
(25) 上越市　二〇〇三『上越市史　資料編二　考古』四頁
(26) 胡桃沢甚内　一九三二「地方人類学会啓蒙期―信濃に於ける故坪井正五郎博士と「人類学講義」―」『ドルメン』三　岡書院
(27) 鳥居龍蔵　一九二七「日本人類学の発達」『科学画報』九巻六号（一九七五『鳥居龍蔵全集　第一巻』朝日新聞社再録、四六三頁）
(28)「日本人類学会創期の回想　座談会（二）」（一九三八『ドルメン』再刊第二号　岡書院）での鳥居の発言、三〇頁
(29) 鳥居龍蔵　一九二七「日本人類学の発達」『科学画報』九巻六号（一九七五『鳥居龍蔵全集　第一巻』朝日新聞社再録、四六四頁）
また、東京帝国大学時代に論争に加わって、一連の反坪井論文を発表した濱田であったが、坪井との師弟の関係は確かであった。濱田は敬意を忘れなかった。一九二二年刊行の『通論考古学』の「序」に次のように記している。

　故理学博士坪井正五郎先生に、筆者の中学生たりし時以来指導を受けたるもの鮮からざるを銘記する
(30) 前掲（18）と同じ。
(31) 山内清男　一九七〇「鳥居博士と明治考古学秘史」『鳥居記念博物館紀要』四号、三六頁
(32) 柴田常恵（一八七七―一九五四）は、名古屋市の出身で一九〇二年東京帝国大学雇いとなり、人類学教室に勤務し、坪井正五郎の元一九〇六年、東京大学人類学教室助手となった。昭和に入ってからは、慶応義塾大学の講師を務めた（大場磐雄

一九七一『日本考古学選集一二　柴田常恵集』築地書館）。

(33) 長崎元広　一九八〇「縄文時代集落研究の系譜と展望」『駿台史学』第五〇号

(34) 宮坂光次（一八九九―一九六八）については、不明な点が非常に多い。長野県の現・諏訪市に生まれ、諏訪中学校（現・長野県諏訪清陵高等学校）に学び、この時は後に触れる八幡の先輩であったが、東京帝国大学理学部人類学科選科では八幡と同期となった。卒業後は副手などを務めたが、やがて大山柏の史前学研究所で、甲野勇らと研究所を担って活躍した。しかし、戦後のことは、ほとんど知られず謎のままにある。

(35) 長野県教育委員会　一九八二『昭和五一・五二・五三年長野県中央道埋蔵文化財包蔵地発掘調査報告書　原村その五』

(36) 宮本長二郎　二〇〇七「桜町遺跡出土建築材の考察」『富山県小矢部市　桜町遺跡発掘調査報告書　縄文時代総括編』小矢部市教育委員会

(37) 佐藤浩司　一九九二「建築をとおして見た日本」『海から見た日本文化　海と列島文化一〇』小学館、五二三頁

(38) 八幡一郎　一九八三「八幡一郎―古代人に魅せられて―」『来し方の記⑥』信濃毎日新聞社

八幡一郎（一九〇二―一九八七）について、若干の説明を加えておく。長野県の現・岡谷市に生まれ、諏訪中学校（現・長野県諏訪清陵高等学校）時代に鳥居の元、『諏訪史　第一巻』のための調査に関わって、人類学・考古学を志す。一九二四年、東京帝国大学理学部人類学科選科修了、同副手後同科講師、東京国立博物館学芸部考古課長、東京教育大学教授、上智大学教授を歴任。日本はもとより、アジア・オセアニアなど広範に先史文化の解明に大きな業績を残した。一九六一～一九六九年まで、日本考古学協会委員長も務めた。学問的業績は一九八〇年、『八幡一郎著作集』全六巻（雄山閣）に凝縮される。

(39) 長野県考古学会では「八幡一郎先生を囲んで」との対談を、一九八四年六月八日に行った。その時の八幡の発言である。この対談録は、一九八八『長野県考古学会誌』五七号に掲載される。

(40) 寺田和夫　一九七五『日本の人類学』思索社、一七七頁

(41) もとより重要なこの研究であったが、複雑な事情も確かにあった。例えば日本民族論を展開するには、皇国史観という真

実の深追いを許さぬような大きな壁が存在した。一方で、土器研究に没頭する限り、社会的には無難であった。日本考古学が、実証主義的研究へと極端に舵を切ったと解釈されかねない、大きな画期となったことには注意を要する。この点についての学史的背景については、戸沢充則による

激動の世の中に目をつぶること、それが研究者にとって最小限の良心とすれば、実証主義の考古学は暗い時代を生き抜くための手段でもあったのであろう（一九七八「日本考古学史とその背景」『日本考古学を学ぶ（一）』有斐閣）

との指摘に象徴される。

(42)八幡一郎　一九三五「日本の石器」『ドルメン』四―六
(43)八幡一郎　一九三五「北海道の細石器」『人類学雑誌』第五〇巻第三号、一三〇頁
(44)八幡一郎　一九三五「日本の石器時代と細石器の問題」『科学知識』第一五巻四号
(45)藤森栄一　一九六五『旧石器の狩人』学生社
(46)戸沢充則　一九七七「岩宿への長い道」『どるめん』No一五
(47)坂野　徹　二〇一一「日本人起源論と皇国史観」『昭和前期の科学思想史』勁草書房、二五一頁
(48)清野謙次・宮本博人　一九二六「再び津雲貝塚石器時代人のアイヌ人に非らず理由を論ず」『考古学雑誌』第一六巻第九号
(49)工藤雅樹　一九七九『研究史　日本人種論』吉川弘文館、二九七頁
(50)坂野　徹　二〇一一「日本人起源論と皇国史観」『昭和前期の科学思想史』勁草書房、二七三頁
(51)長谷川亮一　二〇〇八『「皇国史観」という問題』白澤社、一六八頁
(52)『朝日新聞』一九四三年二月四日付け「国史概説上巻を刊行」。
このことは長谷川亮一二〇〇八『「皇国史観」という問題』白澤社（一七三頁）を引用した。
(53)長谷部言人　一九四〇「太古の日本人」『人類学雑誌』第五五巻第一号。この論文の最後に、
昭和一四年一一月二六日日曜日午後六時二五分乃至七時放送講演の原稿、最後の辺は省略放送した

とある。ラジオ放送された原稿であった。国民に広くこうした考え方が敷衍したであろう事、むしろ一九二六年に「社団法人日本放送協会」として統合された放送メディアは、政府機関的な性格を持ちえた以上、国家の要請の元に行われた可能性も推測できる。

(54) この一文は長谷部の「大東亜建設ニ関シ人類学者トシテノ意見」（土井章監修一九九一『昭和社会経済史料集成』第一六巻大東文化大学東洋研究所）にあるとの、坂野徹の指摘による（坂野徹二〇一一「日本人起源論と皇国史観」『昭和前期の科学思想史』勁草書房、二八八頁と三〇八頁の註九九）。

(55) 坂野　徹　二〇一一「日本人起源論と皇国史観」『昭和前期の科学思想史』勁草書房、二九〇頁

(56) 食人のことは、改めて現在どのように考えられているのか、触れておきたい。その後東京大学に保管されていた、大森貝塚の人骨を観察した鈴木尚は、

なるほど骨は短く折れているし、創もあるが、これを切り創や削り創と断定するには、やや躊躇するようなものである（一九六〇『骨』学生社、五三頁）

と、それが食人と必ずしも言える状態の資料ではない事を述べる。その後の資料も含めて、近藤義郎・佐原真は、縄文人骨の埋葬事例の多さは、食人の風習が一般的なものでは無かった証拠であるとする一方で、食人を認める場合も認識し、可能性として次のように解釈する。

きわめてまれに儀礼的な食人をおこなったのであった（一九八三『大森貝塚』岩波文庫、二〇八頁）

(57) 坂野　徹　二〇一一「日本人起源論と皇国史観」『昭和前期の科学思想史』勁草書房

(58) 前掲（57）二八一～二八二頁

(59) 新しい歴史教科書を作る会の問題を取り上げた、戸沢充則の怒りに耳を傾けるべきである（二〇〇七『語りかける縄文人』新泉社）。そこでは日本の

縄文人は世界で一番優秀な「日本民族」の祖先だなどともちあげ（七八頁）

「縄文文明」と称して、世界の四大文明に並べる五番目の文明に位置づけるなど、べた褒めする。これを「褒め殺し」と表現して、その裏に見えかくれする危険な思想（一一三頁）をあぶり出す。

新発見の事実などはまだ十分な学問的な研究の結論がでたわけではありませんし、研究途上の都合の良いところだけを勝手に拾って、縄文人をべた褒めにし、それをのちの歴史に結びつけて政治的に解釈したり、そのために誇張して教科書などに利用されたのでは、縄文人はきっと戸惑い、迷惑がっているにちがいないと僕は考えるのです（一一四頁）

かつてあった動きを繰り返してはならない。反動的な動きを鋭く指摘する声である。

おわりに

天孫民族、いかにも科学的ではない、キリスト教のいうアダムとイブの世界と何ら変わらぬ、神話が生んだ人である。進化論を科学の道とし、人類学を日本で開設した坪井正五郎には、欧米近代科学を学んだ科学者としての「芯」を備えた。

日本人人類学者としての第一歩に、されば列島最初の人種に応えるが責務であって、坪井にして、それを神話世界から導くなどとは、科学の目が許さなかった。ただし、はじめにどのような人が来たのかに、科学的根拠を持たぬも道理であった。その時、コロボックルが登場した。最初の人として、神話世界より遥かに信憑性に富んでいて、追求の道・素材の多くがあった。

今、私たちは、縄文時代に生きた人々を〝縄文人〟といっている。それと何ら変わりはない。坪井は石器時代人を、〝コロボックル〟と仮称した。天孫民族には比較にならぬ実態を持ち、このことを教えるだけでも、真実とはかけ離れた歴史を教え込まれる当時の日本の人びとに、大きな意義を持っていた。

天孫民族の、定義の変わることはあり得ぬが、コロボックルの正体は、これも科学が解き明かすべく課題であった。どこからやってきた人種かを、考古資料や土俗資料、つまり客観的な資料をもって解き明かす。やがてその経路も分かった次ぎに、現生日本人との関係も、避けて通れぬ課題であった。そして日本人が、決して沸いたり降ってきたものでない以上、その繋がりを知るも科学であった。坪井は、コロボックルは今の自分たちの祖先であると見通した。人類といえど「人猿同祖」、必然的に「元何者」と「我々」とはつながっていたと導いた。はっきり言わないまでも、列島最初の住民が決して神話上の人種だったり、開化度を低くするアイヌだなどとみくびって、短絡的には考えなかった。そして神話の教えを追いのけて、同胞達に正しい真実を伝えることを坪井は願った。

コロボックル論。それは坪井が短い生涯をかけて、人類の由来と、真実の歴史を語って民衆に教えるべくの、一つの大きな仮説であった。この仮説のために坪井は生涯を捧げ、今、坪井の精神は脈々と受け継がれると信じたい。

土蜘蛛は日本人種なり

との発言は、その根拠を科学的学問成果に立脚したが、当時にして現実的でありえぬ発言だった。その坪井の人種観は、人種は系図、つまり区切ることの出来ない人の広がりと説明された。これを煎じ詰めれば、人類同じ平等観となるのでないか。だとすると、人類の平和、そんな世界を人類学に込め願った坪井ではなかったか。

コロボックルは悠久の昔、平和な暮らしを求め、海を越えて遙かこの極東の地に、最初にやってきた人達だった。悠久の古とはいつ頃のことで、どのような暮らしぶりであったのか。今も考古学が取り組む世界であって、真の姿の復元のため、坪井に続く後継者達に大きな努力が払われている。

さて坪井は、遺跡を「宝の山」と呼んだ。胡桃沢はコロボックルの話を聞いて、遠い過去の事実を感じた。終戦を旧制中学で迎えた考古学者・戸沢充則（一九三二―二〇一二）は、神話からはじまる当時の教科書の間違いが認識された終戦直後、真実の歴史は裏山の畑にあると言われて教室を飛び出し、土器や石器といった歴史の事実に直接触れたことに極めて強い感動を覚えた（二〇〇七『語りかける縄文人』新泉社（三九頁））、と言っている。皆、真実に触れたときの感動で共通している。

真実の感動を受けた者の思考は、生涯その気持ちを覆すことはしないであろう。そして、真理に向かう追求は、時代の要請に関わりなく貫かれたことを信じたい。

坪井は真理を追求していた。活字の表現は、あるいはそれと違っていても、端々に本音を漏らす。地方のあちこちの遺跡に、繁く赴く坪井の姿は、純粋に学問の真実を求める姿との表裏を伝えて余りある。人類学そして考古学を日本に起こしてくれた坪井である。その坪井の思いは深かった。コロボックルは、コロボックル論は生きている。「コロボックル論」の提唱が、ともすると坪井の評価を下げている、という声も聞かれる。坪井の本音や姿を描き出して復権させたい。学史・研究史に正当な評価を与えることができたとしたら、これが本稿の目的である。ただし、ここに導いた、私の坪井のコロボックルの見方は違っているかも知れない。しかし、用いた資料は事実である。したがって、少なくとも坪井の再評価を改めて行う機運が盛り上げることになれば幸いである。

さて、学問といえど、政策や社会に制約される時代を長くした。結局矛盾に苦しみ、多くの良心的な研究者達も、体制側へと妥協して、その片鱗さえも隠そうとした。しかし坪井は違った。真理の探究を生涯続けた。古典を極力遠ざけようとする姿勢こそ、その根拠であって、次の世代への大きなバトンであると、大きな評価をくだせよう。

今、平和といわれる日本国にあって、反動的と表現されるような動きを感じて、もはや戦後ではなく戦前であるとの見方も起こり、それに妙に真実味を感じて納得できてしまいそうな雰囲気に不気味を感じる、そんな時代となっている。坪井正五郎の時代に戻ることを許してならないことを、坪井の生き様が、教えてくれているようにも思われる。そしてまたこのような中、歴史学が、政府や時代の奴隷であってはならないこと。つまり、そのために研究者個々に史観あるいは理念の確認と、学問的実践の行われることの意義を、坪井正五郎という一人の学者が示してくれているとも思うのである。

最後に

平和の尊さを訴えて、考古学は平和のための学問だと生涯訴え続けた戸沢充則先生が、二〇一二年四月九日亡くなられました。大変多くの教えをいただきました私です。この間の先生の一言、坪井正五郎にとって湖底曽根はどのような意味を持ったか。坪井正五郎先生の学問を振り返る必要性を、あるいは自らの生き方に重ねつつ、思われていたのではなかったかと感じたことが、本稿を起こすきっかけでした。

私は、日本人類学・考古学の創始者坪井先生と、戦後日本考古学を牽引した戸沢先生が、片や新たな学問の自由を許しにくい時代と闘う中で新興学問を根付かせて、片や戦後の自由な社会に起こった列島の大きな改造を迎えた時代に、遺跡の保存や学問の存立を揺さぶる旧石器捏造問題と闘われたように、共に芯ある学問への取り組みの共通を強く感じて、研究者が歩むべき姿勢を確認できた思いを致します。亡くなられて丸三年、先生のご冥福を祈りつつ、稿を起こした意義があれば幸いであります。

本稿の出版に際しましては、勅使河原彰氏に文献はじめ、極めて有益な多くのご指導・ご助言をいただきました。また本稿が形になるに至りましたのは、六一書房会長八木環一氏のご理解が無ければ成らないことでした。また編集にあたりまして、宮村広美氏と水野華菜氏の多大なご尽力をいただきました。以上の皆様に心よりの感謝をいたします。

二〇一五年　六月

挿図出典一覧

第1図　守屋　毅編　一九八八『共同研究モースと日本』小学館
第2図　丘淺次郎引用文の出典は、一九三四「人類学会創立当時の思ひ出」『ドルメン』第三巻第一二号
第3図　一九三六『ドルメン』再刊第一号　岡書院
第4図　二〇〇〇『日本歴史大事典』小学館
第5図　三宅宗悦　一九三二「コロボックル説激論始末」『ドルメン』五
第6図　坪井正五郎・福屋梅太郎　一八八三「土器塚考」『東洋学芸雑誌』第一九号
第7図　玉木　存　一九九八『動物学者　箕作佳吉とその時代』三一書房
第8図　坪井正五郎　一八八四『よりあひのかきとめ　四』（一九四〇年　東京人類学会『人類学叢刊　甲』第一冊に復刻）
第9図　文学博士三宅米吉著述集刊行会編　一九二九『三宅米吉著述集　上巻』目黒書店
第10図　品川区立品川歴史館　二〇〇七『日本考古学は品川から始まった』
第11図　品川区立品川歴史館　二〇〇七『日本考古学は品川から始まった』
第12図　三宅米吉　一八八六『日本史学提要』普及舎
第13図　坪井正五郎　一八八八「横穴の構造を演べて其金器時代のものたるを論ず」『理学協会雑誌』六―四六
第14図　シーボルト　一八七九『考古略説』
第15図　小金井良精先生誕生百年記念会　一九五八『人類学研究　続篇』
第16図　坪井正五郎　一八九三「アイヌの入れ墨」『東京人類学会雑誌』第八九号
第17図　坪井正五郎　一八九五「北海道石器時代土器と本州石器時代土器との類似」『東京人類学会雑誌』第一一六号
第18図　早稲田大学図書館蔵

第19図　濱田耕作先生著作集刊行委員会編　一九八七『濱田耕作著作集　七』同朋舎
第20図　濱田耕作　一九〇四「日本石器時代人民の模様とアイヌの模様に就きて坪井先生に答ふ（三）」『考古界』第四篇第六号
第21図　濱田耕作一九一八「河内国国府石器時代遺跡発掘報告」『河内国国府石器時代遺跡発掘報告　河内国南高及び喜志石器時代遺跡調査　河内国府肥後轟等にて発掘せる人骨』（『京都帝国大学文学部考古学研究報告』第二冊　京都帝国大学）
第22図　坪井正五郎　一八九五「コロボックル風俗考」『風俗画報』
第23図　坪井正五郎　一八九六「北海道手宮に於て発見されたる古代彫刻」『史学雑誌』第七編第四号
第24図　坪井正五郎　一八九三「常陸風土記に所謂「大人践跡」とは竪穴の事ならん」『東京人類学会雑誌』第八八号
第25図　坪井正五郎　一九〇九「諏訪湖底発見の石器時代遺跡」『少年世界』第一五巻第九号
第26図　佐藤傳蔵　一八九六「陸奥国亀ヶ岡第二回発掘報告」『東京人類学会雑誌』第一二四号
第27図　坪井正五郎　一八九〇「ロンドン通信」『東京人類学会雑誌』第五三号
第28図　上段：一八八四年、松原榮「十二ざわのやりいし」佐藤勇太郎「ゐちご　ひゃくづか　いはしろゐぞづか　そのほか」ともに『よりあひのかきとめ一』。後、一九四〇年、東京人類学会『人類学叢刊　甲』第一冊に復刻。
下段：一八八六年、佐藤勇太郎「越後三島郡百塚」『人類学会報告』創刊号
第30図　2・8（坪井正五郎一九〇八「諏訪湖に在た石鏃」『大日本小学校作文奨励集』より）：東京大学大学院情報学環蔵（出典 曽根遺跡研究会二〇〇九『諏訪湖底曽根遺跡研究一〇〇年の記録』）
5～7：東京大学総合研究博物館蔵（出典 曽根遺跡研究会二〇〇九『諏訪湖底曽根遺跡研究一〇〇年の記録』）
第31図　一九一四『諏訪湖』宮坂日新堂
第32図　報知新聞社『報知新聞』一九〇九年七月九日
第33図　坪井正五郎　一九〇九「原始石器（Eolith）及び原始式石器」『東京人類学会雑誌』第二七六号
第34図　八幡一郎　一九三五「北海道の細石器」『人類学雑誌』第五〇巻第三号

著者略歴

三上　徹也（みかみ　てつや）

1956年　長野県岡谷市生まれ
明治大学大学院博士前期課程修了
現在、長野県上伊那農業高校教員
第10回尖石縄文文化賞受賞

主要著書・論文

「唐草文系土器様式」『縄文土器大観3』小学館　1988年
「縄文石器における『完形品』の概念について」『縄文時代』創刊号　1990年
「縄文時代居住システムの一様相」『駿台史学』第88号　1993年
「縄文人の実用と嗜好」『考古学研究』180号　1999年
『諏訪湖底曽根遺跡研究100年の記録』（編著）長野日報社　2009年
『縄文土偶ガイドブック』新泉社　2013年　ほか

人猿同祖ナリ・坪井正五郎の真実
―コロボックル論とは何であったか―

2015年8月15日　初版発行

著　　者　三上　徹也
発 行 者　八木　唯史
発 行 所　株式会社　六一書房
〒101-0051　東京都千代田区神田神保町2-2-22
電話03-5213-6161　FAX 03-5213-6160　振替00160-7-35346
http://www.book61.co.jp　Email　info@book61.co.jp
印刷・製本　藤原印刷株式会社
装　　丁　藍寧舎

ISBN 978-4-86445-071-3　C1021